Kaldi 语音识别实战

陈果果 都家宇 那兴宇 张俊博 / 著

電子工業出版社
Publishing House of Electronics Industry
北京•BEIJING

内 容 简 介

刚刚过去的十年是语音技术发展的黄金十年。2010 年前后，从谷歌公司发布第一个语音搜索应用、苹果公司发布第一个语音助手 Siri 开始，语音技术的发展转瞬进入了快车道。语音技术的基础算法不断推陈出新，语音任务 Benchmark 持续被刷新；语音产品的应用也从一开始很小众的语音输入，逐渐渗透到人们生活的方方面面。

语音产业飞速发展，传统的语音技术教材已经满足不了该领域从业者的迫切需求。本书以目前流行的开源语音识别工具 Kaldi 为切入点，深入浅出地讲解了语音识别前沿的技术及它们的实践应用。本书的作者们拥有深厚的学术积累及丰富的工业界实战经验。

本书适合语音技术相关研究人员及互联网从业人员学习参考。

图书在版编目（CIP）数据

Kaldi 语音识别实战 / 陈果果等著. —北京：电子工业出版社，2020.4
ISBN 978-7-121-37874-4

Ⅰ. ①K… Ⅱ. ①陈… Ⅲ. ①语音识别—软件包 Ⅳ. ①TN912.34

中国版本图书馆 CIP 数据核字(2019)第 251244 号

责任编辑：刘　皎
印　　刷：北京天宇星印刷厂
装　　订：北京天宇星印刷厂
出版发行：电子工业出版社
　　　　　北京市海淀区万寿路 173 信箱　　邮编：100036
开　　本：720×1000　1/16　印张：21　字数：365 千字
版　　次：2020 年 4 月第 1 版
印　　次：2025 年 1 月第 7 次印刷
定　　价：89.00 元

凡所购买电子工业出版社图书有缺损问题，请向购买书店调换。若书店售缺，请与本社发行部联系，联系及邮购电话：（010）88254888，88258888。

质量投诉请发邮件至 zlts@phei.com.cn，盗版侵权举报请发邮件至 dbqq@phei.com.cn。

本书咨询联系方式：010-51260888-819，faq@phei.com.cn。

序 1

最近这段时间我的生活有了一些戏剧性的变化，大家可以从一些新闻（比如《纽约时报》）中看到具体的报道。因为这些变化，我目前暂时在做一些咨询的工作，也因此有机会到世界各处巡游。比如此时此刻，在为这本书写序的时候，我正在土耳其伊斯坦布尔的一家小咖啡馆里。写序其实并不是一个我所擅长的事情，相对来说，我更喜欢写程序，但是我会尽我所能为这本书写序。

计算机软件很少有处在稳定状态的，对于 Kaldi 来说尤其如此。用鲨鱼的例子来做类比，鲨鱼是从来不休息的，必须通过持续的运动才能生存；Kaldi 也是这样，这些年来一直都在一刻不停地、持续地发展壮大。当然，发展是一把双刃剑，这么高速的发展给 Kaldi 带来了很多发展红利，也不可避免地带来了问题。事实上，在当前版本的 Kaldi 开发中，我们做出了不少正确的决定，但是回过去看，也有不少不尽如人意的设计。因此，我目前正在为 Kaldi 规划一些比平常大得多的改动，比如更好地支持当前主流的机器学习框架，例如 PyTorch。当然，Kaldi 大部分的特性都会保持不变，因此我相信这本书的内容会一直有很大的参考价值。

Kaldi 最宝贵的资产其实一直都是 Kaldi 的开源社区。我相信这本书的出版能够极大地推动 Kaldi 开源社区的持续发展。对我个人来说，无论将来在哪里工作，我也都会继续全身心地投入到 Kaldi 项目中。

Daniel Povey　2019 年 9 月 27 日

作者 译　2019 年 9 月 27 日

序 2

在最近的十年里，语音识别、语音合成和语音信号处理都有了长足的发展。这些发展一方面归功于研究人员在语音处理领域引入了一系列新的研究成果，比如序列上的区分度训练和基于深度学习的识别和合成框架，另一方面得益于用户在移动互联网时代对语音技术的应用需求和与之对应的海量数据和强大计算力，这些因素互相促进，极大地推动了语音技术的发展，并使得语音技术的性能指标在几年前就超过了用户的使用门槛，催生了大量的实际应用。

在技术和应用的发展过程中，工具一直占有着重要的地位，比如，TensorFlow、PyTorch、CNTK、MXNet 等深度学习工具的出现极大地推动了深度学习的发展。而语音系统链路复杂，涉及的技术模块多样，所需的领域知识点繁多，对工程优化的要求高，好的工具就显得尤为重要。早期的语音识别的发展大大得益于 HTK 和 Sphinx 工具集，而在最近的十年里，Kaldi 工具箱对于语音技术的普及和研发起到了举足轻重的作用。

Kaldi 起源于 2009 年的约翰霍普金斯大学夏季研讨会，当时我在微软研究院语音与对话研究组的同事 Dan Povey 博士提出了 Subspace Gaussian Mixture Model（SGMM），并在研讨会上组织研究了这个模型。作为这个研究的一个副产品，他们开始整理和开发一个新的语音技术工具箱 Kaldi，并采用了开源的开发模式。经过十年的发展，Kaldi 已经成为深度学习时代主流的语音技术工具箱，集成了大量的最新进展和最优脚本，极大地降低了语音技术的研究和应用门槛。

不过，Kaldi 是一个持续发展中的开源项目，它的文档大大落后于代码。本书作者们基于自己多年的一线语音研发和 Kaldi 使用经验，深入浅出地介绍了语音识别各个模块的原理及 Kaldi 中各种实践技巧的来龙去脉和使用方法，极大地弥补了 Kaldi 文档方面的缺陷，降低了 Kaldi 的学习和使用门槛，有助于 Kaldi 的进一步推广和开发。

俞栋　IEEE Fellow，腾讯人工智能实验室副主任

2019 年 9 月 28 日于西雅图

好评来袭

颜永红　中国科学院语言声学与内容理解重点实验室主任

Kaldi 开源软件对推动语音技术研究和产品落地做出了不可磨灭的贡献，本书作者是工作在语音研究和产业前沿的青年才俊，他们以第一手经验详细讲解了如何运用该软件构建实际系统，这对初学者迅速掌握相关知识和技能是非常有益的。

俞凯　上海交通大学智能语音技术实验室主任，思必驰联合创始人、首席科学家

我和 Dan Povey 博士十几年前在剑桥大学共事时，使用的是早期最著名的语音识别开源软件之一：HTK。虽然后来 Kaldi 因其灵活的设计、开放的协议和丰富的功能而如日中天，却一直在系统教程方面远远落后于 HTK。本书从理论和实践的角度对 Kaldi 进行了完整呈现，不仅有其实用价值，也为“知其所以然”给出了很好的注解，相信必然会对 Kaldi 的传播和语音识别技术的发展起到积极的促进作用。

崔宝秋　小米集团副总裁、集团技术委员会主席

Kaldi 是开源语音技术的一个典范，是高校同学们入门语音的启迪工具，也是人们快速提升语音技术的捷径。它消除了大家因为长期沉浸在语音教科书和论文里而产生的“手痒”，给人们带来快速上手实践、快速感受语音数据之美的快乐。本书作者

们都有丰富的工业界（包括小米）实战经验和深厚的学术积累，他们把这些经验和积累无私地贡献出来，也真正体现了开源的共享精神。拥抱开源是小米的工程文化，衷心希望 Kaldi 及其社区在 Daniel Povey 博士的领导下不断茁壮成长、引领语音技术的发展。

张锦懋 美团首席科学家、基础研发平台负责人

Kaldi 的诞生使得语音识别领域的研究和创新成本都显著降低，让整个行业都获益匪浅。这本书的几位作者非常全面地介绍了 Kaldi 的功能，包括数据处理、声学模型、解码器等相关的工具，同时对相关理论也进行了详细的阐述，让读者不仅学会使用 Kaldi，而且能够理解为什么这么使用。

雷欣 出门问问首席技术官

Kaldi 相比于经典的 HTK 工具包进行了巨大的优化，譬如 C++的采用、基于 WFST 的静态解码器、达到 state-of-the-art 性能的 recipe 脚本等。这些优势使得 Kaldi 开源库得到迅速的发展，极大地降低了语音技术的门槛，使得像出门问问这样的语音创业公司能在短时间内开发出一流的语音技术产品。相比于经典的 HTK Book，Kaldi 在文档方面则显得落后很多。本书的作者们都是 Kaldi 社区的活跃开发者，对 Kaldi 及语音技术有着深刻的理解，他们的努力使得中国的语音技术爱好者们有了一本入门和提高的参考书，必将进一步推动语音技术的普及。

邹月娴 北京大学教授、博士生导师，深圳市人工智能学会专家委主任

我在北京大学深圳研究生院开展教学和科研工作十四个整年头，其间为计算机应用技术专业的学生主讲“机器学习与模式识别”课程，带领一群优秀的研究生开展机器听觉技术研究。我们的教学和研究得益于众多的开源项目，深切体会到 Kaldi 作为主流的语音识别开源工具对同学们的帮助。Kaldi 秉承其开源社区的传统特性，支持主流的机器学习框架和算法，受到众多业界和学界开发者的支持。我相信本书的作者

们正是秉承这样的精神，以实际行动支持 Kaldi 开源社区。这本书不仅介绍了语音技术的发展简史、Kaldi 的发展历史，也涵盖了最新的基于深度学习的语音技术主流框架和语音识别应用实践案例，所呈现的内容和提供的实战技巧贴近产业需求，该书的出版将有益于学子们更加快速地了解主流的语音技术并迅速开展编程实践，推动语音技术进步和应用的发展。

李岚 中软国际教育科技集团人工智能研究院执行院长

人工智能技术在近年被确立为国家战略后，高校和企业间深度合作，在人工智能的人才培养上形成了一致看法，即实践是学校和学生的一致需求。从产业界的实际发展来看，随着人工智能技术应用领域的扩展，“听”这一感知领域，已经是迫切需要得以提升和发展的。企业专家，特别是实际应用领域的专家联合推动的行业数据和技术开源，为这个领域的人才培养做出了贡献。而如何让更多的老师和学生们了解语音领域的发展现状及学习路径，需要和本书的作者们一样，分享自己的理解和系统梳理。我们也将在后续工作中，将本书作为我们的教材之一，希望能推动语音领域人才的培养。

作者简介

（署名按作者姓氏拼音排序）

陈果果

清华大学本科学位，约翰霍普金斯大学博士学位，主要研究方向是语音识别及关键词检索，师从语音识别开源工具 Kaldi 主要开发者 Daniel Povey，以及约翰霍普金斯大学语言语音处理中心教授 Sanjeev Khudanpur。博士期间为 Google 开发了 Google 的唤醒词 Okay Google 的原型，现在已经用到数以亿计的安卓设备及 Google 智能语音交互设备上。博士期间同时参与开发语音识别开源工具 Kaldi，以及神经网络开源工具 CNTK。博士毕业以后联合创办 KITT.AI，专注于语音识别及自然语言处理，公司于 2017 年被百度收购。

都家宇

本科毕业于大连理工大学，后于澳大利亚新南威尔士大学电子信息工程学院学习，取得信号处理专业硕士学位。研究生期间在导师 Julien Epps 指导下开始进行语音处理、情绪识别方向的研究。毕业后先后任职于清华大学语音技术实验室、百度语音技术部，以及阿里巴巴 iDST、达摩院语音组，从事声学模型、解码器、语音唤醒等方面的研发工作。参与过与 Kaldi 相关的工作有：Kaldi nnet1 神经网络框架中 lstm 作者；发起并推动全球最大规模的中文开源数据集语音项目 AISHELL-1、AISHELL-2，已服务于清华大学、北京大学、南洋理工大学、哥伦比亚大学等近 200 所国内外高校的科研项目。

那兴宇

本科和博士均毕业于北京理工大学，主要研究方向是语音识别和语音合成。先后任职于中国科学院声学研究所和阿里巴巴机器人，从事语音识别模型训练系统和语音交互系统的开发。目前就职于微软，担任资深应用科学家，从事语音识别算法和技术架构的开发及业务支持工作。2015 年开始在 Kaldi 开源项目中贡献代码，参与了 nnet3 和 chain 模型的开发工作，并维护其中若干示例及 OpenSLR 的中文语音识别模型。

张俊博

博士毕业于中国科学院声学研究所，师从颜永红研究员。在小米公司从零起主导构建了整套语音算法研究框架，包括语音识别、智能设备语音唤醒、声纹识别、语音增强、用于语音应用的神经网络部署，均达到了当时的先进水平，并发表顶会论文若干篇，为后续的语音研发工作建立了基础。近期上线了用于外语学习的发音质量评测引擎，并给 Kaldi 贡献了发音良好度评分的代码。

前言

在过去的几年里，语音相关产业发展迅速，产品形态五花八门。在消费电子领域，随着语音输入、语音搜索、智能助手等产品的出现，一场人人交互和人机交互的变革正在我们身边发生。语音产业的上一次爆发出现在20世纪80年代至90年代：隐马尔可夫模型的应用，使大规模连续语音识别成为可能——这意味着用户在人机语音交互时，得以摆脱字正腔圆、一词一顿的刻板方式。在过去的十年间，随着深度学习技术的强势崛起和以GPU为代表的算力硬件的爆发，语音类产品（包括但不限于语音转文字、说话人识别、语种识别等）的使用体验又一次得到了显著的提升。更重要的是，深度学习技术带来的使用体验的提升，使语音技术更加接近商用，促成了语音产品和语音数据之间的良性循环：相比传统模型，基于深度神经网络的语音识别系统总是能更有效地利用持续增长的数据量，提升识别性能，而识别性能的提升，又会激发更多的产业应用，打通海量语音数据的获取渠道，进一步优化模型。

随着语音算法的逐代升级，语音技术链路的相关研发工具也逐步成型和完善，其中的代表是 HTK 和 Sphinx 工具集，这两个工具集都能够完成从模型的训练到产品原型的搭建等一系列工作，并催生了一批以语音识别为核心技术的公司。在20世纪90年代末，这两个工具集先后开源，再次降低了语音识别和相关领域的研发门槛与成本。

在最近的十年里，新一代的开源项目 Kaldi 逐步取代了 HTK 和 Sphinx 的统治地位，成为了流行的开源语音工具箱。Kaldi 诞生之初就汲取了其他语音项目的经验，并以语音识别为核心进行全局的设计：包含自成一派的文件 I/O 及存储、数据处理流水线、模型训练流水线，以及采用高效且优雅的加权有限状态机（WFST）作为语音识别解码的统一框架，并提供了离线/在线识别原型等。

Kaldi 项目发布不久，就吸引了国内外的大量用户，形成了一个活跃的开源社区。在社区中，有国际顶尖的语音科学家、探索新边界的博士研究生，也有初探语音识别的初学者、其他技术领域想使用语音技术的工程师，当然还有经历了 HTK 时代的老用户们。截至本书完稿时，Kaldi 在 GitHub 上的官方项目中获得的星标和子仓库合计已超过一万个。

尽管 Kaldi 工具箱的出现在很大程度上降低了语音识别技术的研究门槛，但与其他 AI 技术相比，它的语音识别技术本身链路复杂、模块多样、领域知识点众多；此外，目前 Kaldi 社区的活跃开发者们更关注推进核心技术，因此在文档建设方面，还停留在项目早期的设计理念及核心概念阶段，文档稀缺；再加上市场上少有 Kaldi 相关的教程和书籍，尤其是中文书籍，更使得国内用户在入门语音识别技术及上手 Kaldi 工具箱时，面临比较陡峭的学习曲线。

本书的作者来自 Kaldi 的开发团队、开源社区和企业用户，具有多年的语音研发经验和 Kaldi 使用经验。笔者长期在各 Kaldi 社群中为普通用户答疑，交流的主题大致可以分为四类，即语音识别的基础理论、Kaldi 中的具体算法实现、Kaldi 工具箱的用法、搭建语音系统中经常遇到的实际问题。本书致力于系统梳理以上四类问题，深入浅出地介绍语音识别各个模块的原理，厘清 Kaldi 中各种实践技巧的来龙去脉，并结合示例解析，展示如何使用 Kaldi 构建语音识别、关键词检索、说话人识别和语种识别系统。

本书假定读者具备基础的编程知识和最基本的机器学习概念。笔者在行文中注重示例解析，尽量避免公式推导，注重阐述核心问题及对应算法的直观意义，力图帮助读者快速建立语音技术的宏观视角，并熟悉 Kaldi 工具箱的微观样貌。没有语音背景的读者，可以把本书当作快速上手语音研发的入门参考书。同时，对于一些没有详细展开的理论知识点，本书给出了相关的经典论文或参考文献，供有兴趣、有能力的读者进一步纵向深入掌握。

Kaldi 是一个仍在持续演进并快速迭代的开源项目，在 Kaldi 发布 10 周年之际，藉以此书对其发展历史做一个回顾，对当前状态做一次汇总，愿与广大中文 Kaldi 用户一同展望语音行业的美好未来。

作 者

2019 年 12 月

目录

1 语音识别技术基础......1

1.1 语音识别极简史......1

1.1.1 语音识别早期探索......2

1.1.2 概率模型一统江湖......2

1.1.3 神经网络异军突起......3

1.1.4 商业应用推波助澜......4

1.2 语音识别系统架构......6

1.2.1 经典方法的直观理解......6

1.2.2 概率模型......7

1.2.3 端到端语音识别......10

1.3 一些其他细节......11

1.3.1 语音信号处理......11

1.3.2 发音和语言学......12

1.3.3 语音识别系统的评价......13

2 Kaldi 概要介绍......15

2.1 发展历史......15

2.1.1 名字的由来......15

2.1.2 约翰霍普金斯大学夏季研讨会......16

2.1.3 Kaldi 发展简史......17
2.2 设计思想......18
2.2.1 初衷......18
2.2.2 开源......19
2.2.3 训练脚本......19
2.3 安装......20
2.3.1 下载 Kaldi 代码......20
2.3.2 安装 CUDA......20
2.3.3 安装编译依赖库......21
2.3.4 安装第三方工具......21
2.3.5 选择其他的矩阵库......23
2.3.6 编译 Kaldi 代码......23
2.3.7 配置并行环境......25
2.4 一个简单的示例......26
2.4.1 运行 run.sh......26
2.4.2 脚本解析......28
2.5 示例介绍......34
2.5.1 数据示例......34
2.5.2 竞赛示例......38
2.5.3 其他示例......40
2.5.4 示例结构......41

3 数据整理......44

3.1 数据分集......44
3.1.1 Librispeech 示例的数据处理过程......45
3.1.2 数据下载和解压......46
3.2 数据预处理......49
3.2.1 环境检查......51
3.2.2 生成表单文件......52
3.2.3 数据检查......55
3.3 输入和输出机制......56
3.3.1 列表表单......57

3.3.2 存档表单......60
3.3.3 读写声明符......60
3.3.4 表单属性......64
3.4 常用数据表单与处理脚本......69
3.4.1 列表类数据表单......70
3.4.2 存档类数据表单......72
3.4.3 数据文件夹处理脚本......77
3.4.4 表单索引的一致性......78
3.5 语言模型相关文件......79
3.5.1 发音词典与音素集......80
3.5.2 语言文件夹......85
3.5.3 生成与使用语言文件夹......92

4 经典声学建模技术......94

4.1 特征提取......95
4.1.1 用 Kaldi 提取声学特征......95
4.1.2 特征在 Kaldi 中的存储......99
4.1.3 特征的使用......104
4.1.4 常用特征类型......106
4.2 单音子模型的训练......107
4.2.1 声学模型的基本概念......108
4.2.2 将声学模型用于语音识别......112
4.2.3 模型初始化......113
4.2.4 对齐......115
4.2.5 Transition 模型......118
4.2.6 GMM 模型的迭代......124
4.3 三音子模型训练......128
4.3.1 单音子模型假设的问题......128
4.3.2 上下文相关的声学模型......129
4.3.3 三音子的聚类裁剪......130
4.3.4 Kaldi 中的三音子模型训练流程......130
4.4 特征变换技术......139

4.4.1 无监督特征变换 139
4.4.2 有监督特征变换 141
4.5 区分性训练 143
4.5.1 声学模型训练流程的变迁 143
4.5.2 区分性目标函数 144
4.5.3 分子、分母 145
4.5.4 区分性训练在实践中的应用 146

5 构图和解码 147

5.1 N 元文法语言模型 148
5.2 加权有限状态转录机 151
5.2.1 概述 151
5.2.2 OpenFst 153
5.3 用 WFST 表示语言模型 156
5.4 状态图的构建 158
5.4.1 用 WFST 表示发音词典 158
5.4.2 WFST 的复合运算 163
5.4.3 词图的按发音展开 165
5.4.4 LG 图对上下文展开 166
5.4.5 用 WFST 表示 HMM 拓扑结构 169
5.5 图的结构优化 170
5.5.1 确定化 170
5.5.2 最小化 173
5.5.3 图的 stochastic 性质 174
5.6 最终状态图的生成 174
5.7 基于令牌传递的维特比搜索 176
5.8 SimpleDecoder 源码分析 178
5.9 Kaldi 解码器家族 187
5.10 带词网格生成的解码 189
5.11 用语言模型重打分提升识别率 192

6 深度学习声学建模技术......195

6.1 基于神经网络的声学模型......195

6.1.1 神经网络基础......196

6.1.2 激活函数......198

6.1.3 参数更新......199

6.2 神经网络在 Kaldi 中的实现......200

6.2.1 nnet1（nnet）......200

6.2.2 nnet2......203

6.2.3 nnet3......208

6.3 神经网络模型训练......214

6.3.1 输入特征的处理......214

6.3.2 神经网络的初始化......215

6.3.3 训练样本的分批与随机化......217

6.3.4 学习率的调整......222

6.3.5 并行训练......224

6.3.6 数据扩充......227

6.4 神经网络的区分性训练......228

6.4.1 区分性训练的基本思想......228

6.4.2 区分性训练的目标函数......229

6.4.3 区分性训练的实用技巧......231

6.4.4 Kaldi 神经网络区分性训练示例......232

6.4.5 chain 模型......234

6.5 与其他深度学习框架的结合......242

6.5.1 声学模型......242

6.5.2 语言模型......243

6.5.3 端到端语音识别......243

7 关键词搜索与语音唤醒......245

7.1 关键词搜索技术介绍......245

7.1.1 关键词搜索技术的主流方法......245

7.1.2 关键词搜索技术的主流应用......247

7.2 语音检索......247

7.2.1 方法描述......248
7.2.2 一个简单的语音检索系统......248
7.2.3 集外词处理之词表扩展......254
7.2.4 集外词处理之关键词扩展......255
7.2.5 集外词处理之音素 / 音节系统......256
7.2.6 一个实用的语音检索系统......258
7.3 语音唤醒......263
7.3.1 语音唤醒经典框架......264
7.3.2 语音唤醒进阶优化......266
7.3.3 语音唤醒的 Kaldi 实现思路......267

8 说话人识别......269

8.1 概述......269
8.2 基于 i-vector 和 PLDA 的说话人识别技术......271
8.2.1 整体流程......271
8.2.2 i-vector 的提取......272
8.2.3 基于余弦距离对 i-vector 分类......274
8.2.4 基于 PLDA 对 i-vector 分类......276
8.3 基于深度学习的说话人识别技术......280
8.3.1 概述......280
8.3.2 x-vector......280
8.3.3 基于 x-vector 的说话人识别示例......283
8.4 语种识别......288

9 语音识别应用实践......292

9.1 语音识别基本应用......292
9.1.1 离线语音识别与实时在线语音识别......292
9.1.2 语音识别应用模块......293
9.1.3 小结......296
9.2 话音检测模块......296
9.2.1 VAD 算法......296
9.2.2 离线 VAD......297

9.2.3 流式在线 VAD......298
9.3 模型的适应......299
9.3.1 声学模型的适应......299
9.3.2 词表的扩展......300
9.3.3 语言模型的适应......301
9.3.4 小结......301
9.4 解码器的选择及扩展......302
9.4.1 Kaldi 中的解码器......302
9.4.2 实际应用中的常见问题及扩展......303
9.4.3 小结......305

附录 A 术语列表......306

附录 B 常见问题解答......308

参考文献......313

1 语音识别技术基础

1.1 语音识别极简史

人类用机器处理自己语音的历史可以追溯到18世纪。在18世纪末、19世纪初，奥匈帝国的发明家Wolfgang von Kempelen设计并打造了一款手工操作的机器，可以发出简单的声音。在19世纪末的时候，美国的发明家Thomas Edison发明了留声机，被认为是人类处理语音历史上的一座里程碑。然而，语音识别，也就是让机器自动识别人类的语音，这个工作其实到20世纪中叶才有了实质性的进展。一般认为，现代语音识别起始的一个重要时间点是1952年贝尔实验室发布了一个叫作Audrey的机器，它可以识别one、two等十个英文单词。

从20世纪50年代到现在也不过70年左右的时间，语音识别的技术及效果却有了翻天覆地的变化。从早期效果极其不稳定的简单的数字识别，到现在效果达到日常生活实用要求的大词汇量连续语音识别，语音识别经历了数次技术革命，每次技术革命都带来了语音识别系统效果的质变。下面简单介绍语音识别发展历史上几个非常重要的时间节点。

1.1.1 语音识别早期探索

与很多技术发展是从模仿人或动物的生理工作原理开始一样，早期的语音识别探索也试图从人如何听懂语音打开突破口。这个阶段的语音识别工作很多都把工作重心放到人类理解语音的各个环节上，并且试图用机器去逐个攻克这些环节，包括词意、句法、语法等。

基于模板匹配的语音识别方法是这个阶段比较成功的方法，其大致原理是：将训练语料中的音频提取声学特征后保存起来作为模板，当有新的音频输入机器的时候，机器会用同样的方式提取声学特征，并且和之前保存的语料特征做比较，如果新提取的特征和已经保存的模板特征比较接近，则认为两者输入的词语是同样的，系统输出模板对应的文字。基于模板匹配的方法可以在一些精心控制的场景（比如环境比较安静、系统开发者自己测试等）下得到不错的识别效果，但是在环境比较复杂，或者说话比较随意的时候，效果往往就不太理想。

1.1.2 概率模型一统江湖

从 20 世纪 70 年代开始，一批具有信息论背景的研究人员进入语音识别领域，并且开始将通信工程中常用的概率模型引入语音识别领域。这其中的杰出代表是 Frederick Jelinek 博士。Frederick Jelinek 博士早期在康奈尔大学从事信息论的研究，1972 年在学术休假期间，Frederick Jelinek 博士加入 IBM 华生实验室（IBM T.G. Watson Labs）并领导了语音识别实验室。Frederick Jelinek 博士深厚的信息论背景使他敏锐地觉察到语音识别并不是一个仿生学问题，而是一个完美的统计学问题。他抛弃了早期语音识别工作中词意、句法、语法等一系列对人类理解语音来说非常重要的概念，转而用统计模型对语音识别问题进行建模。他对此的一个经典解释是：飞机飞行并不需要挥动翅膀（Airplanes don't flap their wings）。言外之意是，计算机处理人类的语音，并不一定需要仿照人类处理语音的方式，句法、语法这些在人类语言学中很重要的概念，在语音识别中并不见得是决定因素。

虽然用概率模型来解决语音识别问题的思路从 20 世纪 70 年代开始就被提出来了，但是直到 20 世纪 80 年代，概率模型才逐渐代替老旧的基于模板、语言学等思路的方法，开始走到语音识别舞台的中心。在这个过程中，隐马尔可夫模型（Hidden

Markov Model）在语音识别中的应用居功至伟。不同于早期的方法，隐马尔可夫模型使用两个随机过程，即状态转移过程和观察量采样过程，将从声音特征到发音单元的转换过程建模成一个概率问题，通过已经有的语音数据训练隐马尔可夫模型的参数。在解码时，利用相应的参数，估计从输入声学特征转换成特定发音单元序列的概率，进而得到输出特定文字的概率，从而选取最有可能代表某一段声音的文字。隐马尔可夫模型的应用一方面大大减少了语音识别系统对专家（如语言学家）的依赖，从而降低了构建语音识别系统的成本；另一方面，区别于基于模板的一些方法，隐马尔可夫模型可以从更多的语音数据中来估计更好的参数，从而使得相应的语音识别系统在实际应用中的结果更加稳定。

基于统计模型的语音识别方法，或者更确切地说，基于隐马尔可夫模型的语音识别方法，极大地提高了语音识别的准确率和稳定性，为语音识别的商业应用打下了坚实的基础。在接下来的三十多年的时间中，基于隐马尔可夫模型的语音识别方法基本上垄断了语音识别领域，直到2010年左右神经网络模型在语音识别建模中兴起。

1.1.3 神经网络异军突起

确切地说，神经网络模型也是概率模型中的一种。神经网络在语音识别中的应用，其实从20世纪80年代中后期便已经开始。早期神经网络在语音识别系统中的应用，还是以和隐马尔可夫模型配合使用为主，也即后来所说的“混合模型”。在标准的隐马尔可夫模型中，从隐含发音状态输出可观察量的时候，需要对输出的概率分布进行建模。在经典的基于隐马尔可夫模型的语音识别系统中，这个过程一般是用高斯混合模型（Gaussian Mixture Model）来建模的。在“混合模型”中，高斯混合模型被神经网络所代替，由神经网络对输出的概率分布进行建模。这其中使用的神经网络可以是前馈神经网络、递归神经网络等各种神经网络。然而，受到计算资源、训练数据、神经网络本身训练方法等各种因素的影响，神经网络一直没有能够代替高斯混合模型，成为主流语音识别系统的一部分。

在2010年左右，微软的研究人员开始重新审视神经网络在语音识别系统中的应用。他们发现，如果以上下文相关的三音子作为神经网络的建模单元，并且用最好的基于隐马尔可夫、高斯混合模型的语音识别系统生成的对齐数据作为神经网络的训练数据，适当调节隐马尔可夫模型的转换概率，在当时的计算资源和训练数据（几百小时）下，所生成的基于隐马尔可夫模型、神经网络模型的语音识别系统（NN-HMM）的效果会远远好于对应的基于隐马尔可夫、高斯混合模型（GMM-HMM）的语音识别系统的效果。由于是隐马尔可夫模型和神经网络模型同时使用，因此这样的系统当时也被称为“混合系统”或“混合模型”。研究人员进而惊喜地发现，随着计算资源和训练数据的增加，“混合模型”的效果也在不断地变好。对比早期的“大规模”语音识别系统所使用的几百个小时的训练数据，现在成熟的商用语音识别系统往往采用上万小时的训练数据，得益于计算资源的丰富及并行化技术的发展，这样规模的训练往往可以在1~2周内完成。神经网络的引入让语音识别系统的效果有了质的提升，让语音识别技术进入千家万户、成为日常生活中的一部分成为了可能。

在2014年左右，谷歌的研究人员进一步发现，当使用特殊的网络结构时，“混合模型”里面的隐马尔可夫模型其实也可以被替换掉。研究人员使用双向长短期记忆神经网络（Bidirectional long short-term memory network），附之以一个叫作 Connectionist Temporal Classification（CTC）的目标函数，可以直接将音频数据转换成文字，而不需要经过传统的基于隐马尔可夫模型的语音识别系统中的中间建模单元（比如基于上下文的三音子建模单元）。由于这种系统直接将音频转换成文字，所以也被称作“端到端”系统。目前，虽然基于隐马尔可夫模型的语音识别系统仍然大量存在于商业系统中，但是同时，随着更多神经网络结构被应用到“端到端”系统中，基于神经网络的“端到端”语音识别系统的效果也一直在提升，科技巨头如谷歌也逐渐将“端到端”系统应用到他们的商业系统中。在可预见的未来，神经网络模型或许可以完全代替隐马尔可夫模型在语音识别技术中的应用。

1.1.4 商业应用推波助澜

技术的发展和商业的应用往往是相辅相成的。一方面，技术本身的进步可以使得商业应用成为可能，或者增加商业应用的价值；另一方面，商业的应用可以为技术的发展提供更多的资源，从而推动技术的进步。语音识别技术从最初的探索到目前进入千家万户的经历，完美地阐述了这个过程。

得益于20世纪70年代概率模型的发展，以及20世纪80年代隐马尔可夫模型的大规模应用，在20世纪80年代末、90年代初，语音识别技术在一些可控的场景（比如安静的朗读场景）下已经初步进入商用门槛。1990年，Dragon Systems 公司发布了第一款语音识别商用软件 Dragon Dictate。Dragon Dictate 使用了当时新兴的隐马尔可夫模型，但是受限于计算机的算力，Dragon Dictate 并不能自动对输入的语音分词，因此用户在说出每个单词后都必须停顿，然后让 Dragon Dictate 转写。尽管如此，Dragon Dictate 的售价依然高达 9000 美元。7 年之后，1997 年，Dragon Systems 公司推出了 Dragon Dictate 的后续版本 Dragon NaturallySpeaking。这个版本已经可以支持连续语音输入，1 分钟可以处理大约 100 个单词，但是为了得到更好的效果，需要用户提供大约 45 分钟的语音数据对模型调优。Dragon NaturallySpeaking 的售价也由其前任的 9000 美元下降到大约 700 美元。值得一提的是，经过一系列的合并与收购操作之后，Dragon NaturallySpeaking 产品及其品牌最终被在语音识别领域大名鼎鼎的 Nuance Communications 公司获得，其后续版本至今仍在销售。

经过 20 世纪 90 年代的商业验证，语音识别技术在 21 世纪初期持续发展，识别率也稳步攀升。语音识别技术逐渐进入当时主流的操作系统，如 Windows Vista、Mac OS X 等，作为键盘和鼠标输入的备选方案。然而，在 20 世纪第一个 10 年中的绝大部分时间里，语音识别技术的用户使用率都非常低，究其原因，还是因为不够准确、不够简单，使用成本相对于键盘和鼠标的使用成本更高。这个局面直到 2008 年末才有改观。2008 年 11 月，谷歌在苹果手机上发布了一个语音搜索的应用，让用户可以用语音输入搜索指令，然后在谷歌自己的搜索平台上进行搜索。区别于 Dragon NaturallySpeaking 等商业的语音识别系统在本地机器上处理语音数据，谷歌的语音搜索应用选择将音频数据传输到谷歌的服务器进行处理，依托谷歌强大的算力，可以使用非常复杂的语音识别系统，从而大大提升了语音识别的准确率。同时，由于苹果手机上屏幕键盘比较小，输入不方便，语音输入的用户体验大大超过了键盘输入的用户体验，语音识别的用户使用率开始节节攀升。

智能手机似乎是为语音识别量身定制的一个应用场景。2010 年，语音助手 Siri 作为一个独立的应用出现在苹果手机上，苹果公司迅速收购了这个独立的应用，并于 2011 年在苹果手机 iPhone 4S 上正式发布了默认的语音助手 Siri。Siri 的发布在语音识别技术的应用上具有里程碑的意义：成千上万的用户开始知道并且逐渐使用语音识别技术。值得一提的是，语音识别开源软件 Kaldi 于 2009 年在约翰霍普金斯大学开始开发，与谷歌语音搜索应用、苹果语音助手 Siri 的发布处于同一个时期。

谷歌语音搜索应用和苹果语音助手 Siri 的发布，一方面引导了用户，让用户在日常生活中逐渐接受了语音识别技术；另一方面，也为语音识别技术的发展积累了海量的用户数据。同一时期，神经网络被再度考虑应用到语音识别技术中，神经网络的训练需要海量的计算能力和用户数据，科技公司如谷歌、苹果、微软在公司发展早期所积累的计算能力，以及他们通过语音搜索、语音助手等应用所积累的海量用户数据，为神经网络在语音识别中的应用打下了坚实的基础。这些新的数据和新的模型被反馈回语音识别技术中，进一步推动了语音识别技术的发展。

2014 年，亚马逊发布了一个带有语音助手的智能音箱 Echo，将语音识别技术从近场语音识别推向了远场语音识别。不同于谷歌的语音搜索应用和苹果的语音助手 Siri，亚马逊的智能音箱 Echo 并不需要用户贴近麦克风说话。相反，用户在家里任何位置说话，语音助手都可以正确地处理语音并且响应。亚马逊的 Echo 将语音交互的体验又推上了一个台阶。继亚马逊之后，国外科技巨头如谷歌、苹果，国内科技巨头如百度、阿里巴巴、小米，都纷纷推出了自己的带语音助手的智能音箱，语音识别开始进入百花齐放、百家争鸣的时代。语音识别技术也由最初只能在可控场景下勉勉强强地工作，发展到现在可以在非常真实的场景下非常稳定地工作。

1.2 语音识别系统架构

1.2.1 经典方法的直观理解

为了让没有接触过语音识别的读者可以对语音识别原理有一个快速的认识，本节将尽可能使用通俗的语言，简短直观地介绍经典语音识别方法。

首先，我们知道声音实际上是一种波。语音识别任务所面对的，就是经过若干信号处理之后的样点序列，也称为波形（Waveform）。图 1-1 是一个波形的示例。

图 1-1 用波形表示的语音信号

语音识别的第一步是特征提取。特征提取是将输入的样点序列转换成特征向量序列，一个特征向量用于表示一个音频片段，称为一帧（Frame）。一帧包含若干样点，在语音识别中，常用 25ms 作为帧长（Frame length）。为了捕捉语音信号的连续变化，避免帧之间的特征突变，每隔 10ms 取一帧，即帧移（Frame shift）为 10ms，如图 1-2 所示。

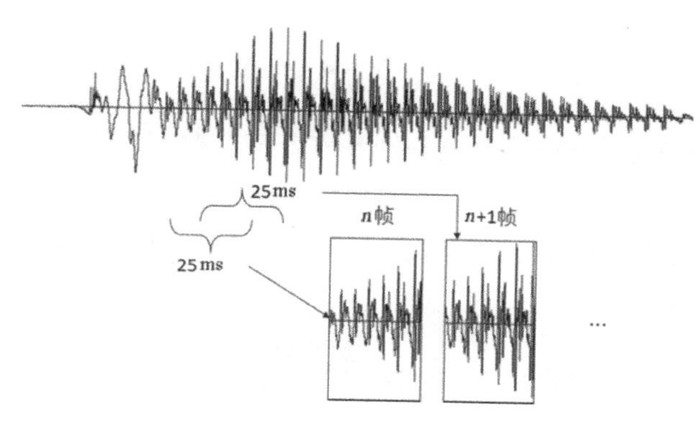

图 1-2 语音信号的分帧

采样是声波数字化的方法，而分帧是信号特征化的前提，分帧遵循的前提是，语音信号是一个缓慢变化的过程，这是由人类发声器官决定的，因此在 25ms 内，认为信号的特性是平稳的，这个前提称为短时平稳假设。正是有了这个假设，可以将语音信号转换为缓慢变化的特征向量序列，进而可以通过时序建模的方法来描述。

在现代语音识别系统中，以隐马尔可夫模型（HMM）为基础的概率模型占据了绝对的主导地位。语音识别开源软件 Kaldi 也是围绕着以隐马尔可夫模型为基础的概率模型来设计的。为了进行语音识别，所有常见的发音组合可以表示成一个巨大的有向图，这可以用 HMM 进行建模。语音的每一帧都对应一个 HMM 状态。如果读者熟悉经典 HMM 理论，则知道可以从 HMM 中搜索累计概率最大的路径，其搜索算法为维特比（Viterbi）算法。HMM 中累计概率最大的路径所代表的发音内容就是语音识别的结果。这个搜索过程在语音识别中也叫作解码（Decode）。路径的累计概率通过概率模型获取。下一节将介绍概率模型，包括声学模型和语言模型。

1.2.2 概率模型

虽然本书会尽量避免公式的使用，但是对于经典的语音识别概率模型，公式描述会胜过很多文字描述。因此，在本书中会使用一些公式。读者不必担心，这些公式都非常简单易懂。

假设$\mathbf{Y}$是输入的音频信号，$\mathbf{w}$是单词序列，在概率模型下，语音识别的任务其实是在给定音频信号$\mathbf{Y}$的前提下，找出最后可能的单词序列$\hat{\mathbf{w}}$，这个任务可以由以下公式来简单概括：

$$\hat{\mathbf{w}} = \arg\max_{\mathbf{w}}\{P(\mathbf{w}|\mathbf{Y})\}$$

这个公式所得到的$\hat{\mathbf{w}}$便是语音识别系统基于概率模型所给出的解码结果。上述公式描述起来非常简单易懂，但是执行起来却相当困难，主要原因是概率分布$P(\mathbf{w}|\mathbf{Y})$比较难以用可解的模型来表达。幸运的是，我们可以利用贝叶斯定理对上述公式进行变换，公式变换如下：

$$\hat{\mathbf{w}} = arg\max_{\mathbf{w}}\{P(\mathbf{w}|\mathbf{Y})\} = \arg\max_{\mathbf{w}}\{\frac{p(\mathbf{Y}|\mathbf{w})P(\mathbf{w})}{P(\mathbf{Y})}\} = \arg\max_{\mathbf{w}}\{p(\mathbf{Y}|\mathbf{w})P(\mathbf{w})\}$$

在上述变换中，我们用到了一个事实：因为$\mathbf{Y}$已知，因此概率$P(\mathbf{Y})$是一个常量，在求极值的过程中可以被忽略。

从上述公式可见，语音识别系统的概率模型可以被拆分为两部分：$p(\mathbf{Y}|\mathbf{w})$和$P(\mathbf{w})$，我们需要分别对它们进行建模。概率$p(\mathbf{Y}|\mathbf{w})$的含义是，给定单词序列$\mathbf{w}$，得到特定音频信号$\mathbf{Y}$的概率，在语音识别系统中一般被称作声学模型。概率$P(\mathbf{w})$的含义是，给定单词序列$\mathbf{w}$的概率，在语音识别系统中一般被称作语言模型。

至此，语音识别的概率模型被拆分为声学模型和语言模型两部分，接下来分别对两部分建模进行介绍。

在介绍声学模型之前，首先简单介绍一下特征提取。在前面提到了音频信号为$\mathbf{Y}$。在实际操作中，由于原始音频信号往往包含一些不必要的冗余信息，因此需要对原始音频信号做特征提取，使得提取出来的特征向量更容易描述语音特性，从而提升建模效率。一般来说，会每隔 10ms 从一个 25ms 的语音信号窗口中提取一个特征向量，因此实际应用中我们输入概率模型的$\mathbf{Y}$是一系列特征向量的序列。常用的语音识别特征有梅尔频率倒谱系数（Mel-Frequency Cepstral Coefficient，MFCC）、感知线性预测（Perceptual Linear Prediction，PLP）等。

对于声学特性来说，单词是一个比较大的建模单元，因此声学模型$p(\mathbf{Y}|\mathbf{w})$中的单词序列$\mathbf{w}$会被进一步拆分成一个音素序列。假设$\mathbf{Q}$是单词序列$\mathbf{w}$对应的发音单元序列，这里简化为音素序列，那么声学模型$p(\mathbf{Y}|\mathbf{w})$可以被进一步转写为：

$$p(\mathbf{Y}|\mathbf{w}) = \sum_{\mathbf{Q}} p\,(\mathbf{Y}|\mathbf{Q})P(\mathbf{Q}|\mathbf{w})$$

其中，公式中的求和是对和单词序列$\mathbf{w}$所对应的所有可能的音素序列$\mathbf{Q}$**集合计算边缘分布概率**。这样，声学模型就被拆分成了两部分：$p(\mathbf{Y}|\mathbf{Q})$和$p(\mathbf{Q}|\mathbf{w})$。

第二部分$p(\mathbf{Q}|\mathbf{w})$是一个相对容易计算的概率分布。假设单词序列$\mathbf{w} = w_1,\ldots,w_L$，也即单词序列$\mathbf{w}$由单词$w_1, w_2,\ldots,w_L$共$L$个单词组成，再假设每个单词$w_l$所对应的可能发音是$\mathbf{q}^{(w_l)}$，那么第二部分$p(\mathbf{Q}|\mathbf{w})$可以进行如下拆分：

$$P(\mathbf{Q}|\mathbf{w}) = \prod_{l=1}^{L} P\left(\mathbf{q}^{(w_l)}|w_l\right)$$

其中，概率分布$P(\mathbf{q}^{(w_l)}|w_l)$的含义是单词$w_l$的发音为$\mathbf{q}^{(w_l)}$的概率。词典中同一个单词可能有多个发音，但是在人类语言中，多音词的不同发音往往不会有很多，因此第二部分$P(\mathbf{Q}|\mathbf{w})$可以非常容易地从发音词典中计算出来。

第一部分$p(\mathbf{Y}|\mathbf{Q})$是声学模型的核心所在，一般会用隐马尔可夫模型来进行建模。简单来理解，对于音素序列$\mathbf{Q}$中的每一个音素，都会构建一个音素级隐马尔可夫模型单元，根据音素序列$\mathbf{Q}$，会把这些隐马尔可夫模型单元拼接成一个句子级别的隐马尔可夫模型，而特征序列$\mathbf{Y}$便是隐马尔可夫模型的可观察输出。在实际的语音识别系统中，隐马尔可夫模型的应用会比这个简单描述复杂得多，比如，实际系统中我们会以上下文相关的三音子单元作为最小的隐马尔可夫模型单元。关于声学模型的训练，将在本书第 4 章详细介绍。

类似地，可以将语言模型$P(\mathbf{w})$进行拆分和建模。假设单词序列$\mathbf{w} = w_1,\ldots,w_L$由$L$个单词组成，语言模型$P(\mathbf{w})$可以进行如下概率转换：

$$P(\mathbf{w}) = \prod_{l=1}^{L} P\left(w_l|w_{l-1},\ldots,w_1\right)$$

其中，概率分布$P(w_l|w_{l-1},\ldots,w_1)$的具体含义是，已知单词序列$w_1,\ldots,w_{l-1}$，下

一个单词为w_l的概率。在实践中会发现，一个已经出现的单词，对于后续出现的单词的影响会随着距离的增大而越来越小，因此，我们一般会把单词序列的历史限制在$N-1$，对应的语言模型也叫作N元语法模型，用概率表示如下：

$$P(\mathbf{w})=\prod_{l=1}^{L}P\left(w_l|w_{l-1},w_{l-2},\dots,w_{l-N+1}\right)$$

在实践中，一般使用 $N=3$ 或 $N=4$。概率分布 $P(w_l|w_{l-1},w_{l-2},\dots,w_{l-N+1})$ 的含义是，已知单词序列$w_{l-N+1},\dots,w_{l-1}$，下一个单词为w_l的概率。为了统计这个概率分布，需要收集大量的文本作为训练语料，在这些文本中统计一元词组、二元词组直到N元词组的个数，然后根据出现的个数统计每个N元词组的概率。由于训练语料往往是有限的，为了避免稀疏概率或零概率的问题，在实际操作中往往需要采用平滑（Smoothing）、回退（Back off）等技巧。语言模型的训练和使用将在本书第 5 章详细介绍。

1.2.3 端到端语音识别

2014 年左右，谷歌的研究人员发现，在大量数据的支撑下，直接用神经网络可以从输入的音频或音频对应的特征直接预测出与之对应的单词，而不需要像我们上面描述的那样，拆分成声学模型和语言模型。研究人员使用双向长短期记忆神经网络（Bidirectional long short-term memory network），附之以一个叫作 Connectionist Temporal Classification（CTC）的目标函数，可以直接将音频信号转换成文字，而不需要经过传统的基于隐马尔可夫模型的语音识别系统中的中间建模单元（比如基于上下文的三音子建模单元）。由于这种系统直接将音频转换成文字，所以也被称作“端到端”系统。2016 年左右，基于注意力（Attention）机制的端到端语音识别系统被提出，并迅速成为热门的研究方向。从 2014 年到现在，基于不同神经网络结构的端到端语音识别系统不断地被提出来，在特定场景中的效果也逐渐接近并超越传统的基于隐马尔可夫模型的语音识别系统的效果。同为概率模型，端到端语音识别系统极大地简化了语音识别系统的建模过程，是未来语音识别系统非常有潜力的一个方向。本书对于端到端语音识别系统的具体细节不做详细描述，建议读者关注语音识别技术在这个方向上的发展。

1.3 一些其他细节

本章的前两节简要介绍了语音识别的发展历史和主流技术架构，作为补充，本节将介绍语音识别的一些其他细节。

1.3.1 语音信号处理

如前文所述，语音识别系统的输入是语音信号。采集语音信号的设备是麦克风，不同类型的麦克风采集到的语音信号的特性也不同。例如，在使用手机语音搜索功能时，语音信号是由手机麦克风采集的，通常发音离麦克风比较近，称之为近场，其输出以单声道或双声道为主；在使用智能音箱进行家居设备控制时，语音信号是由音箱中的麦克风阵列采集的，通常发音离麦克风阵列比较远，称之为远场，典型的设备如4麦和6麦的阵列，其输出是多声道的音频。

无论是近场还是远场，驱动麦克风的音频芯片通常都要进行一系列的处理，包括采样、量化、回声消除、噪声抑制、动态增益控制和音频编解码等，其作用分别如下。

- **采样**是将空气中传播的声波信号转换为计算机可以处理的数字信号。麦克风的振元在声波的震动下连续抖动，导致麦克风电路中的电流连续变化，采样的过程是每隔一段时间记录一个电流值，并保持至下一次采样，然后重复这个采样—保持的过程。每采样一次得到一个样点，样点之间的时间间隔就是采样周期，采样周期的倒数是采样频率。例如，每隔1/16000秒采样，采样频率就是16000Hz。
- **量化**的目标是高效地保存样点值。由于麦克风的物理特性限制，振元的最大振幅是固定的，样点的电流大小在正负最大值之间连续变化。连续量的保存需要比较高的精度，因此常用16比特或8比特的整型来表示一个样点，这个样点格式转换的过程就是量化。
- **回声消除**是语音交互应用，尤其是远场语音交互中一个必不可少的模块。在语音交互过程中，输出以合成语音的方式从设备的扬声器中播放出来，如果没有回声消除，输出的声音就会被麦克风采集，触发语音识别，形成回声。传统声学处理的回声分为电路回声和声学回声，这里所说的回声特指后者。

- **噪声抑制**是提升语音识别性能的有效手段，常用的噪声抑制技术有频域抑制和空域抑制。空域抑制可以借助麦克风阵列技术，利用声源定位和波束形成（Beamforming）等算法，增强某个方位的语音信号。频域抑制的技术广泛应用于通信领域，大部分技术手段的目的是让人听得更清楚，但是语音识别系统的特性与人耳的特性不同，因此有很多致力于改善语音识别的频域噪声抑制技术的研发工作。
- **动态增益控制**是麦克风系统中常用的模块，可以有效改善由于距离等现实环境因素导致的声音忽大忽小的现象。
- **音频编解码：**如今业界的大词汇量连续语音识别主要是基于云服务的，所以语音信号在上传至云服务器之前，通常会经过音频编码以降低传输成本并提升速度，而在服务端，需要将接收到的编码比特包解码还原成音频信号。

在上述处理方法中，采样和量化是将声音信号转换成计算机数据必不可少的方法，其他处理模块的选用要依据使用场景的需要而定。

1.3.2 发音和语言学

人类语音区别于其他各种各样的声音的一个重要特点是其高效的表意能力，语言学家经过多年的研究发现，在各种语言中，人类说话的声音大体可以分为有限的若干基本元素，这些元素被称为音素（Phoneme）。在各个语言中，表意的基本单元，无论是中文的字，还是英文的词，都可以由音素组合，进而将各种语言的书写系统与发音系统联系起来，这种表意单元与音素组合之间的映射就是发音词典（Pronunciation dictionary）。

由于音素是语言学家人为定义的概念，所以在每种语言中都有多种音素定义，称为不同的音素集（Phone set）。对应的，也就有不同的发音词典。例如，在美式英语的语音识别中，常用的是卡内基梅隆大学语音组发布的发音词典和音素集；在汉语语音识别中，常用拼音的声母和韵母作为音素。由于存在多发音和同音字（词）现象，因此发音词典并不是一一映射的。除语音音素外，为了使语音识别模型能够处理非语音，通常还要加入非语音音素，如静音音素、噪声音素等。

需要注意的是，音素只是对某种语言中的发音方式的笼统分类，在实际应用中，还需要考虑受上下文影响造成的协同发音现象。语音识别中的很多技术都是为了处理协同发音的，例如，每个音素往往分为多个状态，分别对应不同的发音阶段，而不同发音阶段的差异主要就是受上下文的相邻音素影响。再比如，在对每个音素建模时，建模对象实际上是由上下文音素组成的三音子（Triphone）组合。

1.3.3 语音识别系统的评价

语音识别系统最常用的评价指标是词错误率（Word Error Rate，WER）。在中文里，通常使用字错误率（Character Error Rate，CER）来表示。

WER 的计算方法是，对于一段音频，已知其标注文本（Reference）和语音识别的结果（Hypothesis），将识别结果中错误词的累计个数除以标注中总的词数，结果表示为一个百分数。对错误词有以下三种定义。

- 插入（Insertion）错误，表示识别出来的单词不存在于正确答案中的对应位置上，却被错误地识别出了。比如，正确答案是“My name is Andy”，却识别成了“My nick name is Andy”，这里“nick”就是一个插入错误。
- 删除（Deletion）错误，表示单词在正确答案中存在，却被漏识别了。比如，正确答案是“My name is Andy”，却识别成了“My name Andy”，这里“is”没有被识别出来，就记为一个删除错误。
- 替换（Substitute）错误，表示单词被误识别成其他单词。比如，正确答案是“My name is Andy”，却识别成了“My name are Andy”，这里“are”就是一个替换错误。

在统计一个测试集的 WER 时，使用累计所有测试句子的三种错误个数和全部标注文本的词数，可得 WER：

$$\text{WER} = \frac{\#\text{Insertion} + \#\text{Deletion} + \#\text{Substitute}}{\#\text{Words}}$$

除错误率外，还可以用正确率（Acc）来评价，使用累计所有测试句子的正确识别词数和全部标注文本词数，可得 Acc：

$$\text{Acc} = \frac{\#\text{Correct}}{\#\text{Words}}$$

在实际测试数据中，往往是多种错误类型并存于一个句子中。通过上面两个公式可以知道，正确率与错误率之和并不一定等于 1，而且错误率可能超过 100%。

除评价识别结果的质量外，识别的速度是实际应用中另一个需要关注的指标。评价识别速度最常用的方法是实时率（Real Time Factor，RTF），即用识别耗时除以句子时长。

2 Kaldi 概要介绍

2.1 发展历史

本节将介绍 Kaldi 语音识别工具包的发展历史。了解一个工具包的发展历史，能够更好地帮助我们理解一个工具包将来的发展。

2.1.1 名字的由来

关于 Kaldi 名字的由来，Kaldi 的官方文档是这么解释的：根据传说，Kaldi 是埃塞俄比亚的牧羊人，他发现了咖啡树这种植物。

其实，Kaldi 名字的由来有着更有趣的故事。在 2009 年约翰霍普金斯大学的夏季研讨会期间，Kaldi 还只是一个轻量级的语音识别解码器，由布尔诺理工大学的 Ondřej Glembek 写成。当时参加夏季研讨会的研究人员里面，有很多是来自布尔诺理工大学的研究人员，他们大多数都是咖啡的重度爱好者，喜欢时不时地组织咖啡品尝活动。于是 Ondřej Glembek 就用发现咖啡树的牧羊人的名字 Kaldi 命名了这个解码器。这个解码器也就是后来 Kaldi 语音识别工具包的前身。有趣的是，Kaldi 后期的主要维护者 Daniel Povey 是茶的重度爱好者，几乎不怎么喝咖啡。

2.1.2 约翰霍普金斯大学夏季研讨会

Kaldi 起源于 2009 年的约翰霍普金斯大学的夏季研讨会（The Johns Hopkins University Summer Workshop），因此有必要给读者介绍一下在语音领域赫赫有名的约翰霍普金斯大学夏季研讨会。

约翰霍普金斯大学夏季研讨会由约翰霍普金斯大学语言和语音处理中心（The Johns Hopkins University Center for Language and Speech Processing，CLSP）发起和组织。吴军在《数学之美》第 7 章中介绍基于概率模型的语音识别领域开山鼻祖 Frederick Jelinek 的时候，曾经提到过 Jelinek 在离开 IBM 以后，去了约翰霍普金斯大学，建立了专注于语言和语音处理的实验室，这个实验室便是 CLSP。从 1992 年建立实验室开始，Jelinek 逐渐将 CLSP 发展成世界上最有名的语言和语音处理中心之一。

Jelinek 自从建立了 CLSP 之后，每年夏天都会邀请 20~30 名世界顶级的科学家和学生到 CLSP 一起工作，解决一些特定的问题，这个邀请活动后来就演变成了赫赫有名的约翰霍普金斯大学夏季研讨会。从 1995 年开始，约翰霍普金斯大学夏季研讨会每年夏天举办一次，从未间断。夏季研讨会一般会由 3~4 个研究小组组成，其中一个专注于语音识别方向，一个专注于自然语言处理方向，剩余的研究小组专注于计算机视觉等其他方向。早期的夏季研讨会都在约翰霍普金斯大学 Homewood 小区举办，从 2014 年开始，为了缅怀 2010 年去世的 Jelinek，约翰霍普金斯大学夏季研讨会更名为贾里尼克纪念研讨会（Jelinek Memorial Workshop on Speech and Language Technology，JSALT），从此开始交替在约翰霍普金斯大学和其他世界知名的语音和语言处理中心举办。后期的夏季研讨会主要由 CLSP 的 Sanjeev Khudanpur 博士组织举办。

约翰霍普金斯大学夏季研讨会可谓是开源工具的摇篮，除完成在语音和语言处理领域举足轻重的研究工作外，在研讨会期间还开发了一批对语音和语言处理领域影响非凡的开源工具。比如，在语言模型建模领域具有统治地位的开源工具包 SRILM，在机器翻译领域举足轻重的开源工具包 Moses，当然也包括本书的主角，在语音识别领域最受欢迎的开源工具包 Kaldi。

2.1.3 Kaldi 发展简史

Kaldi 起源于 2009 年约翰霍普金斯大学夏季研讨会。2009 年的约翰霍普金斯夏季研讨会的其中一个主题是 Low Development Cost, High Quality Speech Recognition for New Languages and Domains，而研究的重心则是 Subspace Gaussian Mixture Model（SGMM）。为了方便实验验证效果，研究人员开发了一个简陋的基于有限状态转录机的语音识别解码器，以及一些基于语音识别工具包 HTK 的训练脚本，这些就是 Kaldi 的前身。

2010 年，一部分参加了 2009 年约翰霍普金斯大学夏季研讨会的研究人员重新聚集在一起，在布尔诺理工大学举办了一场后续的研讨会，来完善 Kaldi 作为一个语音识别工具包的功能，同时开发一系列基于 Kaldi 自有工具的训练脚本。但是在这一年，依旧没有形成一个完整的系统。

Kaldi 初版代码库的正式发布是在 2011 年 5 月 14 日。随后在 5 月 27 日，Kaldi 的开发者们在布拉格举办的 ICASSP 期间为 Kaldi 正式举行了一场发布会。发布会当天会议厅座无虚席，很多参会者甚至都坐在了地上。

Kaldi 初版代码发布之后，代码库的开发和维护主要由知名的语音识别领域研究人员 Daniel Povey 来主导。Povey 从 2013 年开始成为约翰霍普金斯大学语言和语音处理中心的研究人员，自此，Kaldi 的研发中心又回到了约翰霍普金斯大学。

在 Kaldi 的发展过程中，夏季研讨会起到了不可磨灭的作用，因此笔者也根据研讨会的时间节点整理了 Kaldi 的发展历程。

- 2009 年的约翰霍普金斯大学夏季研讨会，语音识别工具包 Kaldi 正式开始开发，完成了早期的系统，包括轻量级的解码器和基于 HTK 的训练脚本。
- 2010 年的布尔诺理工大学 Kaldi 研讨会，Kaldi 作为语音识别工具包的功能被完善，同时研究人员开发了独立于 HTK 的训练脚本。大量的代码在 2010 年被开发。
- 2011 年 5 月 14 日，Kaldi 初版代码库正式发布。
- 2011 年的布尔诺理工大学 Kaldi 研讨会，基于 GMM 和 SGMM 的区分性训练被开发。

- 2012 年的布尔诺理工大学 Kaldi 研讨会，基于 nnet1 的区分性训练和 Stacked-bottleneck 网络被开发。
- 2013 年的布尔诺理工大学 Kaldi 研讨会，补充并完善 Kaldi。
- 2014 年的布拉格首届 JSALT 研讨会，研究了神经网络的内部结构和语音识别置信度分析等。
- 2015 年的华盛顿大学第二届 JSALT 研讨会，Daniel Povey 开始了 Kaldi 中 nnet3 的开发。

2.2 设计思想

一个开源工具包的成功离不开工具包初始的设计思想。因此，本节将从几个方面来阐述 Kaldi 的设计思想，试图窥探 Kaldi 成功背后的奥秘。

2.2.1 初衷

在 Kaldi 之前已经有了不少与语音识别相关的开源工具包，比如美国卡内基梅隆大学主导开发的 Sphinx、英国剑桥大学主导开发的 HTK 等。这些工具包本身都取得了非常大的成功，为什么要重新开发一个语音识别工具包 Kaldi 呢？

因为开发人员背景等原因，早期的 Kaldi 在很多方面都和剑桥大学主导的语音识别工具包 HTK 非常类似，比如整体的使用风格、涵盖的技术要点等。但是 Kaldi 在设计之初就有区别于其他语音识别工具包的理念，包括但不限于：

- 源代码库由 C++代码写成；
- 容易修改和扩展；
- 涵盖现代的、最新的语音识别技术。

具体体现在实施上，Kaldi 相对于其他语音识别工具包的技术特性有：

- 代码容易阅读和理解；
- 代码容易复用和重构；
- 大量的线性代数的支持，易于在不同线性代数库之间切换；
- 尽可能通用的算法实现，避免使用只为特定任务服务的代码；

- 代码级集成有限状态转录机（Finite State Transducers）技术，具有基于 FST 的现代解码器；
- 始终追踪最新的语音识别技术，保持行业领先。

尽管 Kaldi 面向的用户群体是有一定语音识别研究基础的研发人员，但是 Kaldi 设计之初对通用性、可拓展性等一系列源代码层次的考量，大大降低了 Kaldi 作为语音识别工具包的门槛，是 Kaldi 目前如此流行不可忽视的一个因素。

2.2.2 开源

不少语音识别工具包都采用了开源协议，Kaldi 在开源协议的使用上，选择了更加开放的 Apache Licence Version 2.0。这意味着个人、研究机构，甚至商业机构可以相对自由地利用 Kaldi 进行商业和非商业的活动。

开放的开源协议是 Kaldi 变得越来越成功的一个重要因素。一方面，开放的开源协议吸引了很多个人开发者和企业开发者（尤其是初创企业）围绕着 Kaldi 来打造产品，另一方面，随着 Kaldi 被逐渐用于实际产品中，其性能被不断打磨优化，从而吸引了更多的开发者参与进来。从某种程度上说，Kaldi 相对开放的开源协议为语音识别领域初创公司的繁荣做出了不可磨灭的贡献。

2.2.3 训练脚本

Kaldi 的一个重要特性是拥有非常完整的语音识别系统训练脚本，这一点主要基于开发早期的两个考虑。第一个考虑是 Kaldi 的开源特性。由于 Kaldi 是开源的，Kaldi 的主要开发者们希望 Kaldi 的其他用户和开发者也可以将他们自己的开发工作反馈给社区，因此以“示例”的形式开放了语音识别系统训练脚本，希望用户和开发者可以仿照示例提交自己的开发成果。第二个考虑是 Kaldi 本身的快速迭代和文档不健全。Kaldi 一直处在快速迭代开发中，尽管主要开发者们已经尽量保证了文档的完整性，但是从短期来看，Kaldi 的文档和其他语音识别工具包的文档相比，还是相对不完整的，主要开发者们希望通过训练脚本这种“示例”的形式，降低用户的使用门槛。

如果要给 Kaldi 变得如此流行的原因排序的话，Kaldi 的训练脚本绝对是其中最重要的一个。在 Kaldi 出现之前，语音识别是一个入门门槛非常高的研究领域。一套切实有效的语音识别训练脚本，往往需要经过数年的打磨才能逐渐成型，因此往往作为重要的知识财产而密不外传，很多有兴趣但是没有相应背景的研究人员和开发人员被拒之门外。Kaldi 的出现大大降低了打造一套可用的语音识别系统的门槛。本书后续章节希望通过对 Kaldi 已有训练脚本的梳理和引导，帮助读者快速搭建可用的语音识别系统。

2.3 安装

Kaldi 不是一个终端用户软件，没有安装包。安装 Kaldi 指的是编译 Kaldi 代码，以及准备一些必要的工具和运行环境。由于 Kaldi 的示例都是使用 Shell 脚本的，并且其 I/O 大量依赖管道，因此最佳的运行环境是 UNIX 类系统。最常用的环境是 Debian 和 Red Hat Linux，但是在 Linux 的其他发行版、Cygwin 和 macOS 中也可以使用。此外，在 Kaldi 代码中还提供了在 Microsoft Windows 下使用 Visual Studio 编译 Kaldi 代码的选项，这部分内容在本章中也会提及。

2.3.1 下载 Kaldi 代码

早期的 Kaldi 代码使用 Sourceforge 管理，从 2015 年 5 月起，迁移到 GitHub 上维护，使用 git clone 下载源代码。

2.3.2 安装 CUDA

Kaldi 的 GPU 计算部分使用 NVIDIA 公司开发的 CUDA 框架，在 NVIDIA 官网上有不同版本的安装包可以选择，Kaldi 通常支持最新的版本。在安装过程中，要用 root 权限，每一步都使用默认设置即可。安装好之后查看 CUDA 的安装位置：

```
ls -l /usr/local/cuda
lrwxrwxrwx 1 root root 8 Apr 19 2017 /usr/local/cuda -> cuda-8.0
```

这里安装的是 8.0 版本，可以看到 CUDA 已经生成了一个默认安装路径，指向 8.0 版本。

2.3.3 安装编译依赖库

在 Linux 和 macOS 环境下编译 Kaldi 代码依赖几个系统开发库，进入 Kaldi 文件夹可以查看依赖库是否已经被安装：

```
cd kaldi
tools/extras/check_dependencies.sh
```

这个脚本将检查以下开发库的安装情况，读者可以根据脚本输出的提示安装。

- 编译工具，要求使用 G++、Apple LLVM 或 Clang。目前，Kaldi 对这几个编译工具的版本要求是 G++ 4.8.3 以上、Apple LLVM 3.3 以上、Clang 5.0 以上。
- zlib 开发库，包括 zlib-devel、zlib1g-dev 和 zlib-devel。
- 矩阵运算开发库，默认是 IntelMKL，也可以用 ATLAS 或 OpenBLAS 代替。
- 编译支持工具，包括 libtool、automake、autoconf、patch、bzip2、gzip、wget、subversion。
- 脚本依赖工具，包括 Python、gawk、Perl，这部分工具在编译时不需要，但是在运行样例脚本时非常必要。

2.3.4 安装第三方工具

第三方工具指的是无法在系统安装包管理器中获取的工具。Kaldi 提供了安装这些工具的脚本，包括以下几种。

- OpenFst。Kaldi 使用 FST 作为状态图的表现形式，其代码依赖 OpenFst 中定义的 FST 结构及一些基本操作，因此 OpenFst 对于 Kaldi 的编译是不可或缺的，安装方法如下：

```
cd tools
make openfst
```

- CUB。CUB 是 NVIDIA 官方提供的 CUDA 核函数开发库，是目前 Kaldi 编译的必选工具，安装方法如下：

```
cd tools
```

```
make cub
```

- Sclite。它是 NIST SCTK 打分工具的一部分，工具用于生成符合 NIST 评测规范的统计文件。如果只需要计算识别率，则这个工具不是必须的，Kaldi 自身包括一个简单的计算 WER 的工具 compute-wer。Sclite 的安装方式如下，在编译的时候可以不安装：

```
cd tools
make sclite
```

- Sph2pipe。这个工具是用来对 SPH 音频格式进行转换的，使用 LDC 数据的示例都要用到这个工具。安装方式如下，在编译的时候可以不安装：

```
cd tools
make sph2pipe
```

- IRSTLM/SRILM/Kaldi_lm。这是三个不同的语言模型工具，不同的示例使用不同的语言模型工具。安装方式如下，在编译的时候可以不安装：

```
cd tools
extras/install_irstlm.sh
extras/install_srilm.sh
extras/install_kaldi_lm.sh
```

其中，在安装 SRILM 时有两点需要注意。第一，SRILM 用于商业用途不是免费的，需要到 SRILM 网站上注册、接受许可协议，才能下载源码包，并需重命名为 srilm.tgz，放到 tools 文件夹下。第二，SRILM 的安装依赖 lbfgs 库，这个库的安装方法是：

```
cd tools
extras/install_liblbfgs.sh
```

- OpenBLAS/MKL。Kaldi 的最新版本已经选用 MKL 作为默认的矩阵运算库。如果需要手工安装 OpenBLAS 或 MKL，方法如下：

```
cd tools
extras/install_openblas.sh
```

```
# 或者
extras/install_mkl.sh
```

2.3.5 选择其他的矩阵库

除上述 ATLAS、OpenBLAS 和 MKL 外，Kaldi 的矩阵运算代码还支持使用 CLAPACK。LAPACK 是一个用 Fortran 语言编写的库，包含一些高阶矩阵操作，如求逆、SVD 等。CLAPACK 是 C 版本的 LAPACK 实现。

2.3.6 编译 Kaldi 代码

首先要配置编译环境，Kaldi 使用 configure 命令来配置，关键配置如下：

```
cd src
./configure --help
--static # 静态编译，生成文件比较大，便于移植
--shared # 动态编译，会得到比较小的库和可执行文件，不便移植
--double-precision # 双浮点精度，默认不使用

# CUDA 相关设置
--use-cuda # 使用 CUDA，默认使用
--cudatk-dir # CUDA 安装位置，默认是/usr/local/cuda

# OpenFst 相关设置
--static-fst # 使用静态 OpenFst 库，默认不使用
--fst-root # OpenFst 安装位置，默认是…/tools/openfst

# 矩阵库相关设置
--mathlib # 指定矩阵库，可选 MKL(默认)、 ATLAS、 CLAPACK、 OpenBLAS
--static-math # 使用静态矩阵库，默认不使用
--atlas-root # ATLAS 安装位置，默认使用系统库管理
--openblas-root # OpenBLAS 安装位置，默认是…/tools/openblas
--clapack-root # CLAPACK 安装位置
--mkl-root # MKL 安装位置
--mkl-libdir # MKL 库安装位置
```

如果编译目的是在服务器上搭建训练环境，则推荐使用如下编译方式：

```
./configure --shared
```

如果只用 CPU 运算，则需在配置时加入如下选项：

```
--use-cuda=no
```

如果为 ARMv8 交叉编译，则使用如下编译方式，前提是 armv8-rpi3-linux-gnueabihf 工具链是可用的，同时要求 OpenFst 和 ATLAS 使用 armv8-rpi3-linux-gnueabihf 工具链编译并安装到/opt/cross/armv8hf。

```
./configure --static --fst-root=/opt/cross/armv8hf --atlas-root=/opt/cross/
armv8hf –host=armv8-rpi3-linux-gnueabihf
```

如果为 ARM 架构的 Android 编译，则需要加上--android-includes 这个选项，因为 Android NDK 提供的工具链可能没有把 C++的 stdlib 头文件加入交叉编译的路径中。

```
./configure --static --openblas-root=/opt/cross/arm-linux- androideabi
--fst-root= /opt/cross/arm-linux-androideabi --fst-version=1.4.1
--android-incdir=/opt/cross/arm-linux- androideabi/sysroot/usr/include
--host=arm-linux-androideabi
```

运行配置工具会在 src 文件夹下生成 kaldi.mk 文件，这个文件在编译过程中会被各个子目录的编译文件引用。通常可以直接进行编译，也可以做如下几项修改。

- Debug 级别。默认的级别是“-O1”，为了便于调试可执行命令，可以加入“-O0 -DKALDI_PARANOID”。如果为了优化运行速度，不做调试，则可以改用“-O2 –DNDEBUG”或“-O3 –DNDEBUG”。
- 浮点精度。如果怀疑代码中的某些取整操作影响了结果，则可以把“-DKALDI_DOUBLEPRECISION=0”改成“-DKALDI_DOUBLEPRECISION=1”。
- 如果想忽略 OpenFst 代码中的有符号/无符号检查造成的警告，则可以在 CXXFLAGS 中加入“-Wno-sign-compare”。
- 路径修改。如果想改变使用的矩阵库，则可以修改这个文件。但是通常建议直接使用配置工具生成新的 kaldi.mk 文件。

然后，就可以开始编译 Kaldi 代码了。一次完整的 Kaldi 编译可能需要几十分钟，可以使用多线程编译选项加速，例如：

```
make # 单线程编译
make -j 4 # 多线程编译
```

如果对 Kaldi 代码做了修改，则可以使用如下选项来确定代码能够运行：

```
make test # 运行测试代码
make valgrind # 运行测试代码，检查内存泄漏
make cudavalgrind # 运行 GPU 矩阵和测试代码，检查内存泄漏
```

如果使用 Git 升级了 Kaldi 代码，再编译的时候出错，则通常有两种情况。第一种情况是，Kaldi 依赖的第三方工具版本发生了改变，如 OpenFst，这种情况需要重新安装 OpenFst，然后重新运行配置工具。第二种情况是，Kaldi 自身的库发生变化，比如增加或删除了一个库，或者原有库的接口更改了。这两种情况都会造成原来编译出来的库文件失效，需要清理旧的库文件重新编译，以确保编译通过：

```
make clean
make depend
make
```

Kaldi 并没有提供类似 make install 的方式把所有的编译结果复制到同一个指定地点。编译结束之后，生成的可执行文件都存放在各自的代码目录下，如 bin、featbin 等，可以在环境变量 PATH 中增加这些目录的路径以方便调用 Kaldi 的工具。

2.3.7 配置并行环境

完成 Kaldi 代码编译后，就可以尝试在单机上运行训练示例了。单机版本的运行可以利用多进程完成并行运算。如果希望进一步利用多个 Linux 系统的机器并行运算以提高速度，则可以参照本节内容配置并行环境，建立一个 Kaldi 集群。

Kaldi 的多机并行训练是基于数据并行的，如 GMM 训练的统计量计算、神经网络训练中一个小批次的参数更新等，即各个子任务的执行是互不依赖的。但是在某些时间点上，需要对子任务的输出进行汇总，因此需要保证在不同节点上执行各个子任务的进程能够访问同一个目录，并享有读写权限。所以，首要条件是建立网络文件系统（NFS）。如果本身有使用网络信息服务（NIS）管理的 Linux 机器，多个机器之间

共享用户配置，则可以直接配置 NFS；否则，需要首先确保同一个用户在不同的机器上使用相同的 UID 和 GID。查询方法如下：

```
id -u UserName
id -g UserName
```

配置 NFS 的方法可以根据系统版本的不同在网上找到很多教程，本书不再赘述。完成 NFS 的配置之后，在要加入集群的机器上设置相互之间的免密码登录，并确认 NFS 的挂载点在所有机器上有相同的访问权限。这样，一个具有基本的任务分发功能的 Kaldi 集群就搭建完成了。用这个方法构建的集群无法根据计算资源进行任务分发，适合小型集群和少量用户的情形。

如果希望使用更多机器（如十台以上）组成更大的 Kaldi 集群，或者希望同时服务多个用户，实现任务排队、根据计算资源进行任务分发及一切高级的任务队列管理功能，就需要在 NFS 的基础上，使用高级的任务管理系统了。Kaldi 支持的任务管理系统包括 SGE（Sun Grid Engine）和 SLURM（Simple Linux Utility for Resource Management）。用户可以在集群的任意一个节点上向任务管理系统提交任务，任务运行的结果也可以在任意一个节点上获取。JHU 的 CLSP 计算中心有维护的比较好的 SGE 集群，所以 Kaldi 默认使用 SGE，可以查阅 Kaldi 文档来了解如何配置以优化并行训练的性能。对于自己搭建集群的读者来说，推荐使用 SLURM，相比 SGE，这个工具维护的比较积极，有完整的文档和配置教程可以参考。

2.4 一个简单的示例

本节将展示一个语音识别的示例：YesNo。这个示例的功能很有限，只能识别 Yes 和 No 两个单词。示例虽然简单，却“麻雀虽小，五脏俱全”。读者通过学习这个示例，可以了解创建语音识别系统的基本流程。当理解了这个示例后，读者将会发现，自己借助 Kaldi 也能够搭建一个简单的语音识别系统。

2.4.1 运行 run.sh

这个示例无需修改就可以直接运行，包括数据的下载和整理、模型的训练、识别率的测试。所有脚本都在目录 egs/yesno 下。

首先我们来看一下这个目录的结构：

```
egs/yesno
├──README.txt
└──s5
    ├──conf
    |   ├──mfcc.conf
    |   └──topo_orig.proto
    ├──input
    |   ├──lexicon_nosil.txt
    |   ├──lexicon.txt
    |   ├──phones.txt
    |   └──task.arpabo
    ├──local
    |   ├──create_yesno_txt.pl
    |   ├──create_yesno_waves_test_train.pl
    |   ├──create_yesno_wav_scp.pl
    |   ├──prepare_data.sh
    |   ├──prepare_dict.sh
    |   ├──prepare_lm.sh
    |   └──score.sh -> ../steps/score_kaldi.sh
    ├──path.sh
    ├──run.sh
    ├──steps -> ../../wsj/s5/steps
    └──utils -> ../../wsj/s5/utils
```

可以看到，这个示例由若干 Shell 脚本、Perl 脚本和一些文本文件构成。看到这么多文件，读者可能会不知从何入手。其实，Kaldi 的所有示例，无论由多少个文件构成，都是以 run.sh 为入口的。各示例中的其他脚本和可执行程序，都是被 run.sh 直接或间接调用的。所以，直接执行 run.sh 就可以运行这个示例了。

```
./run.sh
```

我们暂且不理会这个示例背后的原理，先看看执行结果。如果 Kaldi 被正确安装，那么运行 run.sh 后，屏幕上首先输出的信息是：

```
HTTP request sent, awaiting response... 200 OK
Length: 4703754 (4.5M) [application/x-gzip]
Saving to: ‘waves_yesno.tar.gz’

waves_yesno.tar.gz                    100%[=====>]   4.49M  1.10MB/s    in 4.1s

2018-12-23 12:34:09 (1.10 MB/s) - ‘waves_yesno.tar.gz’ saved [4703754/4703754]
```

上面的信息很容易理解，脚本从 OpenSLR 网站下载了一个名为 waves_yesno.tar.gz 的压缩包，这个压缩包就是这个示例所用的音频数据。

OpenSLR 是 Kaldi 社区建立的一个用于存储语音和语言资源的网站，网站上提供了大量英语、汉语、西班牙语等语料，可以免费下载，可用于训练语音识别、语音合成、说话人识别等模型。

接下来屏幕显示了许多信息，这些信息对于不熟悉语音识别的读者来说很难理解。读者如果看不懂这些信息，可以暂时不用理会。

这个示例的数据集规模非常小，在普通硬件配置的计算机上，大约一两分钟，整个脚本就运行完毕了。

输出信息的最后一行是：

```
%WER 0.00 [ 0 / 232, 0 ins, 0 del, 0 sub ]
```

这就是测试结果了：WER 为 0.00。也就是说，总共测试了 232 个词，全部识别正确。

2.4.2 脚本解析

本节将解析刚才运行过的 run.sh，帮助读者理解这个脚本所做的事情。

1）脚本的前两行设置了 train_cmd 和 decode_cmd 两个变量：

```
train_cmd="utils/run.pl"
decode_cmd="utils/run.pl"
```

这两个变量在后面会用到，比如后面的：

```
steps/train_mono.sh --nj 1 --cmd "$train_cmd" ……
```

以及

```
steps/decode.sh --nj 1 --cmd "$decode_cmd" ……
```

Kaldi 的很多脚本，比如这个示例中要用到的 steps/train_mono.sh 和 steps/decode.sh，都允许设置 cmd 参数。在本例中，cmd 参数被设置成了 utils/run.pl。

utils/run.pl 这个 Perl 脚本的作用是多任务地执行某个程序。这是一个非常方便的工具，是可以独立于 Kaldi 之外使用的。这里用一个示例展示其用法：

```
utils/run.pl JOB=1:8 /tmp/log.JOB.txt echo "This is the job JOB"
```

上面的命令同时执行了 8 个 echo 命令，并把屏幕显示输出分别写入 /tmp/log.[1-8].txt 这 8 个文本文件中。我们打开其中一个文件看一下：

```
$ cat /tmp/log.2.txt
# echo "This is job 2"
# Started at Sun Dec 23 13:26:31 CST 2018
#
This is the job 2
# Accounting: time=0 threads=1
# Ended (code 0) at Sun Dec 23 13:26:31 CST 2018, elapsed time 0 seconds
```

可以看到，各个进程被分别执行，并将输出信息写入了不同的日志文件中。

Kaldi 工具包中提供了 utils/run.pl、utils/queue.pl 和 utils/slurm.pl 作为 cmd 的可选工具，它们的命令行接口相同，任务所需的内存大小等选项也相同，不同之处在于 run.pl 在本地并行地执行命令，而 queue.pl 和 slurm.pl 把命令提交到计算集群上执行。

执行任务分发的 Perl 脚本名及其选项拼接在一起，作为 cmd 参数传入 Kaldi 的脚本中，然后 Kaldi 脚本使用 cmd 参数传入的 Perl 脚本来并行地执行程序。如果需要，读者也可以编写自己的任务分发脚本作为 cmd 的参数。

2）设置 cmd 参数后，脚本从 OpenSLR 网站下载数据并解压。

waves_yesno.tar.gz 压缩包被解压后，除一个 README 文件外，就是很多 WAV 文件了。通常来说，用于训练语音识别模型的数据，除音频外，还需要有音频对应的文本。这个数据集由于情况简单，只包含 YES 和 NO 两个单词，因此这个数据集的提供者直接把文本标注写到了文件名中，用 1 代表 YES，用 0 代表 NO。比如，1_0_1_0_1_0_0_1.wav 这个文件，其对应的文本就是：

```
YES NO YES NO YES NO NO YES
```

接下来，需要对数据进行整理。数据整理有两个目的，其一是把数据规范成 Kaldi 规定的数据文件夹格式，其二是划分训练集和测试集。run.sh 中整理数据的脚本是：

```
local/prepare_data.sh waves_yesno
```

执行这行脚本后，将生成 data/train_yesno 目录和 data/test_yesno 目录，分别作为这个示例的训练集和测试集。两个目录的结构完全相同：

```
data/
├──test_yesno
|   ├──spk2utt
|   ├──text
|   ├──utt2spk
|   └──wav.scp
└──train_yesno
    ├──spk2utt
    ├──text
    ├──utt2spk
    └──wav.scp
```

生成的这两个目录使用的是 Kaldi 的标准数据文件夹格式，我们查看一下这些文件的前几行：

```
train_yesno$ head -n 3 *

==> wav.scp <==
0_0_0_0_1_1_1_1 waves_yesno/0_0_0_0_1_1_1_1.wav
0_0_0_1_0_0_0_1 waves_yesno/0_0_0_1_0_0_0_1.wav
```

```
0_0_0_1_0_1_1_0 waves_yesno/0_0_0_1_0_1_1_0.wav

==> text <==
0_0_0_0_1_1_1_1 NO NO NO NO YES YES YES YES
0_0_0_1_0_0_0_1 NO NO NO YES NO NO NO YES
0_0_0_1_0_1_1_0 NO NO NO YES NO YES YES

==> spk2utt <==
global 0_0_0_0_1_1_1_1 0_0_0_1_0_0_0_1 0_0_0_1_0_1_1_0 ......

==> utt2spk <==
0_0_0_0_1_1_1_1 global
0_0_0_1_0_0_0_1 global
0_0_0_1_0_1_1_0 global
```

每个句子都被指定了一个唯一的 ID。wav.scp 文件记录每个 ID 的音频文件路径，text 文件记录每个 ID 的文本内容，spk2utt 文件和 utt2spk 文件记录每个 ID 的说话人信息，本例中统一为 global。

3）除下载数据外，还有一些资源需要手动准备。在这个示例中，这些资源已经由贡献者准备好了，在 input 路径下。

首先是发音词典 lexicon.txt：

```
<SIL> SIL
YES Y
NO N
```

lexicon.txt 文件给出了 YES、NO 和 <SIL> 这三个单词的音素序列，其中 <SIL> 是一个特殊单词，表示静音。这里由于任务简单，每个单词都只用一个音素表示。lexicon_nosil.txt 文件和 lexicon.txt 文件的内容相同，只是去掉了 <SIL> 行。

phones.txt 文件给出了这个示例的音素集：

```
SIL
Y
N
```

其实 phones.txt 文件也可以从 lexicon.txt 文件中将所有音素去重得到。

task.arpabo 是语言模型。本例中的语言模型不必训练，直接手工书写即可：

```
\data\
ngram 1=4

\1-grams:
-1 NO
-1 YES
-99 <s>
-1 </s>
```

上面的语言模型定义了识别空间：只可能是 Yes 和 No 这两个单词，并且这两个单词出现的概率相同。关于语言模型的知识将在本书第 5 章中详细介绍。

4）数据文件夹生成后，就可以根据其中的文本信息，以及事先准备好的发音词典等文件，生成语言文件夹了。脚本如下：

```
local/prepare_dict.sh
utils/prepare_lang.sh --position-dependent-phones false \
   data/local/dict "<SIL>" data/local/lang data/lang
local/prepare_lm.sh
```

前两行脚本读取 input 的资源文件，生成 data/lang 目录。这个目录是 Kaldi 标准的语言文件夹，存储了待识别语言的单词集、音素集等信息。第三行脚本把语言模型构建成图的形式，其细节将在本书第 5 章中介绍。

5）接下来是定义声学特征，这是训练声学模型的前提，脚本如下：

```
# Feature extraction
for x in train_yesno test_yesno; do
 steps/make_mfcc.sh --nj 1 data/$x exp/make_mfcc/$x mfcc
 steps/compute_cmvn_stats.sh data/$x exp/make_mfcc/$x mfcc
 utils/fix_data_dir.sh data/$x
done
```

脚本执行完毕后，train_yesno 目录和 test_yesno 目录下将分别生成 feats.scp 文件，里面记录了每个 ID 的声学特征存储位置。

6）下面是声学模型训练和测试阶段。由于这个示例的任务比较简单，因此只需训练最简单的声学模型，脚本如下：

```
# Mono training
steps/train_mono.sh --nj 1 --cmd "$train_cmd" --totgauss 400 \
  data/train_yesno data/lang exp/mono0a
```

脚本执行完毕后，声学模型被存储在 exp/mono0a 目录下。至此，模型训练完毕，进入测试识别阶段。识别的过程也被称作解码，解码前需要构建状态图：

```
# Graph compilation
utils/mkgraph.sh data/lang_test_tg exp/mono0a exp/mono0a/graph_tgpr
```

本书将在第 5 章中详细讲解为何需要构建状态图及构建状态图的原理。构建状态图完毕后，调用 Kaldi 的解码器解码：

```
# Decoding
steps/decode.sh --nj 1 --cmd "$decode_cmd" \
  exp/mono0a/graph_tgpr data/test_yesno exp/mono0a/decode_test_yes
```

现在识别结果已经输出到 exp/mono0a/decode_test_yes 下面了。我们看一下识别结果：

```
$ head exp/mono0a/decode_test_yesno/scoring_kaldi/penalty_ 0.0/10.txt
1_0_0_0_0_0_0_0 YES NO NO NO NO NO NO NO
1_0_0_0_0_0_0_1 YES NO NO NO NO NO NO YES
1_0_0_0_0_0_1_1 YES NO NO NO NO NO YES YES
1_0_0_0_1_0_0_1 YES NO NO NO YES NO NO YES
1_0_0_1_0_1_1_1 YES NO NO YES NO YES YES YES
1_0_1_0_1_0_0_1 YES NO YES NO YES NO NO YES
1_0_1_1_0_1_1_1 YES NO YES YES NO YES YES YES
1_0_1_1_1_0_1_0 YES NO YES YES YES NO YES NO
1_0_1_1_1_1_0_1 YES NO YES YES YES YES NO YES
1_1_0_0_0_0_0_1 YES YES NO NO NO NO NO YES
```

这里我们只查看了 exp/mono0a/decode_test_yes 下的 scoring_kaldi/penalty_0.0/10.txt 文件。实际上，这个脚本输出了很多类似的识别结果文件，这些文件的区别是使用了不同的解码参数，其 WER 有微小的差异。

run.sh 运行的最后，是寻找最好的解码器调参结果并输出：

```
for x in exp/*/decode*;
  do [ -d $x ] && grep WER $x/wer_* | utils/best_wer.sh;
done
```

最终找到了最好的结果：scoring_kaldi/penalty_0.0/7.txt，WER 为 0.0%。

以上是对 YesNo 这个示例较顶层的介绍。YesNo 示例是一个很好的用来入门的示例，但其声学模型训练过于简单，只训练了单音素的 GMM 模型，同时这个示例的发音词典的设置也不具备一般性。

从第 3 章起，本书主要使用 Librispeech 作为示例，这个示例是一个通用英文识别任务，使用近千小时的训练数据，是一个可以真正使用的语音识别系统。第 3 章~第 6 章将通过 Librispeech 示例，详细地介绍语音识别系统的模型训练及解码的流程与原理。有了 YesNo 示例作为基础，相信读者能够更容易地理解其他更复杂的示例流程及其背后的原理。

2.5 示例介绍

除 2.4 节讲解的 YesNo 示例外，Kaldi 还提供了大量的例子，一方面为用户展示了大部分工具的使用方法，另一方面也为语音识别领域的研究者提供了一个重复他人实验和对比结果的平台。这些示例包括数据示例、竞赛示例和其他示例。

2.5.1 数据示例

数据示例的作用是，如果用户手头有对应的数据，就可以直接使用示例脚本训练模型并测试。英语在语音识别研究领域是使用最为广泛的语言，在 Kaldi 的数据示例中更新最频繁的也是英语的示例。其中，YesNo 属于“玩具”数据，已经在本书 2.4 节介绍。下面按照数据类型分别介绍其他英语数据。

1. 朗读数据

朗读数据包括 TIMIT、WSJ、Librispeech 等，可以按照规模进行划分。

1）小型数据（10 小时以内）

小型数据包括 TIDIGIT、TIMIT、RM 和 AN4。前三个数据集的版权都属于语言数据联合会（LDC），采集时间在 1980—1989 年。当时正值语音识别快速发展时期，人们期望通过语音控制计算机做出一些实际的操作命令。TIDIGIT 录制的内容是数字串，而 RM 录制的内容是控制指令。TIMIT 是为了研究美式英语不同地区的口音之间的差异而录制的，因此也只包含有限的文本。目前，仍有一些实验在 TIMIT 上检验对音素的区分性能。AN4 是由美国卡内基梅隆大学（CMU）于 1991 年采集的，其内容是个人信息录入，总共包含约 50 分钟的语音，可以在 CMU 网站上下载。

2）中型数据（100 小时以内）

WSJ 是由美国国防高级计划研究局（DARPA）于 1992 年录制的，版权属于 LDC，内容是朗读华尔街日报，共 80 小时。AURORA4 是在 WSJ 的一部分数据中加入噪声得到的噪声语音库，共 12 小时，版权属于欧洲语言资源协会（ELRA）。此外，还有一个可以免费下载的中型数据库 Voxforge。VoxForge 是一个可以上传语音的网站，用户可以朗读网站上随机提供的文本贡献自己的声音，其创建的初衷是为免费和开源的语音识别引擎收集各种语言的带标注数据。Kaldi 中的 Voxforge 示例使用了其中的一部分英语数据，包含美国、英国、澳大利亚和新西兰四个国家人们的口音，共 75 小时。

3）大型数据（500 小时以上）

Librispeech 是由 Kaldi 开发者整理并发布的免费英语朗读数据，其数据总量是 960 小时，内容来自有声电子书项目 LibriVox。CommonVoice 是由 Mazilla 基金会发起的创建开源语音数据集的项目，其采集方式与 Voxforge 的采集方式类似，由用户在网站上根据提示文本进行录音。此外，还有用户进行数据筛查，随机查看录音与文本是否一致。在 2017 年，这个项目发布了第一个可以免费公开下载的英语数据集，共包含 20 000 人的 500 小时录音。

2. 电话录音

Vystadial_en 示例演示了如何使用 Vystadial 项目中采集的英语数据子集，采集方式是电话录音，通话主题是所在地附近的餐馆推荐。数据总时长是 45 小时。这个数据采集时间是 2013 年，可以在项目网站上免费下载。

SWBD 示例使用的数据是 Switchboard，这是一个由 DARPA 发起的电话语音采集项目。通话双方围绕一个话题自由聊天，上限是 10 分钟。录音者全部使用美式发音，共 500 多人参与，收集了 317 小时的录音。由于是自由聊天，因此录音需要标注切分点，内容也需要人工转写，Kaldi 的 SWBD 采用的是由美国密西西比州立大学（MSU）发布的经过人工审核的标注文本。这个数据版权属于 LDC。SWBD 示例选用的测试集是美国国家标准与技术研究院（NIST）在 2000 年组织的语音识别评测时使用的测试集，包含 20 段 Switchboard 对话和 20 段 CallHome 对话。

Fisher_english 和 Fisher_swbd 两个示例都使用了 Fisher 数据集，其中后者还加入了 Switchboard 数据。Fisher 是在由 DARPA 牵头的高效可复用语音转写项目（EARS）和全球自动语言利用项目（GALE）中采集的英语电话对话数据。这个数据库的采集方式与 Switchboard 的采集方式类似，但是对话内容涉及的领域更广，因此标注的准确度也就比 Switchboard 标注的准确度低。Fisher 数据库的采集时间是 2003 年，共包含一万多段电话录音，总时长达到了 1760 小时。该数据版权属于 LDC。这两个示例的测试数据与 SWBD 示例的测试数据相同。

3. 广播电视

hub4_english 示例使用了若干数据集，包含 1995—1997 年美国多个广播和电视节目的录音，共 200 小时。这个数据的采集源于 DARPA 的 HUB4 项目，版权属于 LDC。

tedlium 示例使用了共 118 小时的 TED 演讲，数据由法国国立缅因大学的信息实验室整理。这个数据可以在开源数据网站 OpenSLR 上免费下载。

4. 其他类型

ami 是一个多麦克风阵列的示例，使用的数据库来自一个欧盟的研究项目即增强多方交互（AMI）。采集场景是多方会议现场，使用头戴麦克风和麦克风阵列同时采集，共 100 小时。该示例的数据可以在项目网站上免费下载，也可以在 OpenSLR 网站上免费下载。

bn_music_speech 示例使用的数据库名字叫作 MUSAN，是由 Kaldi 的开发者制作的，用于语音检测和音乐分离。其中包括 60 小时来自 LibriVox 的朗读语音、42 小时音乐和 6 小时噪声。这个数据可以在 OpenSLR 网站上免费下载。

multi_en 示例是上面若干个示例的数据汇总，包括 Fisher、Switchboard、WSJ、hub4、Tedlium 和 Librispeech，总数据时长达到 3000 小时以上。这个示例展示了在多个不同风格的数据来源下如何训练语音识别模型。

ptb 示例只用于语言模型，使用宾州树库（PTB）数据。

voxceleb 示例演示了使用 VoxCeleb 数据库进行说话人识别的方法。VoxCeleb 分为两个子集，分别包含 1251 位名人和 6112 位普通人的声音，采集来源是视频分享网站 Youtube。

callhome_diarization 示例演示了使用说话人识别数据训练说话人分割系统的方法。与说话人识别不同，说话人分割的目的是在一段语音中将不同人说的话按照切换时间标记出来。

除英语外，Kaldi 还提供了其他多种语言的数据库示例，其中几个使用比较广泛的语言都有不同风格和数据量的示例，如表 2-1 所示。

表 2-1　Kaldi 中的非英语语音示例

示　　例	语　　言	时　　长	风　　格	版　　权
aidatatang	汉语	200 小时	朗读	免费公开
aishell	汉语	180 小时	朗读	免费公开
aishell2	汉语	1000 小时	朗读	免费申请
gale_mandarin	汉语	126 小时	电话交谈	LDC
hkust	汉语	150 小时	电话交谈	LDC
thchs30	汉语	35 小时	朗读	免费公开
fisher_callhome_spanish	西班牙语	163 小时	电话交谈	LDC
heroico	西班牙语	12 小时	朗读、问答	LDC

续表

示　例	语　言	时　长	风　格	版　权
hub4_spanish	西班牙语	30 小时	广播电视	LDC
callhome_egyptian	阿拉伯语	60 小时	电话交谈	LDC
gale_arabic	阿拉伯语	200 小时	广播电视	LDC
csj	日语	700 小时	电话交谈	日国语研究所
fame	荷兰弗里西语	18 小时	广播电视	免费公开
farsdat	伊朗波斯语	未知	朗读	ELRA
gp	法语、德语、俄语	50 小时	朗读	ELRA
iban	马来语（方言）	7 小时	朗读	免费公开
sprakbanken	丹麦语	350 小时	朗读	免费公开
sprakbanken_swe	瑞典语	480 小时	朗读	免费公开
swahili	斯瓦西里语	10 小时	朗读	免费公开
tunisian_msa	阿拉伯语	11 小时	朗读、问答	免费公开
vystadial_cz	捷克语	15 小时	电话交谈	免费公开
zeroth_korean	韩语	52 小时	朗读	免费公开

在数据示例中，大部分语言都有免费公开的数据可供使用。用户可以使用这些数据训练语音识别系统，也可以根据自己的数据量和应用场景，参照示例准备自己的训练环境。训练中文模型的读者可以参考 multi_cn 示例，它展示了如何使用大约 1000 小时免费公开的若干中文数据训练一个可用的模型，并示范了如何引入额外的语言模型。

2.5.2 竞赛示例

竞赛示例主要是由 Kaldi 开发者添加的，用于将自己基于 Kaldi 提交的参加某次评测的系统开放出来方便重现结果。测试数据都是由竞赛组织方提供的，如果不参加竞赛，就无法获取测试数据，因此用户一般难以准确复现结果，但是可以参照示例脚本搭建自己的特定场景下的训练环境。目前，Kaldi 中的竞赛示例分为以下几种。

1. 复杂环境下的语音识别

ASPIRE 示例，用于参加 2014 年美国国家情报高级研究计划局（IARPA）混响环境中的自动语音识别竞赛（ASPIRE）。训练数据采用 Fisher 英语数据，并使用多个混响噪声数据库生成模拟混响环境的数据。在示例中提供了这些混响噪声数据的下载和使用方法，大部分都是可以免费公开获取的。

REVERB 示例，最初用于参加 2014 年 IEEE 信号处理协会的混响语音增强与识别竞赛（REVERB）。这个竞赛的训练数据使用模拟的混响语音数据，基于 WSJCAM0 数据库人工加入噪声，这是一个使用 WSJ 文本的英式英语数据库，由英国剑桥大学录制。测试数据包含两部分，一部分是模拟数据，另一部分是真实混响数据。真实混响数据同样使用 WSJ 文本，在会议室环境下使用远距离的单声道麦克风、双声道麦克风和一个 8 头的麦克风阵列同时采集。这两部分数据现在都由 LDC 负责分发。这个示例在竞赛结束后还在更新，有些混响语音识别新技术的实现可以在这里看到。

CHIME 示例，截至本书完稿，Kaldi 提供了 CHIME1~CHIME5 共 5 个示例。这是由语音分离与识别竞赛（CHIME）的组织者提供的历届竞赛的基线系统及 Kaldi 开发者的参赛系统。这个竞赛的数据都是在真实嘈杂环境下按照 WSJ 文本录制的。目前，除第一届的数据可以免费公开下载外，其他的数据都由 LDC 分发。

2. 关键词检出

BABEL 示例，BABEL 是 IARPA 的巴别塔计划的简称，目标是现实情况下多语言的语音识别。BABEL 示例解决的是其中的关键词检出问题，提供了不同语言的关键词检出系统训练和测试方法。示例的数据仅由计划参与单位持有。

3. 说话人识别

SRE 示例，包括 SRE08、SRE10 和 SRE16。SRE 是美国国家标准与技术研究院（NIST）组织的说话人识别评测，1996—2005 年每年举行一次，从 2006 年开始隔年举行一次。Kaldi 的示例对应的是 2008 年、2010 年和 2016 年的 SRE 评测。其中，2008 年的全部数据和 2010 年的测试数据已经由 LDC 负责分发，而 2010 年的训练数据及从 2012 年开始的全部数据目前仍然只能由评测参与方持有。SRE08 的训练使用了 Fisher、Switchboard 无线通信版和 2004 年、2005 年 SRE 的数据。SRE10 的训练在 SRE08 的基础上又增加了 Switchboard 第二版和 2006 年、2008 年 SRE 的数据。SRE16 的训练去掉了 Fisher 数据，增加了 2010 年 SRE 的数据，并使用了一些噪声数据库来生成更多的数据。

SITW 示例，对应的是 2016 年由美国斯坦福国际研究院（SRI）主办的旨在测试真实环境下的说话人识别性能的评测。示例中采用 VoxCeleb 作为训练数据，加入了

MUSAN 噪声和一些模拟混响的噪声数据。

DIHARD_2018 示例，是一个说话人分割的示例，展示了用于参加 2018 年说话人分割评测（DIHARD）的训练环境。这个评测的特点是测试数据都是真实环境下的录音，而参与者可以使用任意数据进行训练。

4．语种识别

LRE07 示例。LRE 是 NIST 组织的语种识别评测，与 SRE 交替隔年举行。这个示例展示了训练一个 2007 年 LRE 评测的参赛系统的环境，其测试数据包含 18 种语言，共 66 小时。目前，该数据由 LDC 分发。示例的训练数据包括由 LDC 开发的多语言电话交谈库 CALLFRIEND 中的 13 个语言的子集，以及往年的 SRE 和 LRE 的数据。

2.5.3 其他示例

发音错误检测（Mispronunciation Detection）技术可以在音素级别上检测出语音中的发音错误，该技术被广泛地应用于外语教学中。Kaldi 提供了一个示例 gop，其命名来自于经典的发音良好度（Goodness Of Pronunciation，GOP）算法，该示例演示了如何使用发音良好度算法进行发音错误检测。

除与语音相关的示例外，Kaldi 还提供了一些可以用于做图像识别类任务的示例，如表 2-2 所示。

表 2-2 Kaldi 中的图像识别类示例

示　例	任　务	内　容
bentham	手写识别	英语
cifar	图像识别	带标签图像
iam	手写识别	英语
ifnenet	手写识别	阿拉伯语
madcat_ar	手写识别	阿拉伯语
madcat_zh	手写识别	汉语
rimes	手写识别	法语
svhn	图像识别	门牌号照片
uw3	光学字符识别	英语技术文档，含公式
yomdle	光学字符识别	波斯语、韩语、塔米尔语、汉语

2.5.4 示例结构

打开一个 Kaldi 的示例通常会看到下面这样的结构：

```
├──README.txt
├──s5
├──s5b
└──s5c
```

这就是一个典型的语音识别示例的顶层文件夹结构，其中包含一个描述示例大概任务或数据情况的文件，以及若干不同版本的示例，数字越大或同样数字后面的字母越靠后，表示示例越新。一般有了新的示例版本，以前的版本就不再更新了，大多数的示例只有 s5 一个版本。在说话人识别和图像的示例中，用字母 v 代替 s，命名规则与语音识别示例的命名规则一致。

进入一个语音识别的示例，可以看到如下结构（这里以 Librispeech/s5 为例）：

```
├──[-rw-r--r--] cmd.sh
├──[drwxr-xr-x] conf
├──[drwxr-xr-x] local
├──[-rwxr-xr-x] path.sh
├──[-rw-r--r--] RESULTS
├──[lrwxrwxrwx] rnnlm -> ../../../scripts/rnnlm/
├──[-rwxr-xr-x] run.sh
├──[lrwxrwxrwx] steps -> ../../wsj/s5/steps
└──[lrwxrwxrwx] utils -> ../../wsj/s5/utils
```

1）cmd.sh 定义了训练任务提交的方式。在本书第 2.3.7 节中介绍了单机和集群环境的配置方法，在这里要根据实际需要进行修改。大部分脚本默认使用 SGE 集群，其设置如下：

```
# 默认 cmd.sh 中的内容
export train_cmd="queue.pl --mem 2G"
export decode_cmd="queue.pl --mem 4G"
export mkgraph_cmd="queue.pl --mem 8G"
```

如果是单机，则要改成使用 run.pl：

```
# 使用单机训练的 cmd.sh 中的内容
export train_cmd="run.pl"
export decode_cmd="run.pl"
export mkgraph_cmd="run.pl"
```

如果配置了 NFS 和免密登录，则可以使用 ssh.pl 进行任务分发，前提是在训练环境目录下创建.queue 文件夹，并在其中创建名为 machines 的文件，将所要使用的机器名写在里面，例如：

```
$ cat .queue/machines
a01
a02
a03
```

如果是其他集群，则可以根据自己的环境选择对应的任务提交方式，例如：

```
# 使用 SLURM 集群训练的 cmd.sh 中的内容
export train_cmd="slurm.pl"
export decode_cmd="slurm.pl"
export mkgraph_cmd="slurm.pl"
```

2）path.sh 定义了训练脚本中所使用的若干环境变量的位置，其中最重要的就是 Kaldi 代码编译的位置。默认情况下，这个路径按照 Git 复制的结果设置相对路径。

```
# 默认 path.sh 中的内容
export KALDI_ROOT=`pwd`/../../..
export PATH=$PWD/utils/:$KALDI_ROOT/tools/openfst/bin:$PWD:$PATH
[ ! -f $KALDI_ROOT/tools/config/common_path.sh ] && echo >&2 "The standard file
$KALDI_ROOT/tools/config/common_path.sh is not present -> Exit!" && exit 1
. $KALDI_ROOT/tools/config/common_path.sh
export LC_ALL=C
```

如果把 Kaldi 的编译结果单独保存起来，则要在这里指明后才可以使用：

```
# 修改 Kaldi 编译路径后 path.sh 中的内容
export KALDI_ROOT=/my/absolute/root/for/kaldi
```

```
export PATH=$PWD/utils/:$KALDI_ROOT/tools/openfst/bin:$PWD: $PATH
[ ! -f $KALDI_ROOT/tools/config/common_path.sh ] && echo >&2 "The standard file
$KALDI_ROOT/tools/config/common_path.sh is not present -> Exit!" && exit 1
. $KALDI_ROOT/tools/config/common_path.sh
export LC_ALL=C
```

3）run.sh 是顶层运行脚本，集成了从资源下载、数据准备、特征提取到模型训练和测试的全部脚本，并给出了获取统计结果的方法。

4）RESULTS 是结果列表文件，给出了 run.sh 中每一步训练的模型在测试集上的效果。

5）local 是一个文件夹，包含用于处理当前示例数据的脚本、识别测试的脚本及除 GMM 训练外其他训练步骤的脚本。

6）conf 文件夹保存了一些配置文件，如特征提取的配置和识别解码的配置。

7）steps 和 utils 是两个链接，指向 WSJ 示例中的这两个文件夹。这两个文件夹中的脚本是各个示例通用的。steps 中的脚本是各个训练阶段的子脚本，如不同的特征提取、单音素的 GMM 训练、三音素的 GMM 训练、神经网络模型训练、解码等。utils 中的脚本用于协助处理，如任务管理、文件夹整理、临时文件删除、数据复制和验证等。

除此之外，不同类型的示例还有一些特殊的顶层文件或文件夹。说话人识别和语种识别的示例有一个指向 sre08/v1/sid 的链接，里面是关于说话人识别的通用脚本。图像示例中有一个指向 cifar/v1/image 的链接，里面是关于图像处理和图像识别结果统计的通用脚本。用于验证语言模型的示例 PTB 中有一个指向 Kaldi 文件夹下的 scripts/rnnlm 目录的链接，里面是关于神经网络语言模型的脚本。Librispeech 示例中也有这个链接，因为在 Librispeech 中提供了神经网络语言模型的实验脚本。

3 数据整理

本章介绍如何为 Kaldi 的训练环境准备数据和其他资源文件。在使用语音识别工具训练声学模型时，一个新手的常见问题就是如何准备训练数据。这里面包含两个问题，第一个是如何选择训练数据，第二个是如何将数据整理成工具可以支持的格式。如果数据格式不正确或不规范，则可能导致训练过程无法进行，或者训练出来的模型性能极差。Kaldi 的通用脚本将工具整合在一起，避免了工具误用带来的问题，但同时，也要求使用者保证数据格式的正确。不同数据来源的格式千差万别，本章还将讲解如何构建符合 Kaldi 脚本规范的数据资源文件，包括数据文件夹 data 和语言文件夹 data/lang，并以 Librispeech 为例，详解如何划分训练数据，以及各种资源文件的内容及其用途。

3.1 数据分集

在准备语音识别的模型训练环境时，通常会将数据分为训练数据、开发数据和测试数据三个子集。训练数据用于训练模型的参数；开发数据用于指导训练配置参数和调节解码配置参数，以便优化模型训练过程和配置解码器；测试数据则用于测试模型的性能。在数据量不多的情况下，一般会按照 80%、10%、10%或 85%、10%、5%来划分。Librispeech 示例的数据量达到 1000 小时，划分出 100 小时来做开发和测试是对数据的浪费，后面将介绍它的分集策略。除数据量外，大规模的语音数据库的数据质量也不是完全均衡的，有些数据的质量比较高，适合初始化，有些数据的质量差一些，更接近实际应用，适合模型调优。对于如何在不同的训练阶段分配数据，以达到优化模型训练流程的目的，Librispeech 示例提供了很好的指导。

3.1.1 Librispeech 示例的数据处理过程

Librispeech 示例的脚本是从数据下载开始的，在网站上分发的数据已经做好了分集，其中训练、开发和测试分别用 train、dev 和 test 表示，在此基础上，还有 clean 和 other 的区分。Librispeech 示例的数据采集自一个有声书网站，原始音频通过对齐和切分，已经形成了一个性别均衡的、以句为单位的数据集，包含每个句子的音频和对应的文本。

为了给这些数据分集，首先对每个句子做一遍语音识别。识别的声学模型使用 WSJ 示例中训练的声学模型，语言模型使用二元文法，语言模型数据来自这些语音数据对应的电子书文本。根据语音识别的结果，统计每个说话人的 WER，然后从低到高排序。在排序的说话人列表中，将前一半标记为 clean，意义是这些说话人的语音比较清晰，其余的标记为 other。

从 clean 数据中，随机取 20 名男性和 20 名女性作为开发集（dev-clean）。同样的，在剩余的说话人中随机取 20 名男性和 20 名女性作为测试集（test-clean）。剩余 clean 数据用于训练，随机地分为大约 100 小时和 360 小时的两个子集，分别命名为 train-clean-100 和 train-clean-360。

在 other 数据的分集过程中，有意挑选了 WER 比较高的数据用于开发和测试。以说话人为单位按照 WER 由低到高排序，在第三个四分位点附近随机选择。剩余 other 数据用于训练，命名为 train-other-500。因此，Librispeech 示例的数据共分为 7 个子集，如表 3-1 所示。

表 3-1 Librispeech 示例数据分集结果

子　集	时长（小时）	每人时长（分钟）	女性数目	男性数目	说话人数目
dev-clean	5.4	8	20	20	40
test-clean	5.4	8	20	20	40

续表

子　　集	时长（小时）	每人时长（分钟）	女性数目	男性数目	说话人数目
dev-other	5.3	10	16	17	33
test-other	5.1	10	17	16	33
train-clean-100	100.6	25	125	126	251
train-clean-360	363.6	25	439	482	921
train-other-500	496.7	30	564	602	1166

3.1.2 数据下载和解压

训练脚本的第一步就是数据下载，首先通过如下定义给出数据存放的位置。这里通常使用绝对路径，便于后续数据处理工具的访问。如果是单机训练，则需要确保这个路径有读写权限。如果是多机训练，则需要确保这个路径在每个计算节点上都是可以直接访问的，并享有读写权限。

```
# 设置保存原始数据的位置
data=/path/to/data/storage
```

接下来定义数据下载的网址，默认使用 OpenSLR 的官方网站。

```
# base url for downloads.
data_url=www……/resources/12
lm_url=www……/resources/11
```

OpenSLR 网站的服务器在德国，在国内访问可以选择一个速度更快的镜像，例如：

```
# base url for downloads.
data_url=cn-mirror……/resources/12
lm_url=cn-mirror……/resources/11
```

下载数据的脚本中使用了 wget 作为下载工具，如果下载过程中没有返回错误，则意味着下载的数据是完整的。脚本首先检查目标路径下是否有下载并完成解压的标识文件，如果有，则跳过；如果没有，则在目标文件夹中寻找之前下载过的压缩包，根据文件大小判断已有的压缩包是否完整，如果完整直接解压，否则重新下载。该脚本的使用方法如下：

```
local/download_and_untar.sh [--remove-archive] <data> <data_url> <part>
```

如果指定了--remove-archive 选项，则会在解压结束后删除数据压缩包。例如，我们要下载 dev-clean 这个子集，执行方式和结果如下，下载的指令细节和进度都会显示出来：

```
$ local/download_and_untar.sh /path/to/data/storage
    ……/resources/12 dev-clean
local/download_and_untar.sh: downloading data from www……
/resources/12/dev-clean.tar.gz.  This may take some time, please be patient.
--2019-01-22 04:04:34--  http://www……/resources/12/ dev-clean .tar.gz
Resolving www……(www……)... 46.101.158.64
Connecting to www…… (www……)|46.101.158.64|: 80... connected.
HTTP request sent, awaiting response... 200 OK
Length: 337926286 (322M) [application/x-gzip]
Saving to: 'dev-clean.tar.gz'

dev-clean.tar.gz  100%[=========>] 322.27M   680KB/s    in 8m 21s

2019-01-22 04:12:55 (659 KB/s) - 'dev-clean.tar.gz' saved [337926286/337926286]

local/download_and_untar.sh: Successfully downloaded and un-tarred
/path/to/data/storage/dev-clean.tar.gz
```

在以上示例脚本中，有三处下载脚本：第一次下载了 5 个数据子集，包括两个开发集、两个测试集和一个最小的训练集 train-clean-100；后面两次分别下载 train-clean-360 和 train-other-500 两个比较大的子集，都在实际用到这批数据之前下载。如果需要提前下载好后面的两批数据，可以单独运行下载脚本：

```
$ local/download_and_untar.sh /path/to/data/storage
     www……/resources/12 train-clean-360
$ local/download_and_untar.sh /path/to/data/storage
     www……/resources/12 train-other-500
```

如果实际使用的服务器无法连接下载网址，则可以选择用其他下载工具下载压缩包，然后放到上述目标目录下，这样在运行时脚本就会跳过下载直接解压。在运行示例脚本之前，要确保上述定义的数据下载路径有足够的空间。完整的 7 个压缩包共 61GB，解压后的数据目录结构如下：

```
.
├──BOOKS.TXT
├──CHAPTERS.TXT
├──dev-clean
├──dev-other
├──LICENSE.TXT
├──README.TXT
├──SPEAKERS.TXT
├──test-clean
├──test-other
├──train-clean-100
├──train-clean-360
└──train-other-500
```

除这些文件外，还有一些数据在示例中没有用到，但是也可以在网站上下载。这些数据的信息在 README.TXT 中可以看到，同时这个文件还介绍了示例中用到的 7 个子集的目录结构。每个子集的目录下面是这个子集中包含的每个说话人的目录，每个说话人的目录下面是该说话人所阅读的每个章节的目录。在每个章节的目录下面可以看到这个章节的全部文本和每一句的录音文件，例如我们展开 train-clean-100 可以看到以下目录：

```
train-clean-100/
├──103
|   ├──1240
|   |   ├──103-1240.trans.txt
|   |   ├──103-1240-0000.flac
|   |   ├──103-1240-0001.flac
|   |   ├──103-1240-0002.flac
|   |   ├──103-1240-0003.flac
|   |   ├──103-1240-0004.flac
```

```
|   |   ├──103-1240-0005.flac
...
```

其中，103 是说话人编号，1240 是章节编号，FLAC 文件是每一句录音的音频，不是常见的 WAV 格式，后面会讲到如何进行音频格式转换。TXT 文件是这个章节的文本，内容如下。句子间用换行符分隔，文本和音频编号之间用空格隔开，同时可以看到，文本已经进行了规范。

```
103-1240-0000 CHAPTER ONE MISSUS RACHEL LYNDE IS SURPRISED MISSUS RACHEL LYNDE LIVED JUST WHERE THE AVONLEA MAIN ROAD DIPPED DOWN INTO A LITTLE HOLLOW FRINGED WITH ALDERS AND LADIES EARDROPS AND TRAVERSED BY A BROOK
103-1240-0001 THAT HAD ITS SOURCE AWAY BACK IN THE WOODS OF THE OLD CUTHBERT PLACE IT WAS REPUTED TO BE AN INTRICATE HEADLONG BROOK IN ITS EARLIER COURSE THROUGH THOSE WOODS WITH DARK SECRETS OF POOL AND CASCADE BUT BY THE TIME IT REACHED LYNDE'S HOLLOW IT WAS A QUIET WELL CONDUCTED LITTLE STREAM
...
```

说话人的详细信息可以在 SPEAKERS.TXT 文件中找到，例如 103 号说话人的详细信息有性别、所属子集、录音时长和姓名：

```
103  | F | train-clean-100  | 23.72 | Karen Savage
```

录音文本的详细信息可以在 CHAPTERS.TXT 文件中找到，例如 1240 号章节的详细信息有阅读者、时长、所属子集、章节和书名等信息：

```
1240   | 103  | 13.44 | train-clean-100  | 1168 | 45    | Mrs. Rachel Lynde Is Surprised | Anne of Green Gables (version 3)
```

因此，Librispeech 除可以用来构建语音识别的示例外，也可以用来完成说话人识别、性别分类、音频检索等任务。

3.2 数据预处理

数据预处理是所有示例脚本必做的，作用是将原始数据的文件结构转换为 Kaldi 通用脚本可以处理的格式。因为不同的数据库原始格式不同，所以要给每个数据库单独写预处理脚本。Librispeech 的预处理脚本是 local/data_prep.sh。本节分析这个脚本所做的处理步骤，展示如何准备模型训练所需的数据环境。

Librispeech 总脚本中的第 2 阶段如下：

```
if [ $stage -le 2 ]; then
  # 将原始数据转换为 Kaldi 数据文件夹
  for part in dev-clean test-clean dev-other test-other train-clean-100; do
    # use underscore-separated names in data directories.
    local/data_prep.sh $data/LibriSpeech/$part data/$(echo $part | sed s/-/_/g)
  done
fi
```

这一步处理已经下载的 5 个子集，而剩余的 2 个子集的处理分别在第 15 阶段和第 17 阶段进行。

```
if [ $stage -le 15 ]; then
    local/download_and_untar.sh $data $data_url train-clean-360

    # now add the "clean-360" subset to the mix ...
    local/data_prep.sh \
      $data/LibriSpeech/train-clean-360 data/train_clean_360
...
if [ $stage -le 17 ]; then
    # prepare the remaining 500 hours of data
    local/download_and_untar.sh $data $data_url train-other-500

    # prepare the 500 hour subset.
    local/data_prep.sh \
      $data/LibriSpeech/train-other-500 data/train_other_500
```

如 3.1 节中所介绍的，Librispeech 的 7 个子集目录结构相同，因此使用同一个脚本处理即可。脚本的第一个参数是下载的路径，第二个参数是处理后的文件存储目录，称为数据文件夹，其目录和文件结构是符合 Kaldi 通用脚本规范的。值得注意的是，第二个参数使用的是相对路径，也就是说，经过预处理之后，所有的后续步骤都将在当前示例的工作目录下进行，因此需要确保当前的工作目录有足够的存储空间。

以 train-clean-100 这个子集为例，处理后的目录结构如下：

```
data/train_clean_100/
├──log
├──spk2gender
├──spk2utt
├──split4utt
├──text
├──utt2dur
├──utt2spk
└──wav.scp
```

下面通过解析预处理脚本来解释这些文件的内容。

3.2.1 环境检查

在开始处理前，首先检查运行环境，包括必要工具是否安装、目标文件或文件夹是否存在、依赖文件是否存在等，过程如下：

```
# 定义输入、输出目录
src=$1
dst=$2

# 检查音频格式转换工具是否被安装
if ! which flac >&/dev/null; then
   echo "Please install 'flac' on ALL worker nodes!"
   exit 1
fi

# 检查依赖文件和文件夹是否存在
spk_file=$src/../SPEAKERS.TXT

mkdir -p $dst || exit 1;
```

```
[ ! -d $src ] && echo "$0: no such directory $src" && exit 1;
[ ! -f $spk_file ] && echo "$0: expected file $spk_file to exist" && exit 1;

# 删除已有输出文件
wav_scp=$dst/wav.scp; [[ -f "$wav_scp" ]] && rm $wav_scp
trans=$dst/text; [[ -f "$trans" ]] && rm $trans
utt2spk=$dst/utt2spk; [[ -f "$utt2spk" ]] && rm $utt2spk
spk2gender=$dst/spk2gender; [[ -f $spk2gender ]] && rm $spk2gender
utt2dur=$dst/utt2dur; [[ -f "$utt2dur" ]] && rm $utt2dur
```

Kaldi 接受的音频文件格式是 WAV，而 Librispeech 的音频文件格式是 FLAC，因此需要检查所需的音频解码工具 FLAC 是否被安装。如果没有检测到，则提示安装此工具，并立即退出，同时返回一个执行错误信号。

接下来判断指定的输入目录是否存在，以及说话人信息文件是否能够访问。如果其中一个无法访问，则退出并返回错误。同时，尝试创建目标目录，用于存储输出文件。最后定义输出文件名，并尝试删除已有的目标输出文件。最后这一步是非常必要的，一方面可以确认目标目录是否可读写，另一方面为后续的追加写操作删除不必要的过期文件。

3.2.2 生成表单文件

在完成环境检查后，就可以开始生成预处理的目标文件了。前面说过，预处理的作用是将数据整理为 Kaldi 脚本可以接受的标准形式，这个标准形式就是表单文件。由于 Librispeech 的原始数据是按照说话人和章节组织的二级目录结构，因此预处理脚本使用两层循环来提取表单文件所需的信息。对应的脚本缩略及注释如下：

```
# 第一层循环，按说话人
for reader_dir in $(find -L $src -mindepth 1 -maxdepth 1 -type d | sort); do
  reader=$(basename $reader_dir)
  ...
  # 从说话人信息文件中提取性别
  reader_gender=$(egrep "^$reader[ ]+\|" $spk_file | awk -F'|' '{gsub(/[ ]+/,
""); print tolower($2)}')
```

```
    .
    ...
    # 第二层循环，按章节
    for chapter_dir in $(find -L $reader_dir/ -mindepth 1 -maxdepth 1 -type d |
sort); do
      chapter=$(basename $chapter_dir)
      ...

      # 罗列章节目录下所有的音频文件，追写至句子音频表单
      find -L $chapter_dir/ -iname "*.flac" | sort | \
        xargs -I% basename % .flac | \
        awk -v "dir=$chapter_dir" \
        '{printf "%s flac -c -d -s %s/%s.flac |\n", $0, dir, $0}' \
        >>$wav_scp|| exit 1

      # 提取章节目录下文本文件的内容，追写至标注文本表单
      chapter_trans=$chapter_dir/${reader}-${chapter}.trans.txt
      [ ! -f  $chapter_trans ] && echo "$0: expected file $chapter_trans to exist"
&& exit 1
      cat $chapter_trans >>$trans

      # 记录该章节每一条音频与说话人之间的对应关系，追写至句子说话人映射表单
      awk -v "reader=$reader" -v "chapter=$chapter" '{printf "%s %s-%s\n", $1,
reader, chapter}' <$chapter_trans >>$utt2spk || exit 1

      # 记录该章节说话人的性别信息，追写至说话人性别映射表单
      echo "${reader}-${chapter} $reader_gender" >>$spk2gender
    done
  done
```

可以看到，这段脚本一共生成了 4 个表单文件，分别是句子音频表单、标注文本表单、句子说话人映射表单和说话人性别映射表单。其中，前 3 个表单每行对应一个句子，而最后一个表单每行对应一个说话人。观察后两个表单的生成过程可以发现，

Librispeech 对“说话人”的定义并不是朗读者，而是朗读者加篇章索引。例如 103 号朗读者，朗读的章节索引分别为 1240 和 1241，那么这位朗读者的数据对应两个不同的说话人 103-1240 和 103-1241。所以，Kaldi 对“说话人”的定义并不局限于自然人，而是一种一致的发音状态。这个广义的“说话人”定义在 i-vector 提取的过程中也有体现，当然，对于说话人识别来说，识别结果仍然用自然人表示。如无特别说明，本书在讲解 Librispeech 示例的内容时，“说话人”都指这种广义的定义。

在上面的处理过程中，还有一个需要特别注意的细节。两层循环在获取循环表单时都使用了“sort”，以确保循环过程是有序的。这样一来，reader 和 chapter 这两个变量组成的说话人索引也是有序的。Kaldi 脚本中对这个有序性的检查非常严格，每次处理数据之后都要检查一遍。这里的有序特指按字符串排序，而不是按数值排序，例如 118 和 1116 的排序结果是：

```
1116
118
```

除上述 4 个表单文件外，这个预处理脚本还生成了两个表单文件，分别是说话人句子映射表单和句子时长映射表单。前者是用句子说话人映射表单生成的，后者根据句子音频表单统计得到。具体过程如下：

```
spk2utt=$dst/spk2utt
utils/utt2spk_to_spk2utt.pl <$utt2spk >$spk2utt || exit 1
...
utils/data/get_utt2dur.sh $dst 1>&2 || exit 1
```

由于 Librispeech 中并没有标注每个句子音频时长的信息，因此需要从音频文件中获取。为了加速这个过程，utils/data/get_utt2dur.sh 这个脚本默认把数据分成了 4 份进行并行处理，最后合并结果。在这个过程中产生的中间文件和日志文件分别保存在 split4utt 和 log 这两个文件夹中。至此，预处理过程完成，生成的结果汇总如下：

```
data/train_clean_100/
├──log                # 生成句子时长表单的日志文件
├──spk2gender          # 说话人→性别映射
├──spk2utt             # 说话人→句子映射
```

```
├──split4utt          # 生成句子时长表单的中间文件
├──text               # 标注文本表单
├──utt2dur            # 句子→时长映射
├──utt2spk            # 句子→说话人映射
└──wav.scp            # 句子音频表单
```

3.2.3 数据检查

为了确保预处理生成的数据表单没有问题，最后还要检查一下，检查方式如下：

```
# 检查行数是否对应
ntrans=$(wc -l <$trans)
nutt2spk=$(wc -l <$utt2spk)
! [ "$ntrans" -eq "$nutt2spk" ] && \
  echo "Inconsistent #transcripts($ntrans) and #utt2spk($nutt2spk)" && exit 1;
# 检查文件内容
utils/validate_data_dir.sh --no-feats $dst || exit 1;
```

第一步通过对比标注文本表单和句子音频表单的行数，确保标注文本和音频数目一致。第二步调用 utils/validate_data_dir.sh 脚本检查文件内容。这个脚本在示例中经常用到，每次有新的表单文件生成时都要调用一遍，确保整个数据表单文件夹是无误的。这个脚本的输入参数是文件夹路径，有 4 个选项：--no-feats、--no-text、--no-wav 和--no-spk-sort。前 3 个选项的意思是文件夹中没有相应的表单文件，跳过对应检查，最后一个选项是指 utt2spk 这个文件只按照句子排序，不按照说话人排序。排序问题将在下一节再做讨论。检查数据脚本的作用是检查数据文件夹中各个表单文件的内容是否符合规范，如果有不符合的，就返回错误、终止训练。在以下几种情况下，该脚本会返回错误：

- 目录中没有 utt2spk 或 spk2utt，或者内容为空；
- utt2spk 文件没有按空格分为两列；
- utt2spk 没有按说话人排序（如果没有指定--no-spk-sort）；
- utt2spk 和 spk2utt 的内容不匹配；
- 目录中没有 text、text 其内容为空或没有排序（如果没有指定--no-text）；
- text 文件包含 UTF-8 不兼容的符号（如果没有指定--no-text）；

- text 文件包含“<s>”“</s>”或“#0”（如果没有指定--no-text）；
- text 和 utt2spk 句子索引不一致（如果没有指定--no-text）；
- 目录包含 segments 文件，但是没有 wav.scp 文件；
- wav.scp 文件包含“~”字符（如果没有指定--no-wav）；
- wav.scp 和 utt2spk 句子索引不一致（如果没有指定--no-wav）；
- feats.scp 和 utt2spk 句子索引不一致（如果没有指定--no-feats）；
- cmvn.scp 和 spk2utt 说话人索引不一致；
- spk2gender 文件没有按空格分为两列；
- spk2gender 和 spk2utt 说话人索引不一致；
- utt2dur 和 utt2spk 句子索引不一致；
- utt2dur 文件没有按空格分为两列。

此外，该脚本还会检查一些不常用的文件，如 utt2uniq、reco2dur、utt2warp 等，检查的内容大多类似。除 utt2spk 和 spk2utt 两个文件是必须存在的外，其他的文件如果选择了对应的选项或表单目录中没有，则直接跳过该文件的检查。用户在使用自己的数据准备 Kaldi 训练环境时，可以借助这个脚本检查数据文件夹。feats.scp 和 cmvn.scp 两个文件是在提取特征这一步生成的文件，不需要提前准备。

3.3 输入和输出机制

经过 local 文件夹中预处理脚本的处理，原始的数据文件已经被处理成了 Kaldi 的标准格式——表单（Table），保存在数据文件夹 data 中。本节将介绍在表单基础上构建 Kaldi 输入和输出机制，并讲解在数据处理阶段常用的表单文件的内容。

在 Librispeech 示例中，处理后的表单文件存储在 data 目录下各子集的文件夹中。在 3.2 节中介绍了常用表单的生成方法，包括句子音频表单、标注文本表单、句子说话人映射表单等。表单的本质是若干元素的集合，每个元素有一个索引。索引必须是一个不包含空格的非空字符串，而元素的类型取决于创建表单时的定义。例如，要创建一个音频表单，那么元素的内容就是音频文件名：

```
audio1 /path/to/audios/audio1.wav
audio2 /path/to/audios/audio2.wav
```

在上面这个示例中，audio1 和 audio2 就是索引，后面的路径就是表单元素。在 Kaldi 中，所有的数据文件都是以表单形式存储的，比如文本、音频特征、特征变换矩阵等。表单可以存储在磁盘上，也可以以管道的形式存储在内存中。Kaldi 定义了两种表单，分别是列表（Script-file）表单和存档（Archive）表单，并在此基础上建立了一套特有的输入和输出机制。

3.3.1 列表表单

列表表单用于索引存储于磁盘或内存中的文件。在 Kaldi 通用脚本中，这类表单默认以.scp 为扩展名，但是对于 Kaldi 可执行程序来说并没有扩展名的限制。列表表单的格式如下：

```
file1_index /path/to/file1
file2_index /path/to/file2
```

空格之前的字符串是表单索引，空格之后的内容是文件定位符，用于定位文件。文件定位符可以是磁盘中的物理地址，也可以是以管道形式表示的内存地址。例如，一个 WAV 文件列表用如下格式表示：

```
audio_index1 /path/to/audios/audio1.wav
audio_index2 /path/to/audios/audio2.wav
```

如果上述 WAV 格式的音频文件以压缩文件的方式保存，则除将其解压存储在磁盘中外，还可以使用管道进行文件定位，例如：

```
audio_index1 gunzip -c /path/to/audio/zips/audio1.wav.gz |
audio_index2 gunzip -c /path/to/audio/zips/audio2.wav.gz |
```

在上述示例中，第一个空格之后的内容表示 WAV 格式的音频文件的压缩包将由 gunzip 进行解压缩并传输到内存管道中，而 Kaldi 的可执行文件将从管道中读取解压之后的文件内容并执行后续操作。这样做的好处是可以节省磁盘空间，但是由于 Kaldi 中使用的是 UNIX 的进程间管道通信实现，因此这种方式在 Windows 中是无法使用的（尽管 Windows 平台也有管道通信库，但是实现方式不同）。在 Librispeech 的句子音频表单中就使用了管道文件定位符，例如查看某子集文件夹下的 wav.scp 文件，可以看到如下内容：

```
$ head -n 5 data/train_clean_100/wav.scp
103-1240-0000 flac -c -d -s /data/LibriSpeech/train-clean-100/ 103/1240/
103-1240-0000.flac |
103-1240-0001 flac -c -d -s /data/LibriSpeech/train-clean-100/ 103/1240/
103-1240-0001.flac |
103-1240-0002 flac -c -d -s /data/LibriSpeech/train-clean-100/ 103/1240/
103-1240-0002.flac |
103-1240-0003 flac -c -d -s /data/LibriSpeech/train-clean-100/ 103/1240/
103-1240-0003.flac |
103-1240-0004 flac -c -d -s /data/LibriSpeech/train-clean-100/ 103/1240/
103-1240-0004.flac |
```

103-1240-0000 表示第一个音频文件的索引，其后的内容表示第一个音频文件将由一个 FLAC 格式的音频解码得到。FLAC 是音频转码工具的名字，-c 表示将解码的结果保存为系统的标准输出，而最后的“|”表示内存管道会捕捉系统标准输出的内容，即解码后的 WAV 音频数据。如果事先用 FLAC 解码器把 FLAC 文件解码为 WAV 文件，然后直接用 WAV 文件在磁盘上的地址作为文件定位符，则其效果与上述管道方式的定位符的效果是一样的。区别在于，后者需要额外的磁盘空间存储 WAV 音频文件，而前者每次都需要调用 FLAC 解码器，会增加潜在的运行时间。

如果文件定位符指向的是二进制的 Kaldi 存档文件，则还可以增加偏移定位符，用于指向该二进制文件中从某一个字节开始的内容，例如：

```
103-1240-0000 /kaldi-local/egs/librispeech/s5/mfcc/raw_mfcc_
train_clean_100.ark:17
103-1240-0001 /kaldi-local/egs/librispeech/s5/mfcc/raw_mfcc
_train_clean_100.ark:20985
103-1240-0002 /kaldi-local/egs/librispeech/s5/mfcc/raw_mfcc_
train_clean_100.ark:40913
103-1240-0003 /kaldi-local/egs/librispeech/s5/mfcc/raw_mfcc
_train_clean_100.ark:57396
103-1240-0004 /kaldi-local/egs/librispeech/s5/mfcc/raw_mfcc_
train_clean_100.ark:72826
```

在上述示例中，所有的文件定位符都指向磁盘上的同一个文件，冒号（“:”）后面的数字就是偏移定位符。例如，第一行的文件定位符表示 103-1240-0000 这个索引对应的数据需要从“/kaldi-local/egs/librispeech/s5/mfcc/raw_mfcc_train_clean_100.ark”二进制文件的第 17 个字节开始获取。

偏移定位符也是文件定位符的一部分，如果文件定位符指向的是一个 Kaldi 定义的矩阵文件，那么还可以进一步扩展定位符，指定所需要读取的行和列的范围。例如，上面示例中的二进制文件保存的是声学特征。Kaldi 的声学特征是用矩阵表示的，一行对应一帧，而列对应特征的维度。如果某个任务中需要获取声学特征的前 10 维，则可以将上述表单改写为：

```
    103-1240-0000 /kaldi-local/egs/librispeech/s5/mfcc/raw_mfcc_
train_clean_100.ark:17[:,0:9]
    103-1240-0001 /kaldi-local/egs/librispeech/s5/mfcc/raw_mfcc_
train_clean_100.ark:20985[:,0:9]
    103-1240-0002 /kaldi-local/egs/librispeech/s5/mfcc/raw_mfcc_
train_clean_100.ark:40913[:,0:9]
    103-1240-0003 /kaldi-local/egs/librispeech/s5/mfcc/raw_mfcc_
train_clean_100.ark:57396[:,0:9]
    103-1240-0004 /kaldi-local/egs/librispeech/s5/mfcc/raw_mfcc
_train_clean_100.ark:72826[:,0:9]
```

在每个文件定位符的结尾，添加了“[:,0:9]”表示行和列的范围。行和列以逗号（“,”）分隔，第一个冒号表示取所有行，“0:9”表示取第 0~9 维。如果取所有行或所有列，则可以直接忽略行或列范围定位符，比如这里的“[:,0:9]”可以直接写成“[,0:9]”。需要注意的是，范围定位符是从 0 开始的，如果指定的范围超出了矩阵的边界，则会造成运行错误。

从管道文件和偏移定位符可以看出，文件定位符所定义的“文件”本质上是一个存储地址，这个地址可能是一个外部磁盘的物理地址，也可能是管道指向的内存地址，还可能是从一个磁盘文件中的某一个字节开始的地址。无论是哪种形式，列表表单的元素一定是“文件”。

3.3.2 存档表单

存档表单用于存储数据，数据可以是文本数据，也可以是二进制数据。在 Kaldi 通用脚本中，这类表单通常默认以.ark 为扩展名，但并没有严格限制。比如，在 3.2 节中介绍的标注文本和句子说话人映射是文本类型的存档表单，而 3.3.1 节示例中提到的 Kaldi 声学特征文件是二进制类型的存档表单。

与列表表单不同，存档表单并没有行的概念，存档表单的元素之间没有间隔符。对于文本类型的存档文件来说，需要保证每个元素都以换行符结尾，例如下面这个文本存档表单中有两个元素：

```
text_index1 this is first text\ntext_index2 this is second text\n
```

如果用常用的文本编辑器打开，就会呈现为如下格式：

```
text_index1 this is first text
text_index2 this is second text
```

需要注意的是，虽然文本类型的存档表单从展现形式上很像列表表单，但是本质不同。前者将换行符作为存档内容的一部分，而后者默认每行是一个元素，且必须指向一个文件。在二进制类型的存档表单中，索引以每个字符对应的 ASCⅡ值存储，然后是一个空格，接下来是“\0B”，这个标志位是区别文本内容和二进制内容的重要标识。紧接着就是二进制的表单元素内容，直至下一个索引。所以，在读取二进制存档表单的时候是可以通过内容本身判断这个元素占用的空间大小的，这个信息保存在一段文件头中。因此，二进制存档文件的内容可以表示如下：

```
binary_index1 \0B<header><content>binary_index2 \0B<header> <content>
```

例如，对于一个二进制的声学特征存档文件来说，<header>中可以包含特征的帧数、维度、声学特征类型、占用字节数和是否压缩等信息，这样程序就知道如何处理接下来的二进制内容了。

3.3.3 读写声明符

在 3.2 节中提到了句子时长映射表单（utt2dur），这个表单是通过调用 utils/data/get_utt2dur.sh 脚本实现的。对于 Librispeech 这个数据来说，由于没有音频文件长度这个信息，因此该脚本的核心功能是调用 wav-to-duration 可执行程序从每个音频文件中提取时长信息。在本小节中，以此程序的执行为例，说明 Kaldi 是如何使用表单文件实现输入和输出的。

前面说到，为了加速这一步的运行，脚本将原有的音频列表分为 4 份进行并行处理。首先观察其中的一份日志文件 data/train_clean_100/log/get_durations.1.log：

```
    # wav-to-duration --read-entire-file=false scp:data/train_clean_
100/split4utt/1/wav.scp ark,t:data/train_clean_100/split4utt/ 1/utt2dur
    # Started at Wed Jan 23 01:58:23 EST 2019
    #
    wav-to-duration --read-entire-file=false scp:data/train_clean_
100/split4utt/1/wav.scp ark,t:data/train_clean_100/split4utt/1 /utt2dur
    WARNING (wav-to-duration[5.5.177~1-2864]:Close():kaldi-io. cc:515) Pipe flac
-c -d -s /data/LibriSpeech/train-clean- 100/103/1240/103-1240-0000.flac | had
nonzero return status 13
    WARNING (wav-to-duration[5.5.177~1-2864]:Close():kaldi-io. cc:515) Pipe flac
-c -d -s /data/LibriSpeech/train-clean-100 /103/1240/103-1240-0001.flac | had
nonzero return status 13
    ...
    WARNING (wav-to-duration[5.5.177~1-2864]:Close():kaldi-io.cc: 515) Pipe flac
-c -d -s /data/LibriSpeech/train-clean-100/26/495/26 -495-0044.flac | had nonzero
return status 13
    WARNING (wav-to-duration[5.5.177~1-2864]:Close ():kaldi-io.cc:515) Pipe flac
-c -d -s /data/LibriSpeech/train-clean -100/26/495/26-495-0045.flac | had nonzero
return status 13
    LOG (wav-to-duration[5.5.177~1-2864]:main():wav- to-duration.cc:92) Printed
duration for 7135 audio files.
    LOG (wav-to-duration[5.5.177~1-2864]:main ():wav- to-duration.cc:94) Mean
duration was 12.4839, min and max durations were 1.41, 17.275
    # Accounting: time=186 threads=1
    # Ended (code 0) at Wed Jan 23 02:01:29 EST 2019, elapsed time 186 seconds
```

这个日志文件的前 3 句和最后 2 句以井号开始的部分是由任务提交脚本自动添加

的，用于记录每个进程运行的时间。中间的部分是可执行程序的实际输出。在这部分中，第一行打印的是可执行文件本次被调用的实际命令行，以 WARNING 开头的是警告信息，以 LOG 开头的是可执行程序的日志。这里的 LOG 显示了本次操作共统计了 7135 个音频文件的时长，其中时长最短的是 1.41 秒，时长最长的是 17.275 秒，平均时长为 12.4839 秒。

实际调用的命令行简要解释如下：

```
wav-to-duration                                        # 可执行程序名
--read-entire-file=false                               # 可执行程序选项
scp:data/train_clean_100/split4utt/1/wav.scp           # 输入表单文件声明
ark,t:data/train_clean_100/split4utt/1/utt2dur# 输出表单文件声明
```

在这里可以看到，该可执行程序用读声明符（rspecifier）指定了一个输入表单，用写声明符（wspecifier）指定了一个输出表单。一个可执行程序可以定义多个读声明符和写声明符，在帮助信息中可以找到详细解释。例如，上述可执行程序的帮助信息如下：

```
$ src/featbin/wav-to-duration --help
Read wav files and output an archive consisting of a single float:
the duration of each one in seconds.
Usage:  wav-to-duration [options...] <wav-rspecifier> <duration-wspecifier>
E.g.: wav-to-duration scp:wav.scp ark,t:-
See also: wav-copy extract-segments feat-to-len
Currently this program may output a lot of harmless warnings regarding
nonzero exit status of pipes
...
```

可以看到，该可执行程序接收一个读声明符 wav-rspecifier，用于指定输入的音频表单。同时，接收一个写声明符 duration-wspecifier，用于指定输出的句子时长表单。在实际调用时，通过 scp:data/train_clean_100/split4utt/1/wav.scp 告诉可执行文件，这个读声明符指定的是一个列表表单（SCP），存放在 data/train_clean_100/split4utt/1/wav.scp 文件中，然后通过 ark,t:data/train_clean_100/split4utt/1/utt2dur 告诉可执行文件，希望将输出写到一个文本类型的存档表单中（输出的类型是由“ark,t”这个标识

指定的，将在 3.3.4 节介绍），保存在 data/train_clean_100/split4utt/1/utt2dur 文件里。

读声明符和写声明符定义了可执行程序处理输入表单文件和输出表单文件的方式，它们都由两部分组成，即表单属性（specifier option）和表单文件名（xfilename），这两部分由冒号组合在一起。它们可以接收的表单文件名如下。

- 磁盘路径。对于读声明符，指定一个存在于磁盘中的文件路径。对于写声明符，指定一个希望输出的文件路径。
- 标准输入“-”。对于读声明符和写声明符，如果指定“-”为表单文件名，则意味着要从标准输入获取文件内容，或者将输出打印到标准输入。
- 管道符号“|”。如果在某个可执行程序后面加上管道符号，则意味着要将输出送入管道，由管道符号后面的可执行程序接收。如果在某个可执行程序前面加上管道符号，则意味着要从管道中获取输入。
- 磁盘路径加偏移定位符。这种方式只能用于读声明符，用于告知可执行程序从文件的某个字节开始读取。

例如，如果磁盘中有一个 WAV 文件，保存在 data/103-1240-0000.wav 文件中，现在想使用 wav-to-duration 来获取这个文件的时长，那么可以这样调用：

```
$ wav-to-duration 'scp:echo "utt1 data/103-1240-0000.wav" |' ark,t:-
```

其中，读声明符定义了输入是一个列表表单，通过 echo "utt1 data/103-1240-0000.wav"创建了一个列表表单，该表单中只有一个元素，索引是 utt1，文件定位符指向 WAV 文件。echo 命令将它打印到标准输出中，然后通过管道符号“|”告诉读声明符从标准输入中获取这个列表表单。写声明符定义了输出是一个文本类型的存档文件，并通过标准输入符号“-”告知写声明符将输入打印到标准输出中，即命令行屏幕。上述命令的执行结果如下：

```
utt1 14.085
LOG (wav-to-duration[5.5.193-05d9a]:main():wav-to-duration. cc:92) Printed duration for 1 audio files.
LOG (wav-to-duration[5.5.193-05d9a]:main():wav-to-duration.cc: 94) Mean duration was 14.085, min and max durations were 14.085, 14.085
```

该结果显示，utt1 这个 WAV 文件的时长是 14.085s。进一步，如果希望将时长打印到文件中，则可以这样调用：

```
wav-to-duration 'scp:echo "utt1 data/103-1240-0000.wav" |' ark,t:data/utt2dur
```

与之前的调用相比，这次调用的唯一不同是，把写声明符中的表单文件名由标准输入符号换成了一个磁盘文件名 data/utt2dur。执行结果如下：

```
LOG (wav-to-duration[5.5.193-05d9a]:main():wav-to- duration.cc:92) Printed
duration for 1 audio files.
LOG (wav-to-duration[5.5.193-05d9a]:main():wav-to- duration.cc:94) Mean
duration was 14.085, min and max durations were 14.085, 14.085
```

可以看到，时长信息没有输出，但是日志仍然打印在屏幕上。打开上面指定的文件可以看到期望的时长信息：

```
$ cat data/utt2dur
utt1 14.085
```

再进一步，如果希望直接将这个文件做成一个压缩包，则可以把上述命令改为：

```
wav-to-duration 'scp:echo "utt1 data/103-1240-0000.wav" |' \
  'ark,t:| gzip -c > data/utt2dur.gz'
```

区别在于，告知写声明符将输出送到管道，然后由 gzip 将管道中的输入做成压缩包。通过这个示例可以看到，使用这种定义方式可以非常灵活地指定输入和输出的形式。

3.3.4 表单属性

读声明符和写声明符的另外一个重要部分是表单属性，它定义了即将读或写的文件的格式。首先来看写属性。Kaldi 可以支持的写属性包括以下几种。

- 表单类型，标识符为 scp 或 ark。这个属性定义了输出表单文件的类型，scp 表示列表表单，ark 表示存档表单。有一种特殊的情况是同时输出一个存档表单和一个列表表单，在这种情况下，必须是 ark 在前、scp 在后，用逗号“,”隔开，如 ark,scp:/path/to/archive.ark,/path/to/archive.scp。这样做的好处是，可以将输出的列表表单拆成多份分别处理，以达到多进程并行处理一个存档表单的目的，而又不用生成对应的多个存档表单文件。

- 二进制模式，标识符为 b，表示将输出的表单保存为二进制文件，只对输出存档表单有效。在不指定的情况下，默认输出就是二进制模式。
- 文本模式，标识符为 t，表示将输出的表单保存为文本文件，同样只对输出存档表单有效，因为列表表单只可能是文本文件。
- 刷新模式，标识符为 f 表示刷新，标识符为 nf 表示不刷新，用于确定在每次写操作后是否刷新数据流，默认是 f，即刷新。这样有利于优化内存使用，通常不用更改。
- 宽容模式，标识符为 p。这个属性只对输出列表表单有效。例如，在同时输出存档表单和列表表单时，如果表单的某个元素对应的存档内容无法获取，那么在列表表单中将直接跳过这个元素，不提示错误。

写属性定义了输出表单文件的属性，而读属性用于定义输入表单文件的属性。Kaldi 支持的读属性包括以下几种。

- 表单类型，标识符为 scp 或 ark。这个属性定义了输入表单文件的类型，含义与写属性中的表单类型的含义一致。但是无法在输入时同时定义一个存档表单和一个列表表单，只能输入一个表单文件。当同时输入多个表单时，可以通过多个读声明符实现。
- 单次访问，标识符为 o 表示单次访问，标识符为 no 表示多次访问。这个属性的含义是，告知可执行程序，在读入表单中，每个索引只出现一次，不会出现多个元素使用同一个索引的情况。
- 宽容模式，标识符为 p 或 np。使用宽容模式后，如果输入的列表表单中某个元素的目标文件无法获取或输入的存档表单中某个元素的内容有误，则不会抛出错误，而是在日志中打印一个警告。
- 有序表单，标识符为 s 表示元素是排序的，标识符为 ns 表示元素是无序的。这个属性的含义是，告知可执行程序，在输入的表单中，元素的索引是有序的。这个有序是字符串意义上的，例如“10”比“2”排序靠前。
- 有序访问，标识符为 cs 或 ncs，字面含义与有序表单属性的含义类似。这个属性的含义是，告知可执行程序，表单中的元素将被顺序访问。

- 存储格式，标识符为 b 表示二进制，标识符为 t 表示文本。在最初的设计中，这个属性用来告知可执行程序，读入的文件内容是二进制，还是文本。在最新的设计中，列表表单只可能是文本，而存档表单的存储格式可以由'\0B'标识符来判断，所以这个读属性现在已经不再使用了。

这种读和写属性的设计是为 Kaldi 的使用特别考虑的。在语音识别的模型训练过程中，大部分的步骤是对大量数据的批量化处理，因此设计了表单这种数据格式。一个使用表单作为输入和输出的可执行程序的基本流程是，顺序读取输入表单的元素（例如一个音频文件），对表单元素进行某种处理（例如提取声学特征），然后顺序写入到输出表单中。但是，某些可执行程序的处理过程需要引入第二个、第三个，甚至更多的输入表单。例如，paste-feats 可执行程序用于将多个特征文件拼接在一起，保存为一个组合特征文件，比如将 40 维频谱特征和 3 维基频特征拼接成 43 维声学特征。在这个过程中，第一个输入表单是顺序读取的，但是如果第二个输入表单的元素顺序与第一个输入表单的元素顺序不同，那么可执行程序就需要在第二个输入表单中查找与第一个输入表单中某个元素有相同索引的元素。由于 Kaldi 允许将通道作为表单文件，因此这个过程可能由如下三个可执行程序共同完成：

```
paste-feats "ark:compute-mfcc scp:wav1.scp ark:- |" \
  "ark:compute -pitch scp:wav2.scp ark:- |" ark,scp:feats.ark,feats.scp
```

这个命令行调用了三个可执行程序。compute-mfcc 和 compute-pitch 分别根据输入音频表单提取频谱特征和基频特征，并将输出表单送入管道。paste-feats 将上述两种特征拼接在一起，同时输出一个列表表单和一个存档表单。在上述调用过程中，paste-feats 从管道中读入的表单可能是不完全的。频谱特征表单是第一个输入表单，其元素顺序决定了 paste-feats 的操作执行顺序。假设上述两个音频表单的顺序如下：

```
$ cat wav1.scp
spk001_utt0001
spk001_utt0002
spk001_utt0003
....
spk999_utt9999
$ cat wav2.scp
```

```
spk999_utt9999
spk999_utt9998
spk999_utt9997
....
spk001_utt0001
```

compute-mfcc 和 compute-pitch 输出的存档顺序分别如下：

```
archive of mfcc feature
spk001_utt0001 binary_mfcc_feature_of_spk001_utt0001
spk001_utt0002 binary_mfcc_feature_of_spk001_utt0002
spk001_utt0003 binary_mfcc_feature_of_spk001_utt0003
....
spk999_utt9999 binary_mfcc_feature_of_spk999_utt9999

archive of pitch feature
spk999_utt9999 binary_pitch_feature_of_spk999_utt9999
spk999_utt9998 binary_pitch_feature_of_spk999_utt9998
spk999_utt9997 binary_pitch_feature_of_spk999_utt9997
....
spk001_utt0001 binary_pitch_feature_of_spk001_utt0001
```

当 paste-feats 从管道中读入第一个表单中索引为 spk001_utt0001 的第一个元素时，对这个元素的后续处理需要读入第二个表单中相同索引的元素。由于第二个表单的索引顺序与第一个表单的索引顺序相反，所以要等到 compute-pitch 将最后一个元素送到管道中后才可以读到。并且，第二个表单的全部内容都要保留在管道中，以便 paste-feats 后续处理调用。如果多个进程同时占用大量管道，则有可能占满管道内存，导致调用失败。

为了解决这类问题，可以使用表单属性，约定表单按索引排序（标识符 s），并保证可执行程序按排列的顺序读取元素。例如，在上述命令行中，令 compute-mfcc 和 compute-pitch 以同一个音频列表为输入，保证两个可执行程序的输出顺序相同，然后在 paste-feats 的第二个读声明符中声明“s”和“cs”，即声明第二个输入表单是排序的，并且其元素将被顺序读取，可执行程序不必保存第一个表单中的元素等待其他进程，可以节省运行内存，并减少管道出现错误的可能。修改方式如下：

```
paste-feats "ark:compute-mfcc scp:wav.scp ark:- |" \
  "ark,s,cs: compute-pitch scp:wav.scp ark:- |" ark,scp:feats.ark,feats.scp
```

当然，这种对于元素排序的声明是有前提的，那就是输入的表单必须如声明所述是排序的，Kaldi 的输入输出库函数会检查这个前提是否成立，如果不成立，则会结束运行并返回错误。在 3.2 节中提到，Kaldi 对排序的定义是字符串排序。更严格地说，是按照字节排序，即根据索引字符串中每个字节的 ASCII 值排序。在 Linux 系统中，系统语言环境的设置会影响排序的结果。通过运行 locale 命令，可以查询当前系统的设置：

```
$ locale
LANG=en_US.UTF-8
LANGUAGE=
LC_CTYPE="en_US.UTF-8"
LC_NUMERIC="en_US.UTF-8"
LC_TIME="en_US.UTF-8"
LC_COLLATE="en_US.UTF-8"
LC_MONETARY="en_US.UTF-8"
LC_MESSAGES="en_US.UTF-8"
LC_PAPER="en_US.UTF-8"
LC_NAME="en_US.UTF-8"
LC_ADDRESS="en_US.UTF-8"
LC_TELEPHONE="en_US.UTF-8"
LC_MEASUREMENT="en_US.UTF-8"
LC_IDENTIFICATION="en_US.UTF-8"
LC_ALL=
```

其中，LC_COLLATE 变量决定了在排序时的规则。假设有 6 个表单元素，其索引分别为 ab-aa、ab-bb、ab-cc、ab-dd、abc-aa 和 abc-dd。对于上述系统设置，调用 sort 命令排序的结果是：

```
ab-aa
ab-bb
```

```
abc-aa
ab-cc
abc-dd
ab-dd
```

而如果修改 locale 设置为 LC_COLLATE=C，再调用 sort 命令排序的结果是：

```
ab-aa
ab-bb
ab-cc
ab-dd
abc-aa
abc-dd
```

由于 Kaldi 的可执行程序是用 C++语言编写的，第二种排序结果与内存中表单元素的排序结果是一致的，因此在 Kaldi 的通用处理脚本中，凡涉及调用排序指令时，都会出现如下脚本语句：

```
export LC_ALL=C
```

这个设置只在脚本执行周期内生效，并不会影响系统的设置。通过这种设置，通用脚本确保了无论当前运行于系统中的语言是哪一种，可执行程序的输入和输出声明都是无误的。但是，如果需要单独使用可执行程序排序，或者在自己编写的 Kaldi 脚本中排序，那么就必须添加系统语言设置语句，才能避免运行时出现错误。

3.4 常用数据表单与处理脚本

在本章的前三节中，以 Librispeech 为例介绍了数据预处理的过程及其输出的几个表单的内容，并对 Kaldi 的输入和输出机制进行了说明。这些表单都保存在一个文件夹中，被称为数据文件夹。在通用脚本文件夹 utils 中有一个 data 文件夹，其中的大部分脚本是用于处理数据文件夹的，其输入和输出都是文件夹路径。在 Kaldi 的脚本定义中，一个数据文件夹是其包含的若干数据形成的一个数据集，文件夹中的表单文件定义了关于这个数据集的所有信息，如音频文件路径、标注内容、特征文件路径、说话人信息等。而其中的表单文件名都是在通用脚本中定义好的，例如音频表单的文件名一定是 wav.scp。在 3.2 节中，说明了如何从原始数据生成一个基本的 Kaldi 标准数据文件夹。本节介绍 Kaldi 标准数据文件夹中常用的表单内容，以及一些通用的数据处理脚本的功能。

3.4.1 列表类数据表单

1. 句子音频表单

句子音频表单的文件名为 wav.scp。表单元素为音频文件或音频处理工具输出的管道，每个元素可以表示一个切分后的句子，也可以表示包含多个句子的未切分整段音频。例如，说话人 speaker1 录制一段阅读段落，保存为 chapter1.wav。如果已经切分为多个单句音频，则音频表单内容为：

```
speaker1_chapter1_utterance1 /path/to/audio/speaker1/chapter1 _utt1.wav
speaker1_chapter1_utterance2 /path/to/audio/speaker1/chapter1 _utt2.wav
speaker1_chapter1_utterance3 /path/to/audio/speaker1/chapter1 _utt3.wav
...
```

如果没有切分，则音频表单内容为：

```
speaker1_chapter1 /path/to/audio/speaker1/chapter1.wav
```

这种未分段的音频表单需要配合切分表单（Segments）使用，其内容在后面会介绍。

2. 声学特征表单

声学特征表单的文件名为 feats.scp。表单元素为保存声学特征的文件，每个元素表示一个句子。这个表单是由 Kaldi 的特征处理工具生成的，其处理方式有两种。第一种使用 Kaldi 通用声学特征提取脚本从音频中提取，同时生成一个用于保存声学特征的二进制存档表单。第二种是将其他工具提取的声学特征转换为 Kaldi 表单，目前 Kaldi 支持与 HTK 和 Sphinx 两个工具提取的声学特征进行格式互转。这个表单的生成过程将在第 4 章中介绍，一个示例如下：

```
    03-1240-0000 /kaldi-local/egs/librispeech/s5/mfcc/raw_mfcc_
train_clean_100.ark:17
    103-1240-0001 /kaldi-local/egs/librispeech/s5/mfcc/raw_mfcc_
```

```
train_clean_100.ark:20985
    103-1240-0002 /kaldi-local/egs/librispeech/s5/mfcc/raw_mfcc_
train_clean_100.ark:40913
    103-1240-0003 /kaldi-local/egs/librispeech/s5/mfcc/raw_mfcc_
train_clean_100.ark:57396
    103-1240-0004 /kaldi-local/egs/librispeech/s5/mfcc/raw_mfcc_
train_clean_100.ark:72826
    ...
```

3. 谱特征归一化表单

谱特征归一化表单的文件名为 cmvn.scp。表单元素为用 Kaldi 通用声学特征处理脚本提取的谱归一化系数文件，其归一化可以以句子为单位，也可以以说话人为单位，具体过程在第 4 章中介绍，一个以说话人为单位的示例如下：

```
    103-1240 /kaldi-local/egs/librispeech/s5/mfcc/cmvn_train _clean_100.ark:9
    103-1241 /kaldi-local/egs/librispeech/s5/mfcc/cmvn_train_clean _100.ark:257
    1034-121119 /kaldi-local/egs/librispeech/s5/mfcc/cmvn_train_
clean_100.ark:508
    1040-133433 /kaldi-local/egs/librispeech/s5/mfcc/cmvn_train_
clean_100.ark:759
    1069-133699 /kaldi-local/egs/librispeech/s5/mfcc/cmvn_train
_clean_100.ark:1010
    ...
```

4. VAD 信息表单

VAD 信息表单的文件名为 vad.scp。表单元素为用 Kaldi 的 compute-vad 工具提取的 VAD 信息文件。这个表单是由提取 VAD 的通用脚本生成的，以句子为单位，一个示例如下：

```
    103-1240-0005 /kaldi-local/egs/librispeech/s5/mfcc/vad_train _5k.1.ark:14
    103-1240-0012 /kaldi-local/egs/librispeech/s5/mfcc/vad_train_ 5k.1.ark:6102
    103-1240-0019 /kaldi-local/egs/librispeech/s5/mfcc/vad_train_ 5k.1.ark:12194
    103-1240-0026 /kaldi-local/egs/librispeech/s5/mfcc/vad_train_ 5k.1.ark:18374
    ...
```

3.4.2 存档类数据表单

1. 说话人映射表单

说话人映射表单，其内容表示句子与说话人之间的映射关系，用两个单向映射表示，一个是句子到说话人的映射，文件名为 utt2spk，表示每个句子分别来自哪个说话人；另一个是说话人到句子的映射，文件名为 spk2utt，表示每个说话人对应哪些句子。例如，在 Librispeech 中，某个子集的 utt2spk 文件内容为：

```
$ head data/train_clean_100/utt2spk
103-1240-0000 103-1240
103-1240-0001 103-1240
103-1240-0002 103-1240
103-1240-0003 103-1240
103-1240-0004 103-1240
...
```

而其对应的 spk2utt 文件内容如下，每行第一个空格前的内容是说话人索引，其后以空格隔开的内容是句子索引：

```
$ head data/train_clean_100/spk2utt
103-1240 103-1240-0000 103-1240-0001 103-1240-0002 ...
103-1241 103-1241-0000 103-1241-0001 103-1241-0002 ...
...
```

说话人信息应用在某些传统的自适应声学建模技术中，如果原始数据中没有说话人信息，或者不需要使用自适应声学建模技术，则一般用句子索引直接作为说话人索引，此时由于句子与说话人是一对一映射的，因此两个表单的内容完全一致，例如：

```
103-1240-0000 103-1240-0000
103-1240-0001 103-1240-0001
103-1240-0002 103-1240-0002
```

spk2utt 可以由 utt2spk 转换得到，Kaldi 提供了一个 Perl 语言的转换脚本，其使用方法如下：

```
perl utils/spk2utt_to_utt2spk.pl data/train_clean_100/utt2spk >
```

```
data/train_clean_100/spk2utt
```

在创建 utt2spk 文件时，需要注意的是元素的排序问题。在 3.3 节中讲到，Kaldi 接收多个输入表单，第一个输入表单的元素是按顺序读取的，但是对其处理的过程中用到的其他表单元素是按第一个表单元素的索引随机读取的，为了解决管道输入的问题并提高运行效率，可以约定将所有输入表单按照索引排序。在 3.3 节的 paste-feats 示例中，展示了如何使多个输入采用相同的句子索引排序方式。但在某些处理过程中，多个输入表单的索引单位可能是不一样的。例如，在特征归一化过程中，按顺序读取的输入表单是以句子为单位的声学特征，但是随机读取的输入表单可能是以说话人为单位的归一化系数。一个示例如下：

```
    $ head data/train_clean_100/feats.scp
    103-1240-0000 /kaldi-local/egs/librispeech/s5/mfcc/raw_mfcc_
train_clean_100.1.ark:14
    103-1240-0001 /kaldi-local/egs/librispeech/s5/mfcc/raw_mfcc
_train_clean_100.1.ark:18444
    103-1240-0002 /kaldi-local/egs/librispeech/s5/mfcc/raw_mfcc_
train_clean_100.1.ark:39292
    ...
    $ head data/train_clean_100/cmvn.scp
    103-1240 /kaldi-local/egs/librispeech/s5/mfcc/cmvn_train_ clean_100.ark:9
    103-1241 /kaldi-local/egs/librispeech/s5/mfcc/cmvn_train _clean_100.ark:257
    1034-121119 /kaldi-local/egs/librispeech/s5/mfcc/cmvn_train
_clean_100.ark:508
    ...
```

在归一化程序处理第一条索引为 103-1240-0000 的特征数据时，会根据 utt2spk 提供的映射结果，去读取对应说话人 103-1240 的归一化系数。此时，如果 utt2spk 中说话人的排序方式与 cmvn.scp 中说话人索引的排序方式不同，就会导致可执行程序需要将全部说话人的归一化系数加载到内存中。在这种情况下，如能确保 utt2spk 同时满足句子索引和说话人索引的排序，就可以使用“s”和“cs”声明符提高运行效率。一个常用的方法是将说话人索引作为句子索引的前缀，这样在以句子索引对 utt2spk 排序的同时，可以保证说话人索引的排序也是正确的。

有一种特殊情况是，当说话人索引的长度不固定时，按句子索引排序并不能保证说话人索引排序正确。例如，有一个说话人“ab”，其音频为 abaa.wav、abbb.wav、abcc.wav 和 abdd.wav；还有一个说话人“abc”，其音频为 abcaa.wav 和 abcdd.wav，排序后的 utt2spk 文件的内容如下：

```
$ sort utt2spk
abaa ab
abbb ab
abcaa abc
abcc ab
abcdd abc
abdd ab
```

由于排序是按照字符的 ASCⅡ值排列的，所以导致在这类特殊情况下，对句子索引排序后，其说话人索引并没有正确排序。因此，通常使用一个 ASCII 值比较小的符号作为说话人索引的前缀连接符。在 Librispeech 示例中，使用“-”作为连接符，例如将说话人“ab”的句子索引定义为 ab-aa、ab-bb、ab-cc 和 ab-dd。在 3.3 节中提到，在使用系统指令排序之前，需要设置语言变量为 LC_ALL=C。在此基础上，按照这种方式定义的句子索引就可以达到预期的排序效果，即首先保证说话人是正确排序的，其次说话人的每个句子也是正确排序的。例如，上述文件重新定义后排序如下：

```
$ LC_ALL=C sort utt2spk
ab-aa ab
ab-bb ab
ab-cc ab
ab-dd ab
abc-aa abc
abc-dd abc
```

2. 标注文本表单

标注文本表单的文件名为 text。其内容是每一句音频的标注内容，通常保存为一个文本类型的存档表单。需要注意的是，该文件中保存的应当是文本归一化之后的内容。所谓归一化，就是要保证文本中的词都在发音字典和语言模型的词表中，而未出现的词都将被当作未知词。对于英语，通常要将所有的字母统一成大写或小写。对于中文，最基本的要求是完成文本分词。由于 Librispeech 的原始文本是归一化的，所以处理后的 text 文件内容与原始数据内容基本一致，区别在于加上了句子索引。示例如下：

```
$ head data/train_clean_100/text
103-1240-0000 CHAPTER ONE MISSUS RACHEL LYNDE IS SURPRISED MISSUS RACHEL LYNDE LIVED JUST WHERE THE AVONLEA MAIN ROAD DIPPED DOWN INTO A LITTLE HOLLOW FRINGED WITH ALDERS AND LADIES EARDROPS AND TRAVERSED BY A BROOK
103-1240-0001 THAT HAD ITS SOURCE AWAY BACK IN THE WOODS OF THE OLD CUTHBERT PLACE IT WAS REPUTED TO BE AN INTRICATE HEADLONG BROOK IN ITS EARLIER COURSE THROUGH THOSE WOODS WITH DARK SECRETS OF POOL AND CASCADE BUT BY THE TIME IT REACHED LYNDE'S HOLLOW IT WAS A QUIET WELL CONDUCTED LITTLE STREAM
103-1240-0002 FOR NOT EVEN A BROOK COULD RUN PAST MISSUS RACHEL LYNDE'S DOOR WITHOUT DUE REGARD FOR DECENCY AND DECORUM IT PROBABLY WAS CONSCIOUS THAT MISSUS RACHEL WAS SITTING AT HER WINDOW KEEPING A SHARP EYE ON EVERYTHING THAT PASSED FROM BROOKS AND CHILDREN UP
...
```

3. 切分信息表单

切分信息表单的文件名为 segments。Kaldi 的数据处理是以句子为单位的，如果音频文件没有按句切分，就需要将音频中每一句的起止时间记录在 segments 文件中。例如，如果 Librispeech 的音频没有切分为句子，而是使用整个章节的音频，那么其音频表单 wav.scp 的内容如下：

```
103-1240 flac -c -d -s /data/LibriSpeech/train-clean-100/103/1240/103-1240.flac |
103-1241 flac -c -d -s /data/LibriSpeech/train-clean-100/103/1241/103-1241.flac |
...
```

而对应的 segments 文件内容如下：

```
103-1240-0000 103-1240 2.81 6.41
103-1240-0001 103-1240 9.74 12.62
```

```
103-1240-0002 103-1240 15.37 24.23
...
```

该表单是文本类型的，以句子为索引，其元素内容分为三部分，以空格分隔。第一部分是该句子所属音频文件的索引，应当与音频表单中的索引一致。后两部分分别是这个句子的起始时间和结束时间，以秒为单位。

4. VTLN 相关系数表单

VTLN 是一种说话人自适应技术，在 Kaldi 的数据文件中，有三个文本类型的存档文件与此相关，分别是说话人性别映射（spk2gender）、说话人卷曲因子映射（spk2warp）和句子卷曲因子映射（utt2warp）。spk2gender 表单索引是说话人，内容是性别标识，用“f”表示女性，用“m”表示男性。示例如下：

```
$ head data/train_clean_100/spk2gender
103-1240 f
103-1241 f
1034-121119 m
1040-133433 m
...
```

spk2warp 表单的索引是说话人，内容是卷曲因子，用一个 0.5~1.5 的浮点数表示。utt2warp 表单的索引是句子，内容与 spk2warp 的内容相同。

5. 句子时长表单

句子时长表单的文件名为 utt2dur。该表单可以由一个通用脚本生成，以句子为索引，表单元素的内容是每个句子的时长，以秒为单位。一个示例如下：

```
$ head data/train_clean_100/utt2dur
103-1240-0000 14.085
103-1240-0001 15.945
103-1240-0002 13.945
103-1240-0003 14.71
103-1240-0004 12.515
...
```

3.4.3 数据文件夹处理脚本

前面介绍了在 Kaldi 的数据文件夹中常见的表单内容，其中有些需要自行准备，包括 wav.scp、text 和 utt2spk，其他的文件都可以通过 Kaldi 通用脚本生成。

spk2utt 文件可以通过脚本由 utt2spk 文件生成。feats.scp 文件由特征提取脚本生成，如果是用其他工具提取的声学特征，则可以用 copy-feats 可执行程序转换为 Kaldi 的特征文件，并得到对应的 feats.scp 文件。cmvn.scp 文件和 utt2dur 文件都是由通用脚本生成的。

如果希望使用 Kaldi 中的 VTLN 技术，则要自行准备 spk2gender 文件。utt2warp 文件和 spk2warp 文件都可以用可执行程序 gmm-global-est-lvtln-trans 生成。

这些表单文件都保存在 Kaldi 的数据文件夹中，一个数据文件夹包含的数据并不一定在物理意义上保存于同一个位置，而是通过数据文件夹的形式被定义成一个子集。例如，一个音频表单可能包含两个不同磁盘上的音频：

```
spk1-utt1 /mnt/storage1/audio/spk1/hyfuighryeuw.wav
spk1-utt2 /mnt/storage2/audio/spk1/jhhnrjklvnjtilew.wav
```

在 egs/wsj/s5/utils/data 文件夹中存放的是用来对数据文件夹进行整体处理的脚本。如表 3-2 所示是通用数据文件夹处理脚本的功能。

表 3-2 通用数据文件夹处理脚本的功能

脚本名	功能简介
combine_data.sh	将多个数据文件夹合并为一个，并合并对应的表单
combine_short_segments.sh	合并原文件夹中的短句，创建一个新的数据文件夹
copy_data_dir.sh	复制原文件夹，创建一个新的数据文件夹，可以指定说话人或句子的前缀、后缀，复制一部分数据
extract_wav_segments_data_dir.sh	利用原文件夹中的分段信息，切分音频文件，并保存为一个新的数据文件夹
fix_data_dir.sh	为原文件夹保留一个备份，删除没有同时出现在多个表单中的句子，并修正排序
get_frame_shift.sh	获取数据文件夹的帧移信息，打印到屏幕
get_num_frames.sh	获取数据文件夹的总帧数信息，打印到屏幕
get_segments_for_data.sh	获取音频时长信息，转换为 segments 文件

续表

脚 本 名	功 能 简 介
get_utt2dur.sh	获取音频时长信息，生成 utt2dur 文件
limit_feature_dim.sh	根据原数据文件夹中的 feats.scp，取其部分维度的声学特征，保存到新创建的数据文件夹中
modify_speaker_info.sh	修改原数据文件夹中的说话人索引，构造“伪说话人”，保存到新创建的数据文件夹中
perturb_data_dir_speed.sh	为原数据文件夹创建一个速度扰动的副本
perturb_data_dir_volume.sh	修改数据文件夹中的 wav.scp 文件，添加音量扰动效果
remove_dup_utts.sh	删除原数据文件夹中文本内容重复超过指定次数的句子，保存到新创建的数据文件夹中
resample_data_dir.sh	修改数据文件夹中的 wav.scp 文件，修改音频采样率
shift_feats.sh	根据原数据文件夹中的 feats.scp 进行特征偏移，保存到新创建的数据文件夹中
split_data.sh	将数据文件夹分成指定数目的多个子集，保存在原数据文件夹中以 split 开头的目录下
subsegment_data_dir.sh	根据一个额外提供的切分信息文件，将原数据文件夹重新切分，创建一个重切分的数据文件夹
subset_data_dir.sh	根据指定的方法，创建一个原数据文件夹的子集，保存为新创建的数据文件夹
validate_data_dir.sh	检查给定数据文件夹的内容，包括排序是否正确、元素索引是否对应等

3.4.4 表单索引的一致性

在 Kaldi 的通用脚本中，表单的索引分为三类：句子、音频和说话人。

音频索引的作用是定位数据集中的音频文件，因此 wav.scp 一定是以音频为索引的。在 Kaldi 的帮助文件中，音频索引被称为 Recording identifier。顾名思义，这个索引对应的是一个录音文件，如果这个录音文件已经被切分为句子，则音频索引等同于句子索引。

句子索引在 Kaldi 的帮助文件中被称为 Utterance identifier，它定义了 Kaldi 处理数据的基本单元。大部分表单是以句子为索引的，其中最重要的就是 text、utt2spk 和 feats.scp。在完成声学特征提取之后，音频索引就不再被使用了，整个声学模型训练过程都是使用上述三个表单完成的，因此这些表单文件的索引需要保持一致。

说话人索引在 Kaldi 的帮助文件中被称为 Speaker identifier，在 3.2 节中介绍了 Kaldi 对说话人的广义定义。这个索引并不一定对应一个真正的录音人，事实上，在 Kaldi 的语音识别示例中，大部分都没有使用录音人作为说话人。例如，Librispeech 使用录音人和章节的组合来定义说话人。在某些电话语音识别示例中，使用通话加信道的组合定义说话人，认为每一通电话的两个通话者就是两个独立的说话人，即便同一个人打了多通电话，也会被定义为多个不同的说话人。在大部分情况下，使用句子索引直接作为说话人索引也是可以的。以说话人为索引的表单包括 spk2utt 和 cmvn.scp。

说话人信息在自适应声学建模中使用，用来增强识别系统对不同说话人的适应能力，例如倒谱归一化（CMVN）。对 CMVN 系数的估计和使用，Kaldi 的可执行程序有两种模式，一种是每句估计一套归一化系数，另一种是一个说话人使用一套归一化系数。在官方给出的训练脚本中，cmvn.scp 默认按照 spk2utt 给出的映射统计每个说话人的归一化系数。

3.5 语言模型相关文件

数据文件夹给出了声学模型训练数据的描述，其中文本标注是以词为单位的。在开始训练声学模型之前，需要定义发音词典、音素集和 HMM 的结构。另外，在进行音素上下文聚类时，还可以通过制定聚类问题的方式融入先验知识。在 Librispeech 示例中，这些步骤由总脚本的第 3 阶段完成，截取代码如下：

```
if [ $stage -le 3 ]; then
  # when the "--stage 3" option is used below we skip the G2P steps, and
  # use the lexicon we have already downloaded from openslr.org/11/
  local/prepare_dict.sh --stage 3 --nj 30 --cmd "$train_cmd" \
   data/local/lm data/local/lm data/local/dict_nosp

  utils/prepare_lang.sh data/local/dict_nosp \
    "<UNK>" data/local/lang_tmp_nosp data/lang_nosp
```

```
    local/format_lms.sh --src-dir data/lang_nosp data/local/lm
  fi
```

这个阶段执行了 3 个脚本。第 1 个脚本用来整理发音词典，这里使用的发音词典是包含在 Librispeech 资源文件包中的。除发音词典外，这个资源文件包还包括几个训练好的语言模型，当然，示例中提供了如何使用文本数据训练语言模型。第 2 个脚本根据上一步整理的发音词典文件，生成 data 目录下的语言文件夹 lang。最后一个脚本利用语言文件夹，生成用于测试的语言模型相关文件。关于语言模型的训练和使用的内容将在第 5 章介绍，本节只介绍前两个脚本涉及的发音词典和语言文件夹的相关内容。

3.5.1 发音词典与音素集

在 3.1 节，介绍了示例脚本中的第 1 阶段，即下载 Librispeech 原始数据的过程。在这个阶段中，还下载了预先整理好的发音词典和语言模型，以及语言模型的训练数据，保存在 data/local/lm 中。在这个文件夹中，有 3 个关于发音词典的文件，分别是 librispeech-lexicon.txt、librispeech-vocab.txt 和 g2p-model-5。其中，librispeech-vocab.txt 文件包含了语言模型训练数据中词频最高的 200 000 个词，而 librispeech-lexicon.txt 文件包含了这些词的发音，共 206 508 条发音，因为有一部分词有多个发音。

通过浏览该阶段的第 1 个脚本，即用于整理发音词典的脚本 local/prepare_dict.sh，可以发现，共包含 5 个步骤，其中第 0~2 步用于生成发音词典，第 3 步和第 4 步是将发音词典的内容整理为 Kaldi 的发音词典文件夹。总脚本在调用整理发音词典的脚本时，有一个参数“--stage 3”，说明从这个脚本的第 3 步开始执行。这是因为预先定义好的发音词典文件 librispeech-vocab.txt 已经包含在下载的资源文件中。如果想了解生成发音词典的过程，可以运行这个脚本的前 3 步，其过程如下。

1）下载 CMU 发音词典，去掉注释文本和多发音标记。在 CMU 发音词典中，如果一个词有多个发音，那么会在这个词的后面加上数字标记用于区分。在语音识别系统中，需要让多发音的词在文本中保持一致，并且 Kaldi 中使用 FST 表示词典是允许一个词条存在多个发音路径的，这个过程在 5.4.3 节介绍。这里只需要把 CMU 的多发音数字标记去掉即可，效果如下：

```
# 原始 CMU 的多发音词条
WAS  W AA1 Z
WAS(1)  W AH1 Z
WAS(2)  W AH0 Z
WAS(3)  W AO1 Z

# 处理后的词条
WAS  W AA1 Z
WAS  W AH1 Z
WAS  W AH0 Z
WAS  W AO1 Z
```

2）根据 librispeech-vocab.txt 定义的词表，统计 CMU 词典中没有的词条（约三分之二），然后使用Sequitur工具生成这些词的发音。这一步要用到g2p-model-5文件，这是一个训练好的用于英文发音生成的模型。如果读者有一个发音词典，以及一个词汇表，则可以参考脚本中的命令统计两个文件的交集词汇。例如，构造一个词汇表和一个发音词典，然后统计词表中哪些词出现在发音词典中，并打印出来，方法如下：

```
$ cat fake/fakevocab
一
二
三

$ cat fake/fakedict
一 y i
三 s an
四 s i

$ awk 'NR==FNR{a[$1]=1; next} ($1 in a)' fake/fakevocab fake/fakedict
一 y i
三 s an
```

3）将生成的发音与 CMU 中已有的发音结合，输出到发音词典文件中。检查汇总的发音词典中词条数目与词汇表中的数目是否一致，如果不一致，则说明上一步执行没有成功，返回一个错误提示并退出。

按照以上步骤生成的发音词典应当与下载的发音词典文件 librispeech-lexicon.txt 是一致的。需要注意的是，Librispeech 仅选取了语言模型训练数据中词频最高的 200 000 个词构造发音词典，也就是说，使用这个发音词典训练出来的模型只能识别 200 000 个词，其他的词对于识别系统来说就是集外词（Out-Of-Vocabulary，OOV）。通过统计发现，在 Librispeech 的测试集中，集外词占比约 2.5%。

整理发音词典脚本中第 4 步的作用是生成以下 4 个文件：

```
$ cat data/local/dict_nosp/extra_questions.txt
SIL SPN
AA0 AE0 AH0 AO0 AW0 AY0 EH0 ER0 EY0 IH0 IY0 OW0 OY0 UH0 UW0
AA1 AE1 AH1 AO1 AW1 AY1 EH1 ER1 EY1 IH1 IY1 OW1 OY1 UH1 UW1
AA2 AE2 AH2 AO2 AW2 AY2 EH2 ER2 EY2 IH2 IY2 OW2 OY2 UH2 UW2
AA AE AH AO AW AY B CH D DH EH ER EY F G HH IH IY JH K L M N NG OW OY P R S SH T TH UH UW V W Y Z ZH
$ cat data/local/dict_nosp/silence_phones.txt
SIL
SPN
$ cat data/local/dict_nosp/optional_silence.txt
SIL
$ cat data/local/dict_nosp/nonsilence_phones.txt
AA AA0 AA1 AA2
AE AE0 AE1 AE2
AH AH0 AH1 AH2
AO AO0 AO1 AO2
AW AW0 AW1 AW2
AY AY0 AY1 AY2
B
CH
...
```

这些文件定义了音素集，并描述了音素的一些属性。nonsilence_phones.txt 文件包含所有非静音的音素。每行对应一个基本音素，在Librispeech示例中，“AA AA0 AA1 AA2”是同一个基本音素AA与不同重音标记组合成的带重音音素。在中文中，可以将同一个基本音素与不同音调标记组合成带调音素。例如，下面的示例中1、2、3和4对应4种音调，5表示轻声。

```
AA AA1 AA2 AA3 AA4 AA5
```

在某些语言中，重音和音调属于重要的副语言信息。如果发音词典使用的音素集本身不包含这种副语言信息，那么这个文件每一行保存一个音素名。extra_questions.txt文件给出了构建音素的声学上下文决策树时会遇到的基本问题，每行对应一个聚类问题。在示例中，第一个问题对应所有的静音音素，最后一个问题对应所有不是静音且不包含重音标记的音素，而其余的每一行对应使用同一个重音标记的音素。这里隐含的一个思想是，重音对于音素声学表现的影响是独特的，带有不同重音标记的音素不应聚到同类中。在中文里，如果使用带调发音词典，则可以将相同音调的音素写成一行，以保证在声学聚类的过程中不同音调的音素不会聚到一起。关于声学上下文和聚类的细节，将在第4.3节中介绍。

上述两个文件将发音词典中出现的音素进行了归类整合。此外，optional_silence.txt文件定义了用于填充词间静音的音素，在Librispeech示例中，选择了用SIL这个音素表示词间静音。而silence_phones.txt文件定义了所有可以用来表示无效语音（non-speech）内容的音素，在Librispeech示例中，使用了SIL和SPN两个音素，其中SIL表示静音，而SPN表示有声音但是无法识别的声音片段。前面介绍了集外词的概念，即发音词典中没有定义的词，在Librispeech中，集外词的发音就被指定为“SPN”。

整理发音词典脚本的最后一步是生成lexicon.txt文件，这个文件包含了前面统计的发音词典的全部内容，并汇入了上述关于无效语音的发音规则，即添加了如下3行，其中“!SIL”用来表示静音的词，其发音是静音音素，而“<SPOKEN_NOISE>”和“<UNK>”分别表示噪声和集外词，其发音都是SPN。由此，发音词典的词条由200 000条扩充为200 003条。

```
!SIL SIL
<SPOKEN_NOISE> SPN
```

```
<UNK> SPN
```

至此，整理发音词典的脚本完成了它的工作，将生成的文件保存在指定的发音词典文件夹中。在 Librispeech 示例中，这个文件夹的路径是 data/local/dict_nosp，这里“nosp”指的是 no silence probability。silence probability 是 Kaldi 中实现的一种对词及词间静音的发音概率建模的技术，可以提升语音识别的准确率。但是此处没有使用这个技术，因此加上了“nosp”这个后缀，在总脚本的第 13 步，可以看到如何使用上述技术估计发音概率，并将应用这种技术的发音词典文件保存在了 data/local/dict 中加以区别。如果不使用上述技术，把发音词典文件夹指定为 data/local/dict 即可。此外，对于多发音的情况，Kaldi 支持定义发音概率，对不同的发音加以区分。默认的发音词典格式如下：

```
WAS  W AA1 Z
WAS  W AH1 Z
WAS  W AH0 Z
WAS  W AO1 Z
```

如果不定义发音概率，则后续的处理脚本会把每种发音的概率定为 1.0，即：

```
WAS  1.0       W AA1 Z
WAS  1.0       W AH0 Z
WAS  1.0       W AH1 Z
WAS  1.0       W AO1 Z
```

可以通过调整发音概率，定义多发音情况下不同发音的可能性，而这个概率值必须是 0~1，而且概率最高的词条发音概率应该设为 1.0，例如：

```
WAS  1.0      W AA1 Z
WAS  0.7      W AH0 Z
WAS  0.3      W AH1 Z
WAS  0.6      W AO1 Z
```

这种带发音概率的发音词典文件名为 lexiconp.txt。在发音词典文件夹中，lexicon.txt 和 lexiconp.txt 至少要有一个存在，如果同时存在，将使用 lexiconp.txt。发音词典文件加上前述 4 个音素属性定义文件，构成了符合 Kaldi 标准的发音词典文件夹。读者自己在搭建训练环境时，需要编写脚本来创建这个文件夹中的内容，Kaldi提供了一个 Perl 脚本用于检查发音字典文件夹中的文件内容和格式是否符合要求，用法如下。如果有文件内容不符合要求，则按照错误提示修改即可。

```
perl utils/validate_dict_dir.pl data/local/dict
```

3.5.2 语言文件夹

准备好发音词典文件夹后，就可以用 Kaldi 的通用脚本生成语言文件夹了。Kaldi 示例通常将语言文件夹命名为 data/lang，在 Librispeech 中，对应发音词典文件夹的命名方法，同样在后面添加“nosp”后缀，而在第 3 阶段执行完毕后，生成 3 个包含这种命名方法的文件夹，这里首先看一下它们的内容：

```
$ ls data/lang_nosp*
data/lang_nosp:
L_disambig.fst L.fst oov.int oov.txt phones phones.txt topo words.txt

data/lang_nosp_test_tgmed:
G.fst L_disambig.fst L.fst oov.int oov.txt phones phones.txt topo
words.txt

data/lang_nosp_test_tgsmall:
G.fst L_disambig.fst L.fst oov.int oov.txt phones phones.txt topo
words.txt
```

后两个文件夹比第一个文件夹均多了一个名为 G.fst 的文件。实际上，后两个文件夹是由第一个文件夹复制而来的，然后分别添加了各自的 G.fst 文件，这个文件中保存的是对应测试集的语言模型。第 1 个文件夹是 Kaldi 通用脚本生成的语言文件夹，在发音词典文件夹内容的基础上，进一步整理并扩充了发音词典和音素的属性描述。接下来通过解析第 1 个文件夹中的内容，来了解如何通过扩充音素集属性的方式提升声学模型的性能。

首先是 phones.txt 和 words.txt 两个文件，分别定义了音素索引和词索引。在 Kaldi 中，HMM、发音词典和语言模型都是用 FST 描述的，为了更紧凑地定义 FST，并在数据处理过程中节省文本占用的内容，Kaldi 建议用整数索引表示音素和词，而这两个文件的内容，就是定义音素与音素索引的映射，以及词与词索引的映射。音素索引文件的内容片段如下：

```
$ head data/lang_nosp/phones.txt
<eps> 0
SIL 1
SIL_B 2
SIL_E 3
SIL_I 4
SIL_S 5
SPN 6
SPN_B 7
SPN_E 8
SPN_I 9
...
ZH_E 344
ZH_I 345
ZH_S 346
#0 347
#1 348
#2 349
#3 350
...
```

在发音词典文件夹中定义的音素集的基础上，这个音素索引文件有 3 处改动：

- 增加了一个空音素<eps>；
- 增加了若干以#开头的音素，这些音素被称为消歧符号，用于区分同音词；
- 给每个音素增加了 4 个变种，分别用来表示出现在词头（B）、词中（I）和词尾（E）的音素及单音素词（S）。

前两处改动是为了解决用 FST 表示发音词典时的不确定性问题，例如同音词和前缀词等情况，其细节将在第 5 章中介绍。第三处改动将位置无关的音素扩展为位置相关的音素，为在单词不同位置的音素提供独立的建模能力。同文件夹下的 L.fst 和 L_disambig.fst 分别对应增加消歧符号之前和之后的发音词典生成的 FST。词索引文件的内容摘要如下：

```
$ head data/lang_nosp/words.txt
<eps> 0
!SIL 1
<SPOKEN_NOISE> 2
<UNK> 3
A 4
A''S 5
A'BODY 6
A'COURT 7
A'D 8
A'GHA 9
...
ZZ 200001
ZZZ 200002
ZZZZ 200003
#0 200004
<s> 200005
</s> 200006
```

上述文件内容与预先定义的词表相比，增加了 4 个词条，分别是：

- 句首符号 <s>；
- 句尾符号</s>；
- 空符号<eps>；
- 消歧符号#0。

句首符号和句尾符号是训练统计语言模型时需要添加的符号，在 Kaldi 中默认指定为<s>和</s>，不需要使用者自行处理。而增加的空符号和消歧符号是为了 FST 表示的需要，这部分的内容将在第 5 章中详细介绍。需要指出的是，这些新增的词条只是占位符，并不产生实际的发音，因此并不需要提供对应的发音词典。在前面对发音词典的处理中，增加了 3 个词条，分别用来表示静音、噪声和集外词。在语言文件夹中，有两个单独的文件用于指定集外词的标识及其索引：

```
$ cat data/lang_nosp/oov.txt
<UNK>

$ cat data/lang_nosp/oov.int
3
```

可以看到，这两个文件的作用是指出词索引文件中哪个词条是集外词。前面说过，集外词是无法被识别的，所以发音词典上定义的静音词和噪声词也可以用作集外词。在第一个文件夹中最后一个要重点介绍的文件是 topo，其内容如下：

```
$ cat data/lang_nosp/topo
<Topology>
<TopologyEntry>
<ForPhones>
11 12 13 14 15 16 17 ... 344 345 346
</ForPhones>
<State> 0 <PdfClass> 0 <Transition> 0 0.75 <Transition> 1 0.25 </State>
<State> 1 <PdfClass> 1 <Transition> 1 0.75 <Transition> 2 0.25 </State>
<State> 2 <PdfClass> 2 <Transition> 2 0.75 <Transition> 3 0.25 </State>
<State> 3 </State>
</TopologyEntry>
<TopologyEntry>
<ForPhones>
1 2 3 4 5 6 7 8 9 10
</ForPhones>
<State> 0 <PdfClass> 0 <Transition> 0 0.25 <Transition> 1 0.25 <Transition> 2
0.25 <Transition> 3 0.25 </State>
<State> 1 <PdfClass> 1 <Transition> 1 0.25 <Transition> 2 0.25 <Transition> 3
0.25 <Transition> 4 0.25 </State>
<State> 2 <PdfClass> 2 <Transition> 1 0.25 <Transition> 2 0.25 <Transition> 3
0.25 <Transition> 4 0.25 </State>
```

```
<State> 3 <PdfClass> 3 <Transition> 1 0.25 <Transition> 2 0.25 <Transition> 3
0.25 <Transition> 4 0.25 </State>
<State> 4 <PdfClass> 4 <Transition> 4 0.75 <Transition> 5 0.25 </State>
<State> 5 </State>
</TopologyEntry>
</Topology>
```

这个文件定义了每个音素的 HMM 拓扑结构，对比之前的音素索引文件可以发现，在这个示例中，静音和噪声音素使用 5 个状态的 HMM 建模，且中间三个状态可以互相跳转，而其他音素使用 3 个状态的左至右 HMM 建模。需要注意的是，空音素<eps>和消歧符号只是为了 FST 表达的需要，并不产生实际发音，因此不需要定义 HMM 结构。除上述 7 个文件外，语言文件夹中还有一个 phones 文件夹，包含如下文件：

```
$ ls data/lang_nosp/phones
align_lexicon.int     align_lexicon.txt
context_indep.int     context_indep.txt     context_indep.csl
disambig.int         disambig.txt         disambig.csl
extra_questions.int   extra_questions.txt
nonsilence.int        nonsilence.txt        nonsilence.csl
optional_silence.int  optional_silence.txt  optional_silence.csl
roots.int            roots.txt
sets.int            sets.txt
silence.int          silence.txt          silence.csl
wdisambig_words.int   wdisambig.txt         wdisambig_phones.int
word_boundary.int     word_boundary.txt
```

phones 文件夹定义了关于音素的各种属性，例如哪些音素是上下文无关的、哪些音素在聚类时共享根节点等。在上一节中介绍了发音词典文件夹中的文件内容，除发音词典本身外，其他文件用于定义音素属性。而在生成的语言文件夹中，基于发音词典文件夹中的内容，进一步丰富了音素属性的内容。可以看到，某些文件都有 3 种后缀的版本，这些文件的内容都是简单的列表，例如，silence 文件存储了所有静音音素的列表：

```
$ cat data/lang_nosp/phones/silence.txt
```

```
SIL
SIL_B
SIL_E
SIL_I
SIL_S
SPN
SPN_B
SPN_E
SPN_I
SPN_S

$ cat data/lang_nosp/phones/silence.int
1
2
3
4
5
6
7
8
9
10

$ cat data/lang_nosp/phones/silence.csl
1:2:3:4:5:6:7:8:9:10
```

以.txt 为后缀的文件是音素的文本列表，以.int 为后缀的文件保存了对应的音素索引，而以.csl 为后缀的文件将音素索引合并成一行，并以冒号分隔。其他文件不是简单的列表，所以没有以.csl 为后缀的版本，有些文件只有一个后缀版本。不同后缀的文件只是不同的表现形式，其内容是一致的。因此，下面忽略后缀类型，介绍这些文件的内容和用途。

- align_lexicon 文件的内容是发音词典，与前面展示的发音词典的内容相比，将第一列的词重复了一次。这种格式的发音词典用来处理词网络文件和一些识别结果文件，内容示例如下：

```
$ head data/lang_nosp/phones/align_lexicon.txt
!SIL !SIL SIL_S
<SPOKEN_NOISE> <SPOKEN_NOISE> SPN_S
<UNK> <UNK> SPN_S
<eps> <eps> SIL
A A AH0_S
A A EY1_S
A''S A''S EY1_B Z_E
A'BODY A'BODY EY1_B B_I AA2_I D_I IY0_E
A'COURT A'COURT EY1_B K_I AO2_I R_I T_E
A'D A'D EY1_B D_E
...
```

- context_indep 文件的内容是所有上下文无关音素的列表。也就是说，对于出现在这个列表中的音素，在进行聚类时将不考虑上下文。在 Librispeech 示例中，所有的静音音素都被定义为上下文无关音素。
- disambig 文件的内容是所有消歧符号的列表，也就是在音素列表中以#开头的部分音素。
- extra_questions 文件的内容与发音词典文件夹中的同名文件的内容类似，区别是增加了音素位置标记，并对静音音素的聚类方法做了修改，用于音素上下文聚类。
- nonsilence 文件的内容是所有非静音、非消歧符号的音素列表。
- optional_silence 文件的内容是词间选择性填充的静音音素的列表，与发音词典文件夹中的同名文件的内容相同。
- sets 文件定义了音素组，roots 文件定义了哪些音素共享上下文决策树的一个根节点。这两个文件都是在上下文聚类中用到的。
- silence 文件的内容是所有静音音素的列表。
- wdisambig_phones、wdisambig_words 和 wdisambig 文件的内容分别是消歧符号音素的索引、消歧符号词的索引和消歧符号文本。

- word_boundary 文件定义了每个音素的词位置，其使用场合与 align_lexicon 文件的使用场合类似，内容示例如下：

```
$ head data/lang_nosp/phones/word_boundary.txt
SIL nonword
SIL_B begin
SIL_E end
SIL_I internal
SIL_S singleton
```

3.5.3 生成与使用语言文件夹

语言文件夹是由 Kaldi 的通用脚本生成的，该脚本的使用方法如下：

```
Usage: utils/prepare_lang.sh <dict-src-dir> <oov-dict-entry> <tmp-dir> 
<lang-dir>
e.g.: utils/prepare_lang.sh data/local/dict <SPOKEN_NOISE> data/local/lang 
data/lang
options:
    --num-sil-states <number of states>              # default: 5
    --num-nonsil-states <number of states>           # default: 3
    --position-dependent-phones (true|false)         # default: true
    --share-silence-phones (true|false)              # default: false
    --sil-prob <probability of silence>              # default: 0.5
    --phone-symbol-table <filename>                  # default: ""
    --unk-fst <text-fst>                             # default: none.
    --extra-word-disambig-syms <filename>            # default: ""
```

第 1 个参数是发音词典文件夹，发音词典文件夹必须按照命令规则生成，才能在这里正常使用。第 2 个参数是集外词符号，在 Librispeech 中选择了 UNK 作为集外词，理论上可以选择发音词典中的任意词作为集外词的词条，但是由于在训练时集外词的数据都会被用于训练对应的音素，所以通常单独定义一个集外词条，或者使用静音作为集外词。第 3 个参数是一个临时文件夹，在生成语言文件夹过程中产生的一些重要的中间文件会保存在这里，包括：

```
$ ls -1 data/local/lang_tmp_nosp/
align_lexicon.txt              # 扩展音素位置信息的发音词典
lex_ndisambig                  # 用作消歧符号的音素的数目
lexiconp.txt                   # 扩展音素位置信息的带发音概率的发音词典
                               # 用于生成 L.fst
lexiconp_disambig.txt          # 带音素位置信息、发音概率和消歧符号的发音词典
                               # 用于生成 L_disambig.fst
phone_map.txt                  # 同一个音素不同版本（如音素位置）的对应关系
```

最后一个参数就是输出的语言文件夹目录。除上述 4 个参数外，还有若干选项，可以用来指定语言文件夹中文件的特性，例如静音音素的状态数、非静音音素的状态数、是否使用音素位置标志等。这里不做具体解析，留给读者自己去探索。

在 3.5.2 节的开头介绍了语言文件夹的一个用途，即用于生成带语言模型 FST 的文件夹，这类文件夹只在识别的时候用到，但是 Kaldi 各个阶段的通用声学模型训练脚本都要用到语言文件夹中的文件，由此可以看出其重要性。在语言文件夹中，不仅定义了发音词典和对应音素集的扩展属性，还包含声学模型的 HMM 拓扑结构，以及所有词和音素的索引对应关系，这些信息确保了整个训练流程的正确运行。因此，使用上述脚本生成的语言文件夹中的文件绝大部分是不建议手动修改的，但是有一个例外，即 HMM 拓扑结构文件，只要这个文件涵盖了所有的非消歧音素，那么每个 HMM 结构的具体内容是可以手动修改的，例如哪些音素使用哪种 HMM 结构、每种 HMM 使用几个状态等。

4 经典声学建模技术

在深度神经网络被成功应用于语音识别之前，基于 GMM-HMM 的经典语音识别技术已在近三十年中占有统治地位。如本书第 1 章所介绍的，在 2011 年左右，微软的研究人员将深度神经网络引入到语音识别技术中，为充分利用海量数据提供了可能，从而开启了之后的语音识别研究与应用的大门。

然而，经典语音识别技术并未被淘汰。基于深度神经网络的语音识别技术，其最主流的技术路线仍然是“混合（Hybrid）系统”，而端到端神经网络等在学术界非常火热的语音研究方向离产业落地还有一定的距离。

相比经典的基于 GMM-HMM 的语音识别技术，基于深度神经网络的主流语音识别系统其实并没有本质不同，它仍然基于 HMM，只不过用神经网络代替 GMM 来建模 HMM 状态的观察概率，而建模、解码等识别流程的各个模块仍然沿用了经典语音识别技术的方法。因此，要理解当前主流的语音识别算法，就必须理解经典语音识别技术。

本章继续以 Kaldi 中的 Librispeech 示例为主线，介绍 Kaldi 中实现的基于高斯混合模型的经典语音识别技术。Librispeech 的最外层脚本是 egs/librispeech/s5/run.sh，这个脚本虽然有近 500 行，但是用 stage 变量对流程的各个阶段做了划分，所以还是比较清晰的。

基于 GMM-HMM 的经典语音识别技术的模型训练从第 8 阶段开始，到第 18 阶段结束，每个阶段分别使用不同的建模方法和不同的数据训练不同的模型，并对每个模型都进行了解码作为测试。这些阶段分别如下。

- 第 8 阶段：单音子模型。
- 第 9 阶段：三音子模型。
- 第 10 阶段：带 LDA+MLLT 特征变换的模型。
- 第 11 阶段：使用 10 000 句作为训练集的子集，训练带说话人自适应的模型。
- 第 12 阶段：使用 clean_100 子集训练带说话人自适应的模型。
- 第 13 阶段：使用静音概率修改发音词典。
- 第 14 阶段：基于 nnet2 的神经网络示例，已弃用。
- 第 15、16 阶段：将 clean_100 和 clean_360 子集合并训练带说话人自适应的模型。
- 第 17、18 阶段：将上述数据与 other_500 子集合并训练带说话人自适应的模型。

每个阶段都是在上一个阶段的基础上，获取更精细的声学状态对齐，训练更优化的模型。其中，后面的几个步骤是可选的，一般训练到第 10 阶段就可以得到可用的模型。

4.1 特征提取

4.1.1 用 Kaldi 提取声学特征

语音时域信号作为波形采样点，一般是不能直接用于识别的。时域信号的主要问题是难以找到发音规律，即使是很类似的发音，在时域上也可能看起来非常不同。图 4-1 出自哥伦比亚大学的 EECS E6870 语音识别课程的讲义，该讲义是非常好的语音识别教程，并且可以在其课程网站上免费下载，推荐读者阅读。图 4-1 展示了英文单词“No”的各种波形，这几个声音听起来非常相似，但从图中几乎找不到这个单词发音的规律。

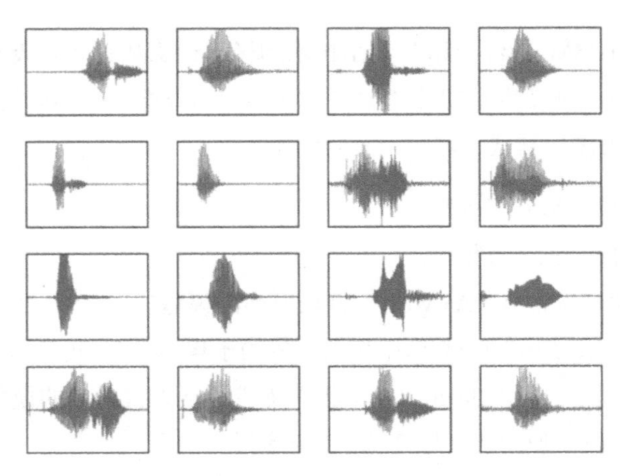

图 4-1　单词“No”的波形

事实上，我们人类的听觉器官是通过频域而不是波形来辨认声音的。把声音进行短时傅里叶变换（Short-time Fourier Transform，STFT），就得到了声音的频谱。因此，我们以帧为单位，依据听觉感知机理，按需调整声音片段频谱中各个成分的幅值，并将其参数化，得到适合表示语音信号特性的向量，这就是声学特征（Acoustic Feature）。近些年来，在端到端语音识别的研究趋势中，也出现了一些将语音波形直接作为声学模型输入的技术，但是性能和效率都没有显著优势，目前传统的提取声学特征的技术仍然是语音识别的主流。

声学特征把波形分成若干离散的帧，整个波形可以看作是一个矩阵，图 4-2 展示了波形和声学特征在时间上的对应关系。波形被分为了很多帧，每一帧都用一个 12 维的向量表示，色块的颜色深浅表示向量值的大小。

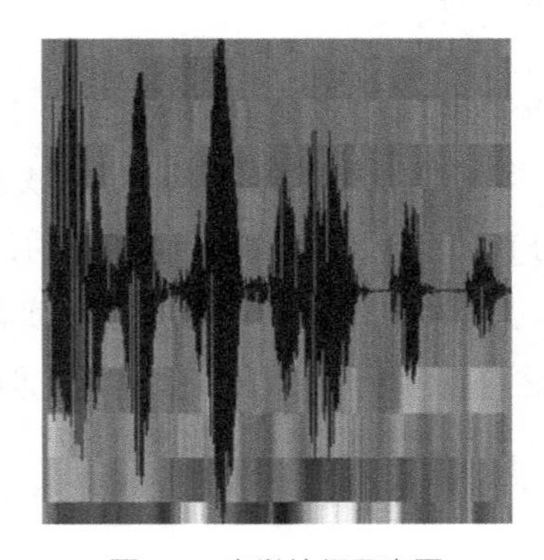

图 4-2　声学特征示意图

其中，梅尔频率倒谱系数（Mel-Frequency Cepstral Coefficients，MFCCs）是最常见的声学特征，其提取流程如下。

1）对语音滑动加窗，从而实现分帧。通常帧长 25ms，帧移 10ms，这样可以保证帧内信号的平稳性，并使帧之间有交叠。

2）对每一帧做快速傅里叶变换（Fast Fourier Transform，FFT），并计算功率谱。

3）对功率谱应用梅尔滤波器组，获取每个滤波器内的对数能量作为系数。

4）对得到的梅尔滤波器对数能量向量做离散余弦变换（Discrete Cosine Transform，DCT）。

通过设定 DCT 的输出个数，可以得到不同维数的 MFCCs 特征，比如图 4-2 的例子中就使用了 12 维输出。除滤波器个数外，Kaldi 的 MFCCs 提取工具 compute-mfcc-feats 还有很多其他的参数可调：

```
compute-mfcc-feats

Create MFCC feature files.
Usage:  compute-mfcc-feats [options...] <wav-rspecifier> <feats-wspecifier>

Options:
  --allow-downsample
  --blackman-coeff
  --cepstral-lifter
  --dither
  --frame-length
  --frame-shift
  --high-freq
  --low-freq
  --min-duration
  --num-ceps
  --num-mel-bins
  --output-forma
```

```
    --preemphasis-coefficient
    --raw-energy
    --remove-dc-offset
    --sample-frequency
    --snip-edges
    --subtract-mean
    --use-energy
    --vtln-high
    --vtln-low
    --vtln-map
    --vtln-warp
    --window-type
    ...
```

从参数名称即可推知这些参数的意义，感兴趣的读者可以读一下代码，看看这些参数是如何在特征提取算法中发挥作用的。

比较常用的参数设置示例在 Librispeech 示例的 conf 路径中，里面有 mfcc.conf 和 mfcc_hires.conf 两个文件，分别用来提取 13 维 MFCCs 特征和 40 维高分辨率 MFCCs 特征。两个文件的内容为：

```
  # mfcc.conf
  --use-energy=false      # only non-default option.

  # mfcc_hires.conf
  --use-energy=false      # use average of log energy, not energy.
  --num-mel-bins=40       # similar to Google's setup.
  --num-ceps=40           # there is no dimensionality reduction.
  --low-freq=20           # low cutoff frequency for mel bins
  --high-freq=-400        # high cutoff frequently, relative to Nyquist of 8000
(=7600)
```

和其他 Kaldi 工具一样，可以使用 --config 参数包含这个配置文件来读入设置选项，以提取预设参数的特征。这个工具根据音频表单文件输入的 WAV 文件列表提取 MFCCs 特征，是非常常用的工具。很多研究人员即使使用 Kaldi 以外的工具做语音识别，也经常使用该工具提取声学特征。

除 MFCCs 特征外，FilterBank、PLP 也是常用的特征。FilterBank 有时也写作 Fbank，是不做 DCT 的 MFCCs，保留了特征维间的相关性，在用卷积神经网络作为声学模型时，通常选用 Fbank 作为特征。

PLP 特征提取自线性预测系数（Linear Prediction Coefficient，LPC）。几种特征的关系如图 4-3 所示[1]。

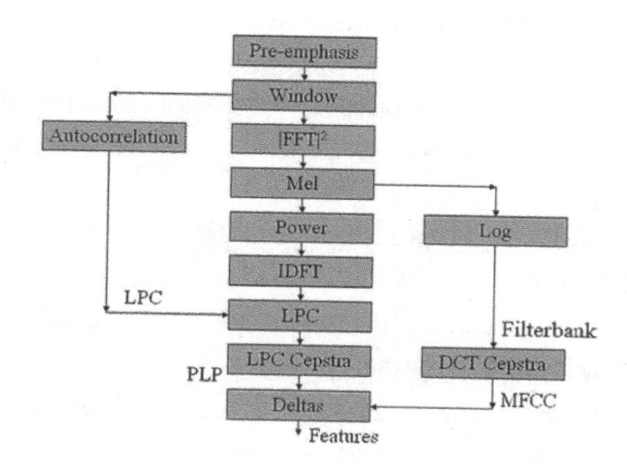

图 4-3　各种声学特征的提取

Kaldi 也提供了提取 Fbank 和 PLP 特征的工具，分别是 compute-plp-feats 和 compute-fbank-feats，用法和 compute-mfcc-feats 的用法类似，读者可以自行尝试。

4.1.2　特征在 Kaldi 中的存储

为了在模型训练中使用 Kaldi 提取的声学特征，必须将特征按 Kaldi 的特征表单形式保存。

表单在本书 3.3 节有详细介绍。如果用 Kaldi 自有工具如 compute-mfcc-feats 提取特征，那么自动输出为表单形式。如 3.3 节介绍的，可以使用"ark""ark,t""scp"等前缀控制表单格式。

用户也可以使用其他工具提供的声学特征用于 Kaldi 的训练，无论使用什么工具，只要将提取的特征保存成 Kaldi 的表单格式即可。一种最简单的方式是把特征矩阵写成文本格式的 Kaldi 表单，比如下面这样：

```
  103-1240-0000 [
    58.69577 -15.51285 1.716104 7.322092 5.21801 9.125813 6.308834 9.140097 9.184729 3.503101 4.749889 9.389082 5.579452
    59.00696 -15.77925 1.279206 10.01676 7.988821 6.481733 5.41441 18.28639 13.8341 5.761806 0.2412896 4.968709 9.10323
    59.52561 -14.84686 4.920012 9.118534 4.690493 0.7206841 -1.330557 10.10068 19.01897 11.40856 1.628551 7.438917 5.918736
    ……
    74.59113 -29.07006 -19.4339 14.22019 2.756269 0.5512409 -16.79252 19.22956 16.91731 11.5215 1.512946 10.68919 4.787788 ]
  103-1240-0001 [
    74.52333 -25.86945 -18.94758 15.22047 0.1484146 -10.03755 -16.47743 18.31681 21.82721 9.153766 10.08481 14.34405 -1.344048
    73.61089 -28.45197 -21.86277 14.13837 9.961287 -6.141026 -9.021179 27.23431 28.67196 18.71439 -1.864296 12.60108 -2.149801
    72.01412 -23.93256 -16.52141 13.52002 2.791954 -6.628092 -10.471 21.78473 19.54562 20.36701 -0.08967638 20.68203 -0.4231863
    ……
    70.41735 -27.16071 -27.69315 20.71296 7.190017 6.49872 -6.121529 13.85806 21.82721 21.60647 -4.348764 22.87502 9.082319 ]
```

在上面的文本表单中，103-1240-0000、103-1240-0001 等是句子 ID，方括号里的是声学特征，其中每行为一帧，本例中每帧的特征为 13 维。将其转换成二进制形式即可：

```
copy-matrix ark,t:feat_in_text.ark.txt ark:feat_in_binary.ark
```

GitHub 上也有很多开源工具可以把特征转换成 Kaldi 可用的表单格式，读者可自行搜索。

为了方便后续的训练，还应该遵循以下原则来提取和保存特征：

- 输出二进制存档表单，而不是输出单个特征文件；
- 使用管道构建特征处理流程；
- 分离数据文件夹与特征存档文件。

Librispeech 示例很好地演示了如何遵循上述原则。Librispeech 总脚本 run.sh 的第 6 阶段执行提取特征的脚本，但是前后的两个阶段也都与其有关。第 5 阶段用于创建一个分散存储的环境。对于比较大的语料库，如 Librispeech 示例的语音数据时长超过一千小时，将所有特征都保存在提交训练任务的机器上会影响数据读写的速度，因此 Kaldi 提供了一个脚本，可以在多个指定的地址中创建存储文件夹，并使用链接文件的形式方便访问。这样就可以降低集中存储带来的读写压力。例如，Librispeech 指定将声学特征保存在 mfcc 这个文件夹中：

```
mfccdir=mfcc
```

这是一个相对存储地址，如果不使用分散存储，则意味着所有的特征文件都保存在当前实验环境的 mfcc 文件夹中。而创建分散存储的方法非常简单，调用如下脚本：

```
utils/create_split_dir.pl /alt/storage1/kaldi/egs/librispeech/
s5/mfcc/storage /alt/storage2/kaldi/egs/librispeech/s5/mfcc/ storage
/alt/storage3/kaldi/egs/librispeech/s5/mfcc/storage mfcc/storage
```

这一步会在 mfcc/storage 中建立三个链接文件，指向三个存储地址，即：

```
$ ls -l mfcc/storage
mfcc/storage/1 > /alt/storage1/kaldi/egs/librispeech/ s5/mfcc/storage
mfcc/storage/2 > /alt/storage2/kaldi/egs/librispeech/s5/mfcc/storage
mfcc/storage/3 > /alt/storage3/kaldi/egs/librispeech/s5/mfcc/ storage
```

如果分散存储的目标地址命名与上述示例一样有规律的话，则可以简化脚本调用命令：

```
utils/create_split_dir.pl /alt/storage{1,2,3}/kaldi/egs/
librispeech/s5/mfcc/storage mfcc/storage
```

这样，在执行提取特征的脚本时，就会自动检测到这些分散存储的链接文件并将特征文件分散在这些目标路径中。而在数据文件夹中，保存了一份所有特征表单的汇总列表，即声学特征表单，这使得数据文件夹保持其轻量化的状态，便于处理。

第 7 阶段使用提取子集的脚本，以 train_clean_100 这部分数据为蓝本，创建了 3 个不同的子集，分别是：

- trian_2kshort，最短的 2000 句；
- train_5k，随机挑选 5000 句；
- train_10k，随机挑选 10 000 句。

在后续章节中可以看到，这些子集分别用于声学模型训练的不同阶段。正是依据上述 3 个原则，使得 Kaldi 的训练环境便于灵活处理和使用数据。

在 3.4 节介绍了 Kaldi 中常用的数据表单文件，其中 feats.scp 和 cmvn.scp 是在特征提取这一步中由两个脚本分别生成的。在第 6 阶段的脚本中，使用一个循环提取各个子集的声学特征，以 dev_clean 子集为例，其特征提取分为两步：

```
    steps/make_mfcc.sh --cmd "$train_cmd" --nj 40 data/dev_clean
exp/make_mfcc/dev_clean mfcc
    steps/compute_cmvn_stats.sh data/dev_clean exp/make_mfcc/dev_clean mfcc
```

第一步从音频文件中提取基础声学特征，脚本共 3 个参数，分别是：

- 数据文件夹地址，如 data/dev_clean；
- 运行目录，在这一步主要是保存日志文件；
- 特征文件目录，用于保存特征文件，可以是一个分散存储的目录。

特征提取脚本会读取数据文件夹中的音频表单，并依次进行特征提取，将结果写入数据文件夹中的声学特征表单。需要注意的是，Kaldi 的声学特征提取工具要求输入音频是采样大小为 16 比特的 WAV 格式文件，如果是其他格式的音频文件，则需要在音频表单中构建将其转换为 WAV 音频的管道。例如在 Librispeech 中，原始音频为 FLAC 格式，使用如下构建管道的方式将 FLAC 数据转换为 Kaldi 可接收的 WAV 数据，而无须另外保存一份 WAV 文件。

```
    $ head data/train_clean_100/wav.scp
    103-1240-0000 flac -c -d -s
/path/to/LibriSpeech/train-clean-100/103/1240/103-1240-0000.flac |
```

```
    103-1240-0001 flac -c -d -s
/path/to/LibriSpeech/train-clean-100/103/1240/103-1240-0001.flac |
    103-1240-0002 flac -c -d -s /path/to/LibriSpeech/train-clean-
100/103/1240/103-1240-0002.flac |
    103-1240-0003 flac -c -d -s
/path/to/LibriSpeech/train-clean-100/103/1240/103-1240-0003.flac |
    103-1240-0004 flac -c -d -s /path/to/LibriSpeech/train-clean
-100/103/1240/103-1240-0004.flac |
    ...
```

特征提取的脚本需要读取配置文件，其默认的配置文件路径是当前调用路径下的conf/mfcc.conf。如果配置文件在其他地址，可以通过--mfcc-config 选项来指定。配置文件的内容相当于调用特征提取可执行文件时所使用的选项，例如 Librispeech 中的配置文件如下：

```
$ cat conf/mfcc.conf
--use-energy=false   # only non-default option.
```

特征提取的输出就是声学特征表单和用于保存声学特征的二进制文档。

上面示例中特征提取的第二步就是倒谱均值方差归一化（Cepstral Mean and Variance Normalization, CMVN）系数的计算，其脚本的输入参数形式与特征提取脚本的输入参数形式相同，也是 3 个目录，其中运行目录用于保存日志文件。脚本读取数据文件夹中的声学特征表单和说话人映射表单，计算每个说话人的倒谱均值方差归一化系数。可以用 copy-matrix 指令观察其输出的内容，例如：

```
    $ copy-matrix ark:mfcc/cmvn_train_clean_100.ark ark,t:-
    103-1240  [
     6205640 -1044146 -610821.4 552301 -835789.5 -850461.5 -890258.5 597620
108247.8 254738.2 181675.9 62960.15 294870.3 80551
     4.868796e+08 3.064542e+07 2.304542e+07 2.264656e+07 3.418259e+07
3.134053e+07 3.31677e+07 2.162161e+07 1.528553e+07 1.222526e+07 1.3087e+07
1.388492e+07 9328275 0 ]
    103-1241  [
     4535963 -631688.2 -639896.6 279248.1 -405222.6 -536677.6 -755833.1 -426329.7
```

```
178415.2 227662.8 -309639.8 166053 -186515.5 61586
     3.431407e+08 2.325624e+07 2.294543e+07 1.848344e+07 2.655757e+07
2.227762e+07 2.756278e+07 1.954044e+07 1.278129e+07 1.026212e+07 1.41494e+07
1.029167e+07 7080768 0 ]
   1034-121119  [
     7681568 124682.5 -1061789 504326.2 -389023.6 -440546.9 -605642.1 -383719.4
365866.5 142785.9 -510957.3 389320.4 -13581.38 100103
     6.03772e+08 2.831648e+07 2.440989e+07 2.974478e+07 1.676437e+07 1.880032e+07
1.880268e+07 2.101729e+07 1.499521e+07 1.461248e+07 1.453108e+07 1.045752e+07
9090866 0 ]
   ...
```

该表单的元素以说话人为索引，每个方括号内是其对应的倒谱均值方差归一化系数，两段分别对应均值归一化系数和方差归一化系数。在 Kaldi 的训练脚本中，大部分训练步骤默认使用谱归一化，以使得模型的输入特征趋近正态分布，这一点对于与说话人无关的声学建模非常重要。但在线解码时，CMVN 的计算可能和离线训练的 CMVN 不一致，这是 Kaldi 应用于工程实践中常遇到的一个问题。关于 CMVN 的一些细节，将在后文 4.4.1 节介绍。

4.1.3 特征的使用

特征提取完成之后，可以通过数据文件夹中的声学特征表单 feats.scp 和倒谱均值方差归一化系数表单 cmvn.scp 获取归一化的特征。在训练声学模型时，通常还要对特征做更多的扩展，例如 Kaldi 的单音子模型训练，在谱归一化（CMVN）的基础上做了差分系数（Delta）的扩展，流程如图 4-4 所示。

4-4　Kaldi 中的差分特征处理流程

在训练脚本 steps/train_mono.sh 中可以看到构建这个管道的方法：

```
   feats="ark,s,cs:apply-cmvn $cmvn_opts --utt2spk=ark:$sdata/ JOB/utt2spk
scp:$sdata/JOB/cmvn.scp scp:$sdata/JOB/feats.scp ark:- | add-deltas $delta_opts
ark:- ark:- |"
```

而在说话人自适应训练中，在 CMVN 的基础上做了前后若干帧的拼接，然后使用 LDA 矩阵降维，流程如图 4-5 所示。

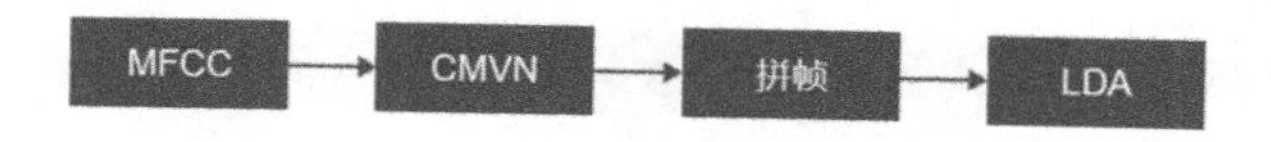

图 4-5　Kaldi 中的 LDA 特征处理流程

对应的，可以在脚本 steps/train_sat.sh 中找到其管道的构建方法：

```
sifeats="ark,s,cs:apply-cmvn $cmvn_opts --utt2spk=ark:$sdata /JOB/utt2spk scp:$sdata/JOB/cmvn.scp scp:$sdata/JOB/feats.scp ark:- | splice-feats $splice_opts ark:- ark:- | transform-feats $alidir/final.mat ark:- ark:- |"
```

更多的特征变换技术将在 4.4 节介绍。这种通过基础特征配合碎片化工具和管道的方法，使得训练过程中的特征选择更灵活。例如，如果想使用特征中的某些维度进行训练，就可以使用 utils/limit_feature_dim.sh 直接创建一个新的数据文件夹，而无须重新提取特征。在中文示例中，就出现了在某些阶段使用谱特征加基频的训练方法，而在某些阶段只用谱特征的训练方法。

另外，为了加速训练，在可以并行的训练阶段，大部分脚本会根据指定的并行任务数目将数据文件夹拆分为若干份。在数据文件夹中，可以看到以 split 开头的文件夹，这里面的每个子文件夹都包含一部分数据，其结构与母文件夹相同，内容是拆分后的数据文件夹子集：

```
$ tree data/train_2kshort/split20/
data/train_2kshort/split20/
├─1
|   ├─cmvn.scp
|   ├─feats.scp
|   ├─spk2utt
|   ├─text
|   ├─utt2spk
|   └─wav.scp
├─2
|   ├─cmvn.scp
```

```
|   ├──feats.scp
|   ├──spk2utt
|   ├──text
|   ├──utt2spk
|   └──wav.scp
├──3
|   ├──cmvn.scp
|   ├──feats.scp
...
```

4.1.4 常用特征类型

如前文所述，常用的声学特征包括 MFCC、Fbank、PLP 等。另外，在中文语音识别里还常用基频。Kaldi 对这几种常用的声学特征都支持，在 steps 中可以看到这些脚本，其作用如表 4-1 所示。

表 4-1 Kaldi 的通用特征提取脚本

脚 本 名	作 用	配置文件（conf 文件夹下）
make_mfcc.sh	提取 MFCC	mfcc.conf
make_mfcc_pitch.sh	提取 MFCC 加基频特征	mfcc.conf pitch.conf
make_mfcc_pitch_online.sh	提取 MFCC 加在线基频特征	mfcc.conf, pitch_online.conf
make_fbank.sh	提取 Fbank 特征	fbank.conf
make_fbank_pitch.sh	提取 Fbank 加基频特征	fbank.conf, pitch.conf
make_plp.sh	提取 PLP 特征	plp.conf
make_plp_pitch.sh	提取 PLP 加基频特征	plp.conf, pitch.conf

在训练 GMM 声学模型时，由于计算量的限制，通常使用对角协方差矩阵，因此 GMM 概率密度函数的各维度之间是条件独立的，所以通常使用 MFCC 特征，并通过 LDA 等方法进一步解耦。而在训练神经网络，尤其是卷积神经网络的声学模型时，通常使用 Fbank 特征。在使用这些脚本提取特征时，默认使用 conf 文件夹下对应命名的配置文件。需要注意的是，在提取三种谱特征时，有一个名为 dither 的选项，其默认值为 1，作用是在计算滤波器系数能量时加入随机扰动，防止能量为零的情况出现。但是这样会造成同一条音频的输出特征前后不一致，如果需要保持一致，则要在配置文件中设置“--dither=0”。

我们再看一下基频的提取。Kaldi 的基频提取分为两步，第一步是输出二维基频特征，分别是以 Hz 为单位的基频和表示其置信度的归一化相关系数（NCCF）；第二步是在此基础上将其处理成适合语音识别系统的特征，可选特征包括：

- 归整的 NCCF，用于表示一帧语音是浊音的概率（POV），即其基频的置信度；
- POV 加权并减去 1.5 秒（左右各 750 毫秒）窗内均值的对数基频；
- 对数基频的一阶差分；
- 原始对数基频，这个值默认不输出。

需要注意的是，按照默认配置的基频特征处理流程，减均值这一步需要较长的窗，会影响实时语音识别的响应速度，可以调节计算均值的窗长。具体方法可以参考 Librispeech 中的在线基频配置文件 conf/online_pitch.conf。

除使用 Kaldi 自带的特征提取功能外，还可以使用 HTK 或 Sphinx 格式的声学特征，例如已有 HTK 格式的特征列表如下：

```
$ head data/feats_htk.scp
spk1utt1 /path/to/htk/feat/spk1utt1.mfc
spk1utt2 /path/to/htk/feat/spk1utt2.mfc
spk1utt3 /path/to/htk/feat/spk1utt3.mfc
...
```

可以使用如下命令将其转换为 Kaldi 的声学特征表单：

```
copy-feats --hkt-in scp:data/feats_htk.scp ark,scp:mfcc/
mfcc_htk.ark,mfcc/mfcc_htk.scp
```

4.2 单音子模型的训练

做好了前面各项准备工作，就可以开始训练声学模型（Acoustic Model，AM）了。本章介绍的声学模型，特指经典的基于隐马尔可夫模型（Hidden Markov Model，HMM）语音识别框架中的声学模型。本节将关注一种基本的模型结构：使用高斯混合模型（Gaussian Mixtrue Mode，GMM）描述单音子（Monophone）发音状态的概率分布函数（Probability Distribution Function，PDF）的 HMM 模型。这种结构的声学模型虽然在识别率上远不如本书后文介绍的更复杂的声学模型，但无论是在原理上，还是在训练流程上，都是训练其他声学模型的基础。因此，读者务必要认真学习本节内容，为进一步学习后文打下良好基础。

4.2.1 声学模型的基本概念

在经典的语音识别框架中，一个声学模型就是一组 HMM。如果读者熟悉 HMM 理论[2]，就会知道一个 HMM 的参数由初始概率、转移概率和观察概率三部分构成。对于语音识别框架中的声学模型里的每个 HMM，应当定义该 HMM 中有多少个状态、以各个状态起始的马尔可夫链的初始概率、各状态间的转移概率及每个状态的概率分布函数。

在语音识别的实践中，一般令初始概率恒为 1，因此不必在模型中记录。转移概率对识别结果的影响很小，甚至有时可以忽略。实践中我们经常把状态间的转移概率预设为固定值，不在训练过程中更新转移概率。声学模型包含的信息主要是状态定义和各状态的观察概率分布。如果用高斯混合模型对观察概率分布建模，那么就是 GMM-HMM 模型；如果用神经网络模型对观察概率分布建模，那么就是 NN-HMM 模型。

HMM 状态的物理意义在语音识别中可以认为是音素的发音状态。习惯上把一个音素的发音状态分为三部分，分别称为“初始态”“稳定态”“结束态”。对应的，用三个 HMM 状态建模一个音素的发音，如图 4-6 所示。

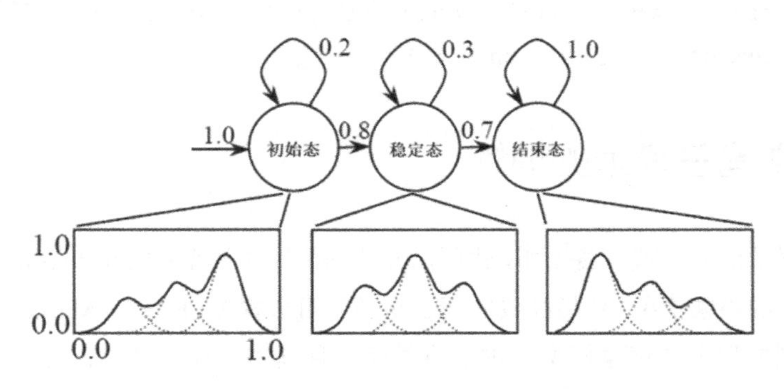

图 4-6 用三个 HMM 状态对一个音素的发音建模

需要说明的是，音素建模的状态个数不一定是三个，只是在传统语音识别方法中用三个状态对音素建模更加常见。目前 Kaldi 主推的 chain model 使用两个状态的建模方法来建模音素的起始帧和其他帧，而在传统的基于 HMM 的语音合成（TTS）中更常用五个状态对音素建模。

根据声学模型，可以计算某一帧声学特征在某一个状态上的声学分（AM score）。这里所说的声学分，指的是该帧声学特征对于该状态的对数观察概率，或者称为对数似然值（Log-likelihood）：

$$\text{AmScore}(t,i)=\log P(o_t|s_i)$$

在上式中，$\text{AmScore}(t,i)$是第 t 帧语音声学特征o_t在第i个状态s_i上的声学分。

观察概率的经典建模方法是高斯混合模型（Gaussian Mixtrue Mode，GMM）。GMM 的思路是使用多个高斯分量加权叠加，拟合出任意分布的概率密度函数，如图 4-7 所示。

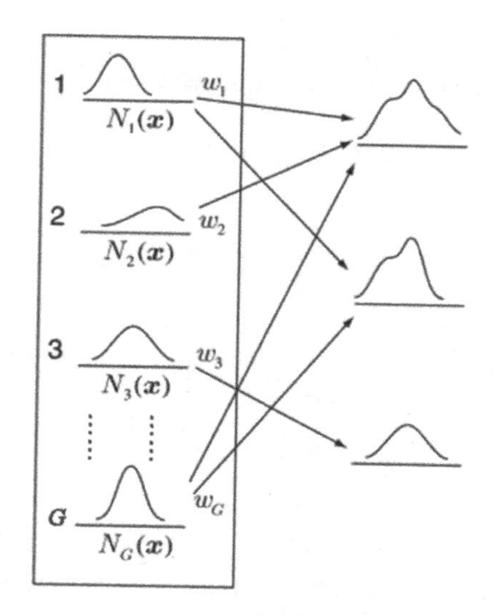

图 4-7　高斯分量叠加拟合任意概率密度函数

用 GMM 建模观察概率可用下面的公式表示：

$$\log P(o_t|s_i) = \log \sum_{m=1}^{M} \frac{\boldsymbol{c}_{i,m}\exp(-\frac{1}{2}(o_t - \boldsymbol{\mu}_{i,m})^T(\boldsymbol{\Sigma}_{i,m}^{-1})(o_t - \boldsymbol{\mu}_{i,m}))}{(2\pi)^{D/2}|\boldsymbol{\Sigma}_{i,m}|^{1/2}}$$

在上式中，$\boldsymbol{\mu}_{i,m}$为状态s_i的第m个高斯分量的D维均值向量，$\boldsymbol{\Sigma}_{i,m}$为状态$s_i$的第$m$个高斯分量的协方差矩阵。在声学模型训练中，为了降低模型参数量，通常令协方差矩阵为对角阵，即：

$$\boldsymbol{\Sigma}_{i,m} = \mathrm{diag}(\boldsymbol{\sigma}_{i,m})$$

其中，$\boldsymbol{\sigma}_{i,m}$为$D$维向量。

一个 GMM-HMM 声学模型存储的主要参数为各状态和高斯分量的 $\boldsymbol{\mu}_{i,m}$、$\boldsymbol{\sigma}_{i,m}$和$\boldsymbol{c}_{i,m}$。使用 Kaldi 提供的模型复制工具可以方便地查看声学模型的内容。我们在第 2.4 节训练了一个 GMM-HMM 声学模型，存储为文件 egs/yesno/s5/exp/mono0a/final.mdl。使用下面的命令，把这个模型转换成文本格式看一下：

```
cd egs/yesno/s5/exp/mono0a
gmm-copy --binary=false final.mdl final.mdl.txt
```

生成的这个文本文件的内容和以二进制格式存储的声学模型文件的内容完全相同。这个文件的内容如下：

```
<TransitionModel>
<Topology>
<TopologyEntry>
<ForPhones>
2 3
</ForPhones>
<State> 0 <PdfClass> 0 <Transition> 0 0.75 <Transition> 1 0.25 </State>
<State> 1 <PdfClass> 1 <Transition> 1 0.75 <Transition> 2 0.25 </State>
<State> 2 <PdfClass> 2 <Transition> 2 0.75 <Transition> 3 0.25 </State>
<State> 3 </State>
</TopologyEntry>
<TopologyEntry>
...
```

```
<Triples> 11
1 0 0
1 1 1
...
</Triples>
<LogProbs>
 [ 0 -0.3053777 -4.60517 -2.105948 -2.029315 -0.05096635 -4.6 ... ]
</LogProbs>
</TransitionModel>

<DIMENSION> 39
<NUMPDFS> 11

<DiagGMM>
<GCONSTS> [ -154.8274 -100.4032 -150.6457 -774.241 -103.6387 ... ]
<WEIGHTS> [ 0.02585395 0.0325844 0.03207611 0.03362924 0.010 ... ]
<MEANS_INVVARS> [
  -3.23253 -5.174588 0.5835796 0.9017664 1.148551 0.3462965  ...
  0.3211682 0.5447436 -0.988516 -0.4988543 0.295532 0.2767944 ...
  ...
  0.5316898 1.18393 -0.6019025 -0.7055269 -0.06243332 0.24119 ... ]
<INV_VARS> [
  0.2033665 0.3901044 0.1568171 0.08724257 0.04550016 0.02635 ...
  0.08709113 0.08039532 0.09089989 0.0461085 0.02252578 0.017 ...
  ...
  0.2829148 0.1212407 0.0725219 0.03257627 0.03608226 0.01904 ... ]
</DiagGMM>

<DiagGMM>
 ...
</DiagGMM>

<DiagGMM>
```

```
    ...
</DiagGMM>
```

可以看到，模型文件由一个<TransitionModel>和多个<DiagGMM>构成。<TransitionModel>存储 Transition 模型，它定义了每个音素由多少个状态构成等信息，将在 4.2.5 节详细介绍。<DiagGMM>用于描述状态概率分布，每个 DiagGMM 即为一个状态的高斯分量的概率分布函数，也经常被称作一个 pdf，内容由<MEANS_INVVARS>、<INV_VARS>、<WEIGHTS> 和 <GCONSTS> 四部分构成，其实这四个部分存储的信息仍然是上文讲到的$\boldsymbol{\mu}_{i,m}$、$\boldsymbol{\sigma}_{i,m}$和$\boldsymbol{c}_{i,m}$。为了减少实时计算量，Kaldi 并不是直接存储这些参数的，而是用这些参数做了一些概率密度的预计算，如矩阵求逆等，把预计算结果存储在模型中。

4.2.2 将声学模型用于语音识别

在深入声学模型训练的细节前，我们先看一下如何在语音识别的过程中使用一个已经训练好的声学模型。简单地说，识别的过程就是用语音的特征序列去匹配一个状态图，搜索最优路径。状态图中有无数条路径，每条路径代表一种可能的识别结果，且都有一个分数，该分数表征语音和该识别结果的匹配程度。判断两条路径的优劣，就是比较这两条路径的分数，分数高的路径更优，即高分路径上的识别结果和声音更匹配。

我们来看一个 Kaldi 中使用的状态图的例子。图 4-8 所示的状态图由若干节点和若干条跳转构成，有的跳转对应一个 HMM 状态，并在识别过程中对当前帧计算一个分数，其分数由两部分构成，即声学分和图固有分（Graph score），两者之和构成了该跳转在当前帧上的分数。

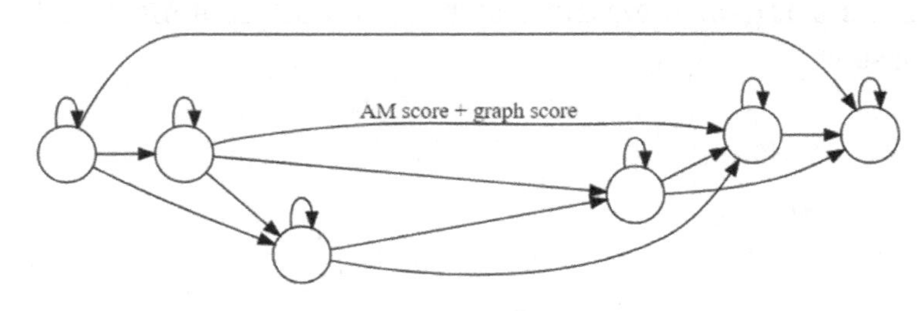

图 4-8 状态图示例

其中，图固有分主要来源于语言模型概率，同时也来源于发音词典的多音词选择概率和 HMM 模型的转移概率。这些概率在状态图的构建过程中就固定在了状态图中，和待识别的语音无关，因此我们称它为图固有分。声学分则是在识别过程中根据声学模型和待识别语音的匹配关系动态计算的，声学模型在语音识别过程中的最主要的作用就是计算声学分。

有无数种方法把声学特征的帧从状态图的起始节点依次对应到各个跳转上，每种方法都对应图上的一条路径，由于路径是由路径上的若干条跳转构成的，因此路径的分数即是该路径上各条跳转的分数的和，每条跳转和声学特征的一帧相对应。那么，最优路径代表的状态序列就是状态级识别结果。如果状态图的构建中包含了单词级信息，那么就可以反推出单词级别的识别结果，就完成了识别。

实际场景中的状态图比图 4-8 所示的状态图更复杂，比如可能会有一些虚拟跳转。

Kaldi 的状态图是基于 WFST 构建的，关于状态图的构建将在第 5 章中介绍。

4.2.3 模型初始化

下面看一下 Librispeech 示例中第一个声学模型的训练。run.sh 中的相关代码如下：

```
if [ $stage -le 8 ]; then
  # train a monophone system
  steps/train_mono.sh --boost-silence 1.25 --nj 20 --cmd "$train_cmd" \
                      data/train_2kshort data/lang_nosp exp/mono

  # decode using the monophone model
  (
   utils/mkgraph.sh data/lang_nosp_test_tgsmall \
                    exp/mono exp/mono/graph_nosp_tgsmall
   for test in test_clean test_other dev_clean dev_other; do
     steps/decode.sh --nj 20 --cmd "$decode_cmd" \
                     exp/mono/graph_nosp_tgsmall \
```

```
                    data/$test exp/mono/decode_nosp_tgsmall_$test
    done
  ) &
fi
```

在上面的代码中，只有 steps/train_mono.sh 这一行是用于模型训练的，后面的代码都是用于测试的。脚本 steps/train_mono.sh 用于训练一个单音子的 GMM-HMM 模型，使用方法是：

```
steps/train_mono.sh [options] <data-dir> <lang-dir> <exp-dir>
```

其中，<data-dir> 和 <lang-dir> 是输入的路径，分别是训练数据目录的路径和第 3 章生成的语言目录的路径。<exp-dir> 是输出模型目录的路径，习惯上设为 exp/mono，用于存储训练完成后的声学模型相关文件，模型默认命名为 final.mdl。

下面分析一下 steps/train_mono.sh 的内容。脚本前半部分是较琐碎的配置参数、处理声学特征等。当 stage 为 –3 时，开始运行该脚本的第一个核心模块：使用 gmm-init-mono 工具创建初始模型。gmm-init-mono 工具的用法是非常简明的：

```
gmm-init-mono

Initialize monophone GMM.
Usage:  gmm-init-mono <topology-in> <dim> <model-out> <tree-out>
e.g.:
 gmm-init-mono topo 39 mono.mdl mono.tree
```

只需将本书 3.5.2 节介绍的 topo 文件和声学特征维数作为输入，该工具就会生成一个初始的声学模型，本例存储在 exp/mono/0.mdl 中。读者可以使用前面介绍的 gmm-copy 工具查看一下，这已经是一个完整的声学模型了，我们甚至可以用它来进行语音识别，当然，识别率是非常低的。我们注意到，gmm-init-mono 工具并不要求输入任何训练数据，这个工具仅仅初始化了一个基础模型，后续需要使用训练数据来更新这个模型的参数。另外，这个基础模型的每个状态只有一个高斯分量，在后续的训练过程中，会进行单高斯分量到混合多高斯分量的分裂。

在 steps/train_mono.sh 脚本中，实际调用 gmm-init-mono 工具时的参数稍复杂一些：

```
$cmd JOB=1 $dir/log/init.log \
   gmm-init-mono $shared_phones_opt \
   "--train-feats=$feats subset-feats --n=10 ark:- ark:-|" \
   $lang/topo $feat_dim $dir/0.mdl $dir/tree
```

这行脚本在调用 gmm-init-mono 工具时，额外设置了两个选项，一个是 $shared_phones_opt，该选项可以让某些音素共享相同的 pdf，默认为空；另一个使用 --train-feats 选项来指定训练数据目录。虽然 gmm-init-mono 工具不要求提供训练数据，但如果提供了训练数据，gmm-init-mono 工具就会通过统计这些数据的均值方差来使初始模型的参数有一个更好的训练起点，利于模型的后续训练。

接下来就要使用训练数据迭代更新模型的参数了。在经典 HMM 理论中，训练 GMM-HMM 应使用 Baum-Welch 算法，该算法并不需要预先得知训练样本每一帧具体对应哪个状态，只需给出训练样本的状态序列，就可基于期望最大化算法（Expectation-Maximization Algorithm），求取各参数在整个序列上的最大似然估计（Maximum Likelihood Estimation, MLE）。关于 EM 算法的详细推导，可参考相关文献[3]。

Kaldi 的实现使用了一种更直接的训练方案。虽然也使用 EM 算法训练，但只把 EM 算法应用到 GMM 参数的更新上，要求显式地输入每一帧对应的状态，使用带标注的训练数据更新 GMM 的参数，这种训练方法比 Baum-Welch 算法速度更快，模型性能却没有明显损失[4]，该方法被称为维特比训练（Viterbi training）。

4.2.4 对齐

要进行维特比训练，需要解决的一个问题是如何获取每一帧对应的状态号，作为训练的标签。

我们来看 Kaldi 的做法。在 stage = –2 阶段，构建了一个直线型的状态图，其内容只包含训练句子的标注文本所对应的状态：

```
if [ $stage -le -2 ]; then
  echo "$0: Compiling training graphs"
  $cmd JOB=1:$nj $dir/log/compile_graphs.JOB.log \
    compile-train-graphs \
        --read-disambig-syms=$lang/phones/disambig.int \
        $dir/tree $dir/0.mdl  $lang/L.fst \
        "ark:sym2int.pl --map-oov $oov_sym -f 2- $lang/words.txt \
        < $sdata/JOB/text|" \
        "ark:|gzip -c >$dir/fsts.JOB.gz" || exit 1;
fi
```

上面脚本的核心是调用 compile-train-graphs 工具，这个工具的原理属于 WFST 构图的范畴，将在本书第 5 章中介绍。这里只看该工具的输出，该工具输出了一个状态图，给出了训练语音的状态序列。图 4-9 是简化后的状态图。

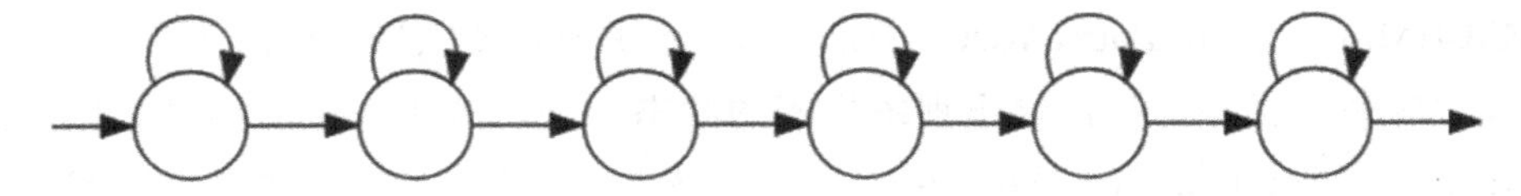

图 4-9　对齐使用的线性状态图

在实际使用时，由于存在多音词的情况及对图的优化算法，因此实际状态图并不与图 4-9 一样是直线形状的，但仍然只包含标注文本的状态序列。这个状态图虽然看起来形状是一条直线，但每个状态有指向自身的跳转，被称为自跳（self-loop）。由于自跳的存在，所以这个状态图中实际上并非只有一条路径，而是有着无数条路径。

接下来，我们需要根据语音帧和已有的声学模型选取状态图中的一条最优路径，把各帧匹配到状态图上去，这样就得到每一帧所对应的状态了。读者也许已经发现，这其实就是一个完整的语音识别过程，只不过把解码路径限制在直线形状态图中，使得识别结果必定是参考文本。这个过程被称作对齐（Align）或强制对齐（Forced alignment），目的是获取每一帧所对应的状态，如图 4-10 所示。

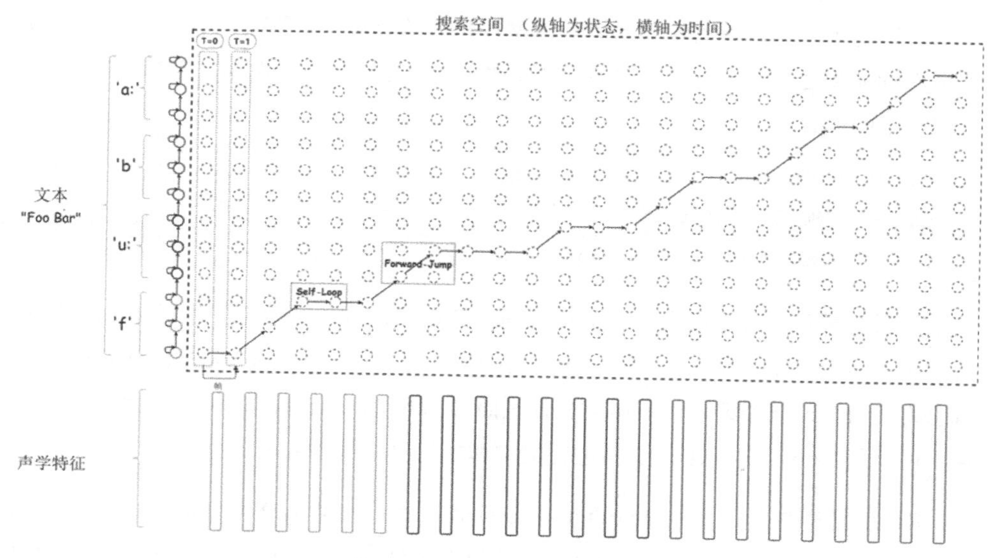

图 4-10 声学特征的强制对齐

需要说明的是，Kaldi 使用有限状态转录机（Weighted Finite-State Transducer, WFST）来构建状态图，状态信息实际上在图的边上而不是在节点上。本节将状态记在节点上，是为了遵循 HMM 的传统表示习惯，同时也是为了表述方便，和在 Kaldi 中的做法是相同的。关于 WFST 的内容将在第 5 章中介绍。

gmm-align 工具是一个已封装好的对齐工具，其内部通过调用 FasterDecoder 解码器来完成对齐。这里我们暂时忽略其内部原理，只看一下该工具的使用方法：

```
    gmm-align


    Align features given [GMM-based] models.
    Usage:  gmm-align [options] tree-in model-in lexicon-fst-in feature-rspecifier
transcriptions-rspecifier alignments-wspecifier
    e.g.:
    gmm-align tree 1.mdl lex.fst scp:train.scp 'ark:sym2int.pl -f 2- words.txt
text|' ark:1.ali
```

使用这个工具，根据输入的声学模型及相应的 Tree 文件和 L.fst 文件，就可以把声学特征和文本进行对齐。对齐后生成的 ALI 文件，如果作为文本形式输出，是类似如下的格式：

```
sample_1000093 4 1 1 1 16 15 15 ……
sample_1000123 4 1 16 15 15 15 15 ……
sample_1000132 4 1 1 16 15 15 15 ……
```

上面的对齐结果文件由若干个句子的对齐信息构成。每个句子以句子 ID 开头，如示例中的 sample_1000093 等，ID 后面的整数序列是 transition-id，transition-id 的概念将在 4.2.5 节介绍。对齐结果文件按照 Kaldi 的 IntegerVector 类型存档格式保存，可以用 copy-int-vector 工具进行文本和二进制格式的互转。

Kaldi 还提供了一个 gmm-align-compiled 工具，可以看作是 gmm-align 的简化版。gmm-align-compiled 和 gmm-align 的不同之处在于， gmm-align-compiled 使用预先构建好的对齐状态图，而 gmm-align 是在线构建对齐状态图，两者的原理是完全相同的。

在后面的模型训练中，将使用 gmm-align-compiled 对训练数据进行反复对齐。

4.2.5 Transition 模型

在 4.2.4 节中讲到了 transition-id ，其概念并没有出现在经典语音识别理论中。transition-id 是 Kaldi 使用的概念，本节通过介绍 Kaldi 的 Transition 模型，帮助读者理解 transition-id 等相关概念。

如前文所述，Transition 模型存储于 Kaldi 声学模型的头部。我们来看一下 Librispeech 示例中的 Transition 模型：

```
<TransitionModel>
<Topology>
<TopologyEntry>
<ForPhones>
11 12 …… 346
</ForPhones>
```

```
<State> 0 <PdfClass> 0 <Transition> 0 0.75 <Transition> 1 0.25 </State>
<State> 1 <PdfClass> 1 <Transition> 1 0.75 <Transition> 2 0.25 </State>
<State> 2 <PdfClass> 2 <Transition> 2 0.75 <Transition> 3 0.25 </State>
<State> 3 </State>
</TopologyEntry>

<TopologyEntry>
<ForPhones>
1 2 3 4 5 6 7 8 9 10
</ForPhones>
<State> 0 <PdfClass> 0 <Transition> 0 0.25 <Transition> 1 0.25 <Transition> 2
0.25 <Transition> 3 0.25 </State>
<State> 1 <PdfClass> 1 <Transition> 1 0.25 <Transition> 2 0.25 <Transition> 3
0.25 <Transition> 4 0.25 </State>
<State> 2 <PdfClass> 2 <Transition> 1 0.25 <Transition> 2 0.25 <Transition> 3
0.25 <Transition> 4 0.25 </State>
<State> 3 <PdfClass> 3 <Transition> 1 0.25 <Transition> 2 0.25 <Transition> 3
0.25 <Transition> 4 0.25 </State>
<State> 4 <PdfClass> 4 <Transition> 4 0.75 <Transition> 5 0.25 </State>
<State> 5 </State>
</TopologyEntry>
</Topology>

<Triples> 1058
1 0 0
1 1 1
1 2 2
……
346 1 125
346 2 126
</Triples>

<LogProbs>
```

```
[ 0 -0.09037239 -4.60517 -4.60517 ... -0.2876821 -1.386294 ]
</LogProbs>
</TransitionModel>
```

这个模型参数较多，为便于理解，我们创造一个只有 2 个音素的 topo，定义如下：

```
<Topology>
<TopologyEntry>
<ForPhones>
1 2
</ForPhones>
<State> 0 <PdfClass> 0 <Transition> 0 0.75 <Transition> 1 0.25 </State>
<State> 1 <PdfClass> 1 <Transition> 1 0.75 <Transition> 2 0.25 </State>
<State> 2 <PdfClass> 2 <Transition> 2 0.75 <Transition> 3 0.25 </State>
<State> 3 </State>
</TopologyEntry>
</Topology>
```

然后用它来初始化一个 5 维单音子模型：

```
gmm-init-mono --binary=false topo 5 mono.mdl mono.tree
```

观察生成的 mono.mdl 文件中 TransitionModel 部分：

```
<TransitionModel>
<Topology>
<TopologyEntry>
<ForPhones>
1 2
</ForPhones>
<State> 0 <PdfClass> 0 <Transition> 0 0.75 <Transition> 1 0.25 </State>
<State> 1 <PdfClass> 1 <Transition> 1 0.75 <Transition> 2 0.25 </State>
<State> 2 <PdfClass> 2 <Transition> 2 0.75 <Transition> 3 0.25 </State>
<State> 3 </State>
</TopologyEntry>
</Topology>
```

```
<Triples> 6
1 0 0
1 1 1
1 2 2
2 0 3
2 1 4
2 2 5
</Triples>
<LogProbs>
 [ 0 -0.2876821 -1.386294 -0.2876821 -1.386294 -0.2876821 -1.386294 -0.2876821
-1.386294 -0.2876821 -1.386294 -0.2876821 -1.386294 ]
</LogProbs>
</TransitionModel>
```

在上面的模型文件中，<TransitionModel> 分为<Topology>、<Triples>和<LogProbs> 三部分。在 Librispeech 的模型中，<Topology> 由两个<TopologyEntry>构成，与语言文件夹中的 topo 文件内容是完全相同的，第一个<TopologyEntry> 被 11~346 号音素共享，每个音素由 state 0 至 state 2 三个状态构成，其中每个状态到自身的转移概率为 0.75，到下一个状态的转移概率为 0.25，其 HMM 拓扑结构和转移概率如图 4-11 所示。

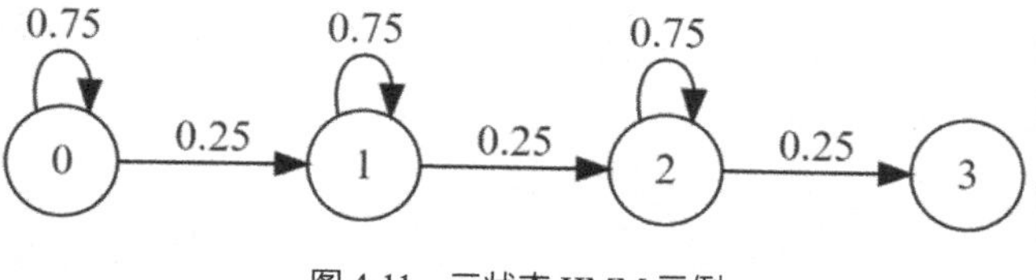

图 4-11　三状态 HMM 示例

第二个 <TopologyEntry> 被 1～10 号音素共享，这几个音素都是静音音素，每个音素的 HMM 由 state 0 至 state 4 五个状态构成，HMM 拓扑结构和转移概率如图 4-12 所示。

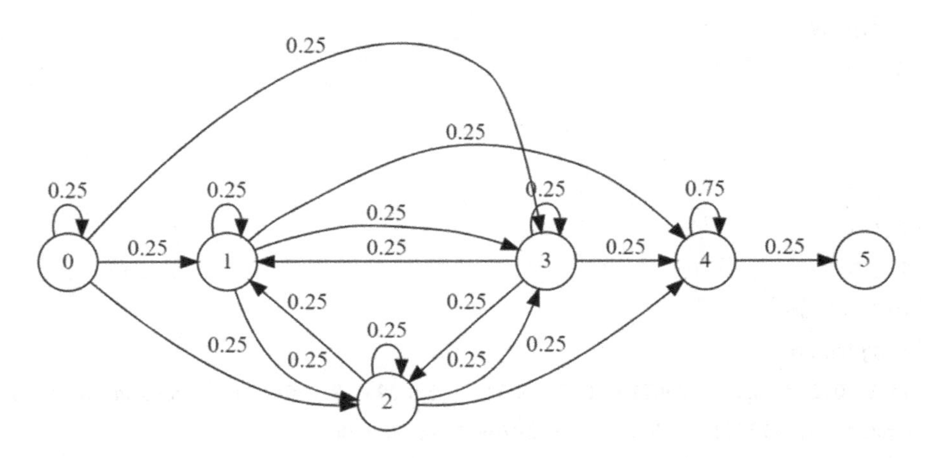

图 4-12　五状态 HMM 示例

图 4-12 看起来比较复杂，其实这个结构只是为了让这五个状态内部可以有限地互相跳转，以便更好地建模静音的声学特性。

在 Transition 模型中，每个状态绑定了一个 PdfClass。一般来说，PdfClass 值和 HMM 状态号相同，本示例中也是如此。但如果两个状态有相同的 PdfClass 值，则这两个状态将共享相同的概率分布函数。这种机制提供了一种强制共享 HMM 状态分布的方法，提升了模型训练的灵活性。<TransitionModel> 的第二部分是 <Triples>，顾名思义，<Triples> 由众多三元组构成，每个三元组的定义为<音素索引，HMM 状态索引，PDF 索引>，例如在上述简化模型中包含 6 个三元组，分别对应两个音素的 0、1、2 三个 HMM 状态：

```
<Triples> 6
1 0 0
1 1 1
1 2 2
2 0 3
2 1 4
2 2 5
</Triples>
```

把全部这些三元组放在一起，从 1 开始编号，每个编号对应一个 transition state，这些三元组的个数就是 transition state 的个数。比如在上述 Librispeech 模型中，共有 1058 个 transition state，其中 transition state = 3 的元组为 (1, 2, 2)，即对于 transition state 3，可知音素 id 为 1、HMM 状态号为 2（该 HMM 内的第 2 个状态）、pdf-id 为 2。

transition state 有若干可能的跳转指向其他状态，对这些跳转从 0 开始编号，这样就得到了 transition-index。把 (transition-state, transition-index) 作为一个二元组并从 1 开始编号，该编号就被称为 transition-id。由这几个概念的定义可推知，transition-id 可以映射到唯一的 transition state，而 transition state 又可以映射到唯一的 pdf-id，因此 transition-id 可以映射到唯一的 pdf-id。这几种 id 有的从 0 开始编号，有的从 1 开始编号，并不统一，这主要是为了和 OpenFst 兼容才如此定义的。

我们再以上述两音素的模型为例，使用 show-transitions 工具观察上述映射。为了使用这个工具，需要创建一个音素列表，如下所示：

```
<eps> 0
a 1
b 2
```

然后使用如下命令观察输出：

```
$ src/bin/show-transitions phones.txt mono.mdl
Transition-state 1: phone = a hmm-state = 0 pdf = 0
 Transition-id = 1 p = 0.75 [self-loop]
 Transition-id = 2 p = 0.25 [0 -> 1]
Transition-state 2: phone = a hmm-state = 1 pdf = 1
 Transition-id = 3 p = 0.75 [self-loop]
 Transition-id = 4 p = 0.25 [1 -> 2]
Transition-state 3: phone = a hmm-state = 2 pdf = 2
 Transition-id = 5 p = 0.75 [self-loop]
 Transition-id = 6 p = 0.25 [2 -> 3]
Transition-state 4: phone = b hmm-state = 0 pdf = 3
 Transition-id = 7 p = 0.75 [self-loop]
```

```
  Transition-id = 8 p = 0.25 [0 -> 1]
 Transition-state 5: phone = b hmm-state = 1 pdf = 4
  Transition-id = 9 p = 0.75 [self-loop]
  Transition-id = 10 p = 0.25 [1 -> 2]
 Transition-state 6: phone = b hmm-state = 2 pdf = 5
  Transition-id = 11 p = 0.75 [self-loop]
  Transition-id = 12 p = 0.25 [2 -> 3]
```

由于是初始模型，转移概率还没有训练，所以这里都是初始值，在 mdl 文件中转移概率的定义在<TransitionModel>的第三部分里，如下所示：

```
<LogProbs>
 [ 0 -0.2876821 -1.386294 -0.2876821 -1.386294 -0.2876821 -1.386294 -0.2876821
-1.386294 -0.2876821 -1.386294 -0.2876821 -1.386294 ]
</LogProbs>
```

顾名思义，这里保存的是对数转移概率（以 e 为底）向量，其中的数字分别是 0.25 和 0.75 的对数值。这个向量按 transition-id 索引，由于 transition-id 从 1 开始，所以前面需要补充一个 0。

相比 transition-id，pdf-id 似乎是表示 HMM 状态更直观的方式，为什么 Kaldi 要定义这样烦琐的编号方式呢？这是考虑到 pdf-id 不能唯一地映射成音素，而 transition-id 可以。如果直接使用 pdf-id 构建状态图，固然可以正常解码并得到 pdf-id 序列作为状态级解码结果，但难以从解码结果中得知各个 pdf-id 对应哪个音素，也就无法得到音素级的识别结果了，因此 Kaldi 使用 transition-id 表示对齐的结果。在后文第 5 章中可以看到，状态图的输入标签就是用 transition-id 表示的。

4.2.6 GMM 模型的迭代

声学模型训练需要对齐结果，而对齐过程又需要声学模型，这看起来是一个“鸡生蛋、蛋生鸡”的问题。我们目前只有一个初始模型 0.mdl，参数非常粗糙，声学分计算几乎没有意义，那么是否可以使用该模型来对齐呢？答案是肯定的。虽然这样对齐的结果非常不准确，但在后面的训练中，会不断使用已训练的模型来重新对齐，然后再次训练、再次对齐，这样反复迭代，当迭代若干轮后，模型逐渐收敛，对齐的结果也变得准确了。

实际上，Kaldi 采取了一种更加简单粗暴的方式进行首次对齐，即直接把训练样本按该句的状态个数平均分段，认为每段对应相应的状态：

```
if [ $stage -le -1 ]; then
  echo "$0: Aligning data equally (pass 0)"
  $cmd JOB=1:$nj $dir/log/align.0.JOB.log \
    align-equal-compiled "ark:gunzip -c $dir/fsts.JOB.gz|" \
        "$feats" ark,t:-  \| \
    gmm-acc-stats-ali --binary=true $dir/0.mdl "$feats" ark:- \
       $dir/0.JOB.acc || exit 1;
fi
```

在上面的代码中，align-equal-compiled 工具用于生成按状态个数平均分段的对齐结果，将对齐结果作为工具 gmm-acc-stats-ali 的输入。

接下来我们看一下 gmm-acc-stats-ali 工具的用法：

```
gmm-acc-stats-ali


Accumulate stats for GMM training.
Usage:  gmm-acc-stats-ali [options] <model-in> <feature-rspecifier>
<alignments-rspecifier> <stats-out>
e.g.:
 gmm-acc-stats-ali 1.mdl scp:train.scp ark:1.ali 1.acc
```

gmm-acc-stats-ali 工具输入一个初始模型、训练数据及对应的对齐结果，输出用于 GMM 模型参数更新的 ACC 文件。ACC 文件存储了 GMM 在 EM 训练中所需要的统计量，其公式本书不抄录，读者可参阅参考文献 2 来查看迭代公式及其推导过程。

生成 ACC 文件后，就可以使用 gmm-est 工具更新 GMM 模型参数了：

```
if [ $stage -le 0 ]; then
 gmm-est --min-gaussian-occupancy=3  --mix-up=$numgauss --power=$power \
```

```
    $dir/0.mdl "gmm-sum-accs - $dir/0.*.acc|" $dir/1.mdl 2> \
      $dir/log/update.0.log || exit 1;
  rm $dir/0.*.acc
fi
```

上面的代码使用 gmm-est 工具，从 0.mdl 得到了 1.mdl，完成了一次模型参数的迭代。在 GMM 训练中，每次模型参数的迭代都需要成对地使用 gmm-acc-stats-ali 和 gmm-est 工具。

既然这两个工具总是一起使用，为什么 Kaldi 不把这两个工具合并成一个呢？这是因为统计量的计算是一个累加的过程，可以通过并行计算来大幅减少计算时间，并行计算结束后，合并结果并更新参数即可。另外，gmm-est 工具兼具高斯分量分裂的功能，通过扰动一个高斯分量的均值，把一个高斯分量分裂为两个，作为下次迭代的基础，以得到多高斯混合分量的模型。把计算统计量的工具独立出来做成 gmm-acc-stats-ali 工具，有助于使工具代码和训练脚本简捷清晰、易于维护。

接下来，反复地成对调用 gmm-acc-stats-ali 和 gmm-est 工具，就完成了模型的训练：

```
x=1
while [ $x -lt $num_iters ]; do
  echo "$0: Pass $x"
  if [ $stage -le $x ]; then
    if echo $realign_iters | grep -w $x >/dev/null; then
      echo "$0: Aligning data"
      mdl="gmm-boost-silence --boost=$boost_silence \
        `cat $lang/phones/optional_silence.csl` $dir/$x.mdl - |"
      $cmd JOB=1:$nj $dir/log/align.$x.JOB.log \
        gmm-align-compiled $scale_opts --beam=$beam \
          --retry-beam=$[$beam*4] --careful=$careful "$mdl" \
        "ark:gunzip -c $dir/fsts.JOB.gz|" "$feats" \
          "ark,t:|gzip -c >$dir/ali.JOB.gz" \
        || exit 1;
    fi
```

```
    $cmd JOB=1:$nj $dir/log/acc.$x.JOB.log \
      gmm-acc-stats-ali  $dir/$x.mdl "$feats" \
      "ark:gunzip -c $dir/ali.JOB.gz|" \
      $dir/$x.JOB.acc || exit 1;

    $cmd $dir/log/update.$x.log \
      gmm-est --write-occs=$dir/$[$x+1].occs \
        --mix-up=$numgauss \
        --power=$power $dir/$x.mdl \
        "gmm-sum-accs - $dir/$x.*.acc|" \
        $dir/$[$x+1].mdl || exit 1;
    rm $dir/$x.mdl $dir/$x.*.acc $dir/$x.occs 2>/dev/null
  fi
  if [ $x -le $max_iter_inc ]; then
    numgauss=$[$numgauss+$incgauss];
  fi
  beam=10
  x=$[$x+1]
done
```

上述代码的主体流程和 stage −1 、 stage 0 是相同的，只有一些细节不同。最重要的不同之处是对齐信息的生成工具不同。在 stage −1 中，对齐信息由 align-equal-compiled 工具生成，如上文所述，该工具简单地按照均等划分把语音帧对应到状态上去，这是由于没有训练良好的声学模型用于对齐而不得已采用的近似方法。当已经进行了几轮迭代训练后，我们就有了可用的模型来得到更准确的对齐结果，这时就使用 gmm-align-compiled 工具通过其内部的维特比算法生成对齐结果。

另外，在训练过程中，由 gmm-est 工具进行高斯分量的分裂，会得到多高斯分量的 GMM。可以通过脚本中的 totgauss 变量来设置最大的高斯分量个数。

当模型训练完毕后，脚本会把最后一次迭代的模型命名为 final.mdl，这也是 Kaldi 习惯的命名方式。建议读者使用前文介绍过的工具 gmm-copy 查看一下 final.mdl 的内容，并和初始模型 0.mdl 比较，看看这两个文件的异同。需要注意的是，读者会发现很多跳转概率仍然使用初始值，似乎没有训练，建议观察一下这些 transition-id 对应的音素，看看有什么规律。

在 Librispeech 的 run.sh 脚本中，当单音子模型训练完毕后，会使用训练好的模型对测试集在后台进行解码来测试识别率，解码的过程将在第 5 章中详细介绍。从解码结果可见，虽然识别错误率较高，但这已经是一个可以用来进行语音识别的可用模型了。接下来将对本节的模型训练做一些扩展，训练三音子模型，以得到更好的识别率。

4.3 三音子模型训练

在 4.2 节中介绍了以单音子作为建模单元的语音识别模型及其训练。但在实际使用中，单音子模型的假设过于简单，往往不能达到最好的识别性能。本节将在单音子的基础上，介绍上下文相关的声学模型（Context-dependent phone）。该类模型中的双音子模型（biphone）和三音子模型（triphone）被广泛地应用于当今的商业引擎中。

4.3.1 单音子模型假设的问题

单音子模型的一个基本假设是：一个音素的实际发音，与其左右相邻或相近的音素（上下文音素）无关。但是，该假设并不适用于一些存在协同发音 (co-articulation) 现象的语言，以英文为例：

- “speak”这个英文单词在词典中对应的发音序列为 [s p i: k]，其第二个音素 [p] 的发音因为其左临音素 [s]而发生浊化，实际应被读为 [b]；
- “get down”这个短语，其发音序列为 [g e t d au n]，但在实际发音时，[t] 因为其后续音素为 [d]，所以产生吞音即出现不发音的情况；
- “Oh my god.”这句话中，[d] 因为处于句子末尾而被吞音。

通过上面的例子，我们发现，音素的实际发音有可能受到其相邻、相近音素的影响，也可能因为其在句子中出现的位置不同而产生改变，这就需要我们引入更加贴合实际的模型假设，即上下文相关的声学模型。

4.3.2 上下文相关的声学模型

我们在设计建模单元的时候，不仅要考虑中心音素本身，还要考虑该音素所在位置的上下文音素，这就是上下文相关的声学模型（Context Dependent Acoustic Model）。

上下文依赖的选取一般有以下两个维度。

- 方向：是只看左侧上文，还是只看右侧下文，或者两侧都看。
- 长度：整个上下文需考虑多少个相邻音素。

图 4-13 展示了 3 状态、1 左上文、1 右下文的三音子模型示例。

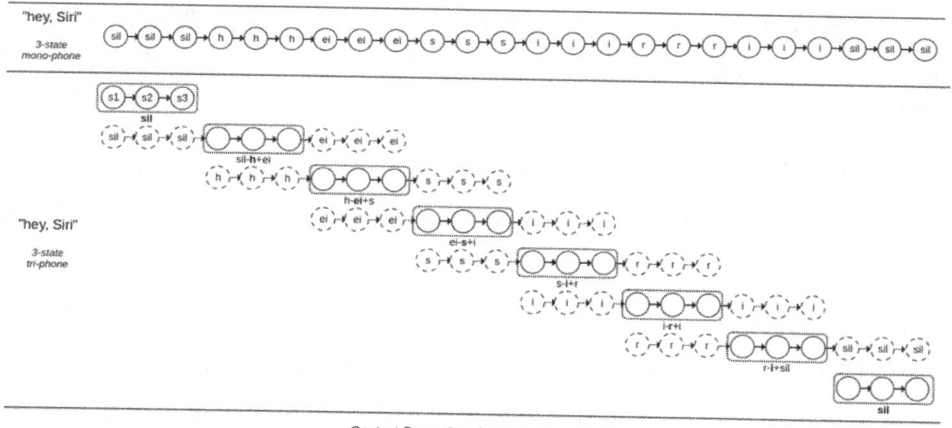

图 4-13 上下文相关的声学模型

图 4-13 展示了“hey Siri”这句短语对应的单音子和三音子模型。可以看到，三音子结构中的每一个音素建模实例，都由其中心音素及其左右各一个上下文音素共同决定。同理，基于上文的双音子指的是向左截取一个相邻音素作为中心音素的上下文。学术上也曾探讨过更宽泛的上下文，如四音子，即向左和向右各截取两个音素作为上下文，其收益并不明显，所以多年来实际应用沉淀下来的结构主要还是三音子和双音子。

这里补充强调一个细节。笔者发现很多初学者在接触语音识别时，容易把三音子与三状态 HMM 中的“三”混淆，其实这两个概念没有任何关系：三音子模型描述的是一个音素模型实例取决于实例中心音素、左相邻音素和右相邻音素，共三个音素；

而三状态 HMM 描述的是一个音素模型实例内部由三个 HMM 状态组成，在概念上，不同的 HMM 状态用来分别捕捉该音素发音时启动、平缓、衰落等动态变化。无论是单音子，还是三音子，通常都使用三状态 HMM 结构来建模。

4.3.3 三音子的聚类裁剪

单音子模型到三音子模型的扩展，虽然解决了语言学中协同发音等上下文问题，但却带来了另外一个问题，就是模型参数量的“爆炸”。以英文为例，一个单音子的语音识别系统，只需要对约 40 个单音子进行建模。但若推及到三音子系统，则需要建模的模型数量将达到 40×40×40=64 000 个（参考图 4-13，每个三音子都是<左上文–中心音素+右下文>的形式）。在多数情况下，训练数据不足以支撑如此多的模型，另外在实际应用中，对如此多的三音子进行完全独立的建模并不会对系统的性能有太大帮助，反而导致模型过拟合。

解决思路是将所有的三音子模型放到一起进行相似性聚类，发音相似的三音子被聚类到同一个模型，共享参数，通过人为控制聚类算法最终的类个数，可以有效地减少整个系统中实际的模型个数，同时又兼顾解决了单音子假设无效的问题。

Kaldi 中的具体实现是，通过决策树算法，将所有需要建模的三音子的 HMM 状态放到决策树（Decision tree）的根节点中，作为基类。接下来依照一套半自动生成的音素问题集合，对决策树中各个节点的三音子模型的中心音素、上下文音素及 HMM 状态进行查询，按照最大似然准则优先进行节点分裂，每次分裂意味着一个新类的生成。通过控制似然阈值进而控制整棵决策树最终的叶子节点个数。在接下来的 Kaldi 三音子训练流程讲解中，会对决策树聚类进行更详细的介绍。

4.3.4 Kaldi 中的三音子模型训练流程

上下文相关声学模型（Context Dependent Acoustic Model），如三音子模型，其建模训练过程与单音子模型的建模训练过程非常类似。下面我们对照 Kaldi 中的训练流程介绍具体的实现。

Kaldi 中三音子模型的训练代码如下。和单音子模型的训练一样，训练之后用生成的模型对训练数据重新进行对齐，作为后续系统的基础。

```
# train a first delta + delta-delta triphone system on all utterances
if [ $stage -le 4 ]; then
  steps/train_deltas.sh --boost-silence 1.25 --cmd "$train_cmd" \
    2000 10000 data/train_clean_5 data/lang_nosp \
      exp/mono_ali_train_clean_5 exp/tri1

  # decode using the tri1 model
  ...

  # align using tri1 model
  ...
fi
```

三音子模型的训练脚本功能由 train_deltas.sh 完成，其调用方法如下：

```
steps/train_deltas.sh
Usage: steps/train_deltas.sh <num-leaves> <tot-gauss> <data-dir> <lang-dir>
<alignment-dir> <exp-dir>
e.g.: steps/train_deltas.sh 2000 10000 data/train_si84_half data/lang
exp/mono_ali exp/tri1
```

该脚本读入训练数据 data-dir、语言词典等资源 lang-dir，以及之前单音子模型产生的对齐 alignment-dir，生成训练获得的三音子模型，保存到 exp-dir 下。

这个脚本支持参数设置，主要有以下三个。

- --num-leaves：之前提到三音子模型因为引入上下文导致模型参数量“爆炸”，从而需要通过聚类绑定进行参数共享。该参数指定最终的聚类数量，也即决策树的叶子节点数量。更具体地说，Kaldi 中的决策树是对 CD-phone 的 HMM 的状态进行聚类绑定，所以叶子最终节点的个数即表示最终系统中实际的 HMM 状态数。
- --tot-gauss：在 GMM-HMM 语音系统中，每个 HMM 状态中包含一个独立的 GMM 概率分布模型，该参数指定整个语音系统中所有的 GMM 合到一起的高斯总数。在更早的一些语音工具箱中，每个 HMM 状态中的高斯混合数量是一致的，例如每个状态 32 高斯、64 高斯，但在 Kaldi 中并没有这样的强制限制，数据量充足的状态更为重要，因此也会获得更多的高斯配额，但整个系统的总高斯数还是要限定在可控范围内。

- --boost-silence：在大部分情况下，该参数保持默认即可。在特殊情况下，因为训练数据中静音数据所占的比例不同，静音模型（Silence）会表现得过强或过弱，具体表现为：在对齐结果中，句子头尾的静音帧被句子头尾的非静音模型“吃”掉（静音过弱），或者相反，静音模型“吃”掉了句子头尾的一些语音帧（静音过强）。在这种情况下，我们可以为静音模型加入一个可人工调节的常量系数，对静音模型的打分进行调节。

在实际工作中，--num-leaves、--tot-gauss 两个参数的设置与实际系统的训练数据量相关，应根据数据量和模型参数合理设置，使模型既不要过拟合，也不要欠拟合。另外，叶子节点状态数的设定值与实际产生的状态数会有一定偏差，因为决策树分裂的内部实现原理是通过调整决策树分裂获得的似然增量阈值来停止分裂的，该机制无法准确控制最终叶子节点的数量，且最后的叶子节点间还会进行一轮横向的二次聚类，该聚类会将叶子节点数进一步减少。一般来说，一般最终实际产生的节点数为 num-leaves 设定值的 80%~90%。

我们现在深入到 train_deltas.sh 内部：

```
if [ $stage -le -3 ]; then
  echo "$0: accumulating tree stats"
  $cmd JOB=1:$nj $dir/log/acc_tree.JOB.log \
    acc-tree-stats $context_opts \
    --ci-phones=$ciphonelist $alidir/final.mdl "$feats" \
    "ark:gunzip -c $alidir/ali.JOB.gz|" $dir/JOB.treeacc || exit 1;
  sum-tree-stats $dir/treeacc $dir/*.treeacc 2> \
    $dir/log/sum_tree _acc.log || exit 1;
  rm $dir/*.treeacc
fi
```

该段脚本读取特征文件及其对应的对齐信息，计算决策树聚类过程中需要的一些统计量（各个 phone 的特征均值、方差，以及该 phone 所出现的语音帧数量等）。

有了上述统计量，就可以开始进行决策树聚类的工作：

```
if [ $stage -le -2 ]; then
  echo "$0: getting questions for tree-building, via clustering"
  # preparing questions, roots file...
  cluster-phones $context_opts $dir/treeacc $lang/phones/ sets.int \
    $dir/questions.int 2> $dir/log/questions.log || exit 1;
  cat $lang/phones/extra_questions.int >> $dir/questions.int
  compile-questions $context_opts $lang/topo $dir/questions.int \
    $dir/questions.qst 2>$dir/log/compile_questions.log || exit 1;

  echo "$0: building the tree"
  ...

fi
```

前面只简要提到了需要决策树进行聚类的原因和目的，下面更深入地介绍一下其具体过程。上面的脚本在决策树构建前，对语音系统中的单音素进行了一个相似性的聚类，生成了一套音素集合，即问题集（Question set）。我们来看一下这个过程中生成的 questions.int 文件：

```
  1 2 28 29 30 31 53 57 58 59 100 104 110 111 112 113 114 130 131 133 134 136 137
150 187 192 197 198 200 201
  3 4 5 6 7 8 9 10 11 12 13 14 15 16 17 18 19 20 21 22 23 24 25 26 27 32 33 34
35 36 37 38 39 40 41 42 43 44 45 46 47 48 49 50 5
  2 28 29 30 31 57 58 59 100 104 110 111 112 113 114 130 131 133 134 136 197 198
200 201
  ...
  ...
```

该文件中的数字代表音素的 id，其中每一行表示一个音素集。给定任何一个音素，我们可以对其提问“该音素是落在这个集内（YES），还是落在这个集外（NO）”，这里我们将这样的音素集称为一个“问题”。同时，questions.int 中包含多行，也就构成了一整套“问题集”，供后面决策树分裂聚类过程使用。

在早期语音识别系统中，问题集的构造通常由熟悉该语言的语言学家完成。比如在汉语中，所有声母集合作为一个问题，韵母集合也可以作为一个问题，更进一步，摩擦音、爆破音也可能单独作为一个问题，等等。

但在 Kaldi 中，问题集合通过训练数据来习得，这个过程完全基于数据，有效地减少了对语言系统专家知识的依赖，这个优点在构建某些资源稀缺的小语种和偏远方言时十分关键。与此同时，Kaldi 中并不排斥加入人工问题，在训练系统准备阶段，用户仍然可以在语言资源文件夹中加入人工编辑的“问题文件”来对问题集进行人工增补，人工问题集和自动生成的问题集将被合并到一起，用于决策树构建。

有了问题集，下面的脚本即可完成实际的决策树构建：

```
if [ $stage -le -2 ]; then
  echo "$0: getting questions for tree-building, via clustering"
  # preparing questions, roots file...
  ...
  ...

  echo "$0: building the tree"
  $cmd $dir/log/build_tree.log \
    build-tree $context_opts --verbose=1 --max-leaves=$numleaves \
      --cluster-thresh=$cluster_thresh $dir/treeacc \
      $lang/phones/roots.int $dir/questions.qst $lang/topo $dir/tree \
      || exit 1;
  ...
fi
```

Kaldi 中的决策树的构建和模型参数绑定，是基于 HMM 状态级别的，这里再深入地介绍一下其详细过程：以一个有 40 个音素的语言系统为例，假设每个三音子的 HMM 模型有三个状态，则可以用 {L}-{C}+{R}.{S} 来描述系统中的所有状态，L 代表该三音子模型的左上文，C 代表该三音子模型的中心音素，R 代表该三音子模型的右下文，S 代表三音子模型内部的 HMM 状态序号。那么 {L} = {C} = {R} = {phoneset}，{S} = {1, 2, 3}。这里为简化起见，我们忽略了 sil 相关的特殊处理。

既然 {L}–{C}+{R}.{S} 可以表示系统中所有的 HMM 状态，那么在逻辑上，该系统中共有 40×40×40×3=192 000 个 HMM 状态需要建模。而实际上，在最上层的三音子训练脚本中，我们通过 num-leaves 参数把 HMM 状态聚类数设置为 2000，这意味着，我们将 192 000 个逻辑状态映射到了 2000 个真实存在的物理状态上，完成了参数的共享和绑定，使模型的参数规模降低到聚类前的 1% 左右。

而连接这个映射的结构，就是上述代码中生成的 tree 文件。下面我们来看一下该文件的具体内容：

```
ContextDependency 3 1 ToPdf TE 1 202 ( NULL SE -1 [ 0 1 2 ]
{ SE -1 [ 0 1 ]
{ SE -1 [ 0 ]
{ CE 0 CE 204 }
CE 203 }
SE -1 [ 0 1 2 3 ]
{ CE 201 CE 202 }
}
SE -1 [ 0 1 ]
{ SE 0 [ 3 4 5 6 7 8 9 10 11 12 13 14 15 16 17 18 19 20 21 22 23 24 25 26 27
32 33 34 35 36 37 38 39 40 41 42 43 44 45 46 47 48 49 50 51 52 54 55 56 60 61 62
63 ]
{ SE -1 [ 0 ]
{ SE 0 [ 37 38 39 40 41 61 62 63 64 85 86 87 88 89 90 91 92 93 94 95 96 97 98
99 162 163 164 165 166 167 177 178 179 180 181 188 189 190 193 194 195 196 ]
{ SE 0 [ 90 91 92 94 95 96 97 98 99 167 193 194 195 196 ]
{ CE 1 SE 0 [ 37 39 40 165 ]
{ CE 1388 SE 0 [ 62 ]
{ CE 2511 CE 3095 }
}
}
SE 0 [ 4 5 6 7 8 9 10 11 12 13 14 15 16 17 18 22 32 35 36 42 43 44 45 46 47
52 54 55 56 60 65 66 67 68 69 70 71 72 73 74 76 77 78 79 83 143 145 146 147 148 149
151 152 153 154 155 156 168 169 170 171 172 183 184 185 186 191 ]
```

```
    { SE 0 [ 4 9 14 19 24 33 38 43 48 53 61 66 71 76 81 86 91 96 101 106 116 121
126 138 143 148 153 158 163 168 173 178 183 188 193 ]
    { CE 601 CE 2065 }
    SE 0 [ 3 20 21 23 25 26 27 50 75 80 81 82 84 125 142 144 157 159 160 161 ]
    { CE 838 CE 2841 }
    }
    }
    SE 0 [ 37 38 39 40 41 61 62 63 64 85 86 87 88 89 90 91 92 93 94 95 96 97 98
99 162 163 164 165 166 167 177 178 179 180 181 188 189 190 193 194 195 196 ]
    { SE 2 [ 5 10 15 20 25 34 39 44 49 54 62 67 72 77 82 87 92 97 102 107 117 122
127 139 144 149 154 159 164 169 174 179 184 189 194 ]
    { CE 3156 SE 0 [ 62 ]
    { CE 3156 CE 3159 }
```

最开始，所有的状态{L}–{C}+{R}.{S} 都被放置于根节点中，被视为同一类。接着，Kaldi 中实现了两种节点的分裂方式：TE（Table Event）和 SE（Split Event）。

TE 指的是按列表的方式进行分裂。举例来说，比如对根节点的{S}（HMM 状态号）进行 TE，假设系统为三状态 HMM，则{S}={1,2,3}，那么根节点会分裂出三个子节点，分别为{L}–{C}+{R}.1、{L}–{C}+{R}.2、{L}–{C}+{R}.3。这个分裂意味着，HMM 状态号不同的模型，将在此节点后分道扬镳，后面不会再走到同一个叶子节点（树结构的无环特性），因此也不会进行参数共享。类似的，如果在决策树的根节点，对{C}（中心音素）进行 TE，则根节点将会为每个中心音素生成一个子节点分支，以汉语拼音为例，会出现{L}–zh+{R}.{S}、{L}–ong+{R}.{S}、{L}–g+{R}.{S}、{L}–uo+{R}.{S} 等节点，这意味着，不同的中心音素的模型会保证被分别建模。

SE 指的是按问题进行分裂：一个节点中的所有逻辑状态，依靠其自身的 L–C+R.S 来区别。之前提到，“问题”其实是一个音素集。面对一个树节点，一次分裂包含两个要素：问题的对象和问题的选择。问题的对象指的是针对 L、C、R、S 的哪一个要素进行提问。问题的选择是指如何从整个问题集中挑出“最好”的问题，对节点进行二分分裂。Kaldi 在实现中依靠最大似然准则来选取最优问题。当分裂带来的似然值的增长不再超过一个内部设定的阈值时，分裂停止。早年的 HTK 工具箱中，通过人工设置这个分裂阈值来间接控制最终决策树的叶子节点个数，Kaldi 中的上层调用隐藏了这个细节，用户可以通过前面介绍过的 num-leaves 参数来直接指定。

观察上面的 tree 文件，还可以看到里面经常出现的 CE，这个指的就是决策树的叶子节点，后面跟的编号即我们说的“实际的物理模型”的 id，称作 pdf-id，也就是 4.2.5 小节中介绍的 Transition Model 模块中使用的那个 pdf-id。在 GMM-HMM 系统中，每个 pdf-id 对应着一个 GMM 模型；在 DNN-HMM 系统中，每个 pdf-id 对应神经网络的一个输出节点。举例来说，对一个节点中所有模型的左上文进行提问，问题为“声母集”，那么在该节点中，左上文为声母的模型状态将全部被划分到 YES 分支，左上文为“声母集”以外的模型状态将被划分到 NO 分支。同时，不只音素集可以作为问题，状态号也可以，比如基于 3 状态的 HMM，问题对象为{S}，并选择 {1,3} 作为问题来进行节点问题分裂，其物理意义在于把 HMM 开头与结尾状态（S=1 或 3）和中心状态（S=2）区分开，分别建模。回到我们开篇说的“speak”这个词的协同发音现象，p 因为左上文为 s，所以 p 的读音不同于 apple 中的 p 的读音。speak 和 apple 中的两个音素 p，最终之所以能映射到不同的物理状态，就是因为其三音子在走决策树的过程中，很可能在某节点因为遇到 “左上文是否为 s”或“左上文是否为摩擦音”这样的问题而分道扬镳。

接下来的工作是将对齐进行转换。需要转换的原因是，每次我们进行三音子训练，都会重新生成 tree 文件以达到最合理的聚类绑定效果。因此，逻辑模型到物理模型的映射关系会发生改变，需要将原有对齐中的相关信息进行转换，以保证与新 tree 文件一致。这里需要简单介绍一下为什么有时候需要多次训练三音子模型：比如目标是训练一个 10 000 状态的三音子系统，最简单的办法是，用单音子系统产生的对齐直接训练 10 000 状态的三音子系统；但通常更稳妥的做法是我们以单音子为基础，训练一个 5000 状态的三音子模型，再用 5000 状态的模型重新对训练数据进行对齐，其对齐质量必然比单音子系统的对齐质量高，然后用这个新对齐再去训练一个 10 000 状态的三音子系统，从而达到更好的模型精度。这种渐进式的模型迭代风格贯穿于 Kaldi 的 GMM-HMM 训练。另外，GMM-HMM 时代的很多特征域和模型域的空间变换技术也会导致叶子节点的分布发生变化，需要重新生成决策树。这些情况下，也需要通过转换，保证强制对齐结果的一致性，如下面命令行所示：

```
if [ $stage -le -1 ]; then
  # Convert the alignments.
  echo "$0: converting alignments from $alidir to use current tree"
  $cmd JOB=1:$nj $dir/log/convert.JOB.log \
    convert-ali $alidir/final.mdl $dir/1.mdl $dir/tree \
     "ark:gunzip -c $alidir/ali.JOB.gz|" "ark:|gzip -c >$dir/ali.JOB.gz"  \
     || exit 1;
fi
```

接下来就是模型训练流程了，通过指定轮数的 EM 算法迭代，按照固定间隔穿插维特比重对齐和 GMM 模型的高斯混合分量分裂，其过程与原理和单音子训练过程与原理一致：

```
while [ $x -lt $num_iters ]; do
  echo "$0: training pass $x"
  if [ $stage -le $x ]; then
    if echo $realign_iters | grep -w $x >/dev/null; then
      echo "$0: aligning data"
      mdl="gmm-boost-silence --boost=$boost_silence \
       `cat $lang/phones/optional_silence.csl` $dir/$x.mdl - |"
      $cmd JOB=1:$nj $dir/log/align.$x.JOB.log \
        gmm-align-compiled $scale_opts --beam=$beam \
         --retry-beam=$retry_beam --careful=$careful "$mdl" \
         "ark:gunzip -c $dir/fsts.JOB.gz|" "$feats" \
         "ark:|gzip -c >$dir/ali.JOB.gz" || exit 1;
    fi
    $cmd JOB=1:$nj $dir/log/acc.$x.JOB.log \
      gmm-acc-stats-ali  $dir/$x.mdl "$feats" \
       "ark,s,cs:gunzip -c $dir/ali.JOB.gz|" $dir/$x.JOB.acc || exit 1;
    $cmd $dir/log/update.$x.log \
      gmm-est --mix-up=$numgauss --power=$power \
        --write-occs=$dir/$[$x+1].occs $dir/$x.mdl \
       "gmm-sum-accs - $dir/$x.*.acc |" $dir/$[$x+1].mdl || exit 1;
    rm $dir/$x.mdl $dir/$x.*.acc
```

```
    rm $dir/$x.occs
  fi
  [ $x -le $max_iter_inc ] && numgauss=$[$numgauss+$incgauss];
  x=$[$x+1];
done
```

一般来说，上下文相关声学模型相对于单音子模型，在性能上有显著的提升，读者可查阅 Kaldi 中各个示例目录下的 RESULTS 文件了解具体数字。GMM-HMM 框架下三音子模型的应用最为广泛；在 Kaldi 的最新 Chain 模型中，使用基于上文的双音子模型。

想进一步深入了解的读者，可参阅剑桥大学 Steve Young 等人在 1994 年发表的论文 *Tree-Based State Tying for High Accuracy Acoustic Modelling*，Kaldi 及 HTK 中的决策树分裂聚类理论及具体过程均源自该篇论文。

4.4 特征变换技术

在前面几节中，分别介绍了声学特征提取和基于 GMM 的声学建模。在上述各个阶段，输入的声学特征都经过了某种变换，在这一节，我们梳理在语音识别中常用的特征变换技术及其在 Kaldi 中的实现。

特征变换是指将一帧声学特征经过某种变换，转换为另外一帧特征，也就是说，特征变换的输入是一帧特征矢量，输出也是一帧特征矢量。在使用特征变换技术时，通常对一批声学特征进行相同的变换。在不同的使用场景中，“批”的定义会有差异。例如在模型训练时，可以对一整句特征进行变换，而在识别时，通常对若干帧组成的一块特征进行变换。这时，输入的声学特征是一个$T \times M$的矩阵，T为帧数，M为特征维数，而期望的输出是一个$T \times N$的矩阵，N是变换之后的特征维度。

4.4.1 无监督特征变换

无监督特征变换是指不依赖标注的特征变换，常用的无监督特征变换技术包括差分（Delta）、拼帧（Splicing）和归一化（Normalize）。

差分即在一定的窗长内，计算前后帧的差分特征，补充到当前特征上。对于第t帧特征的第m维，其一阶差分特征的计算方法为：

$$\Delta f(t,m)=\frac{\sum_{d=-W}^{d=W} d\times f(t+d,m)}{\sum_{d=-W}^{d=W} d^2}$$

通常选择$W=2$，二阶差分特征的计算在一阶差分的基础上，算法与一阶差分的算法相同，以此类推。如求D阶差分，经过差分特征变换后，特征维度由M扩展为$(D+1)\times M$。在 Kaldi 中进行差分计算和拼接的工具是：

```
src/featbin/add-deltas scp:data/train/feats.ark \
  ark,scp:data/ train/feats_delta. ark,data/train/feats_delta.scp
```

拼帧即在一定的窗长内，将前后若干帧拼接成一帧特征，如图 4-14 所示是取前一帧和后一帧拼接的示例。在句子边界处，将边界帧复制拼接。

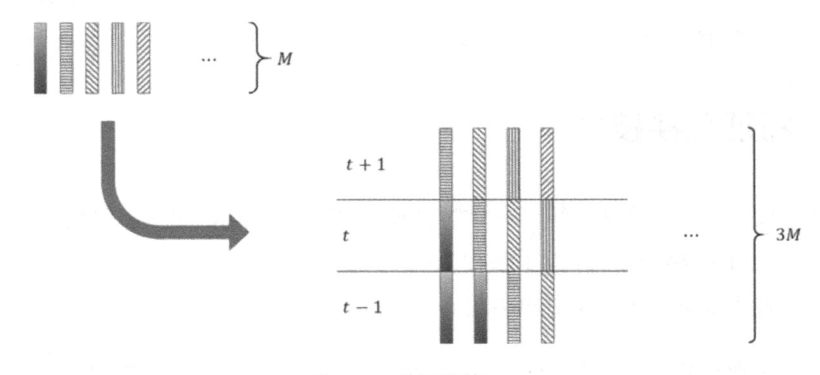

图 4-14　特征拼帧

Kaldi 中拼帧的工具是：

```
src/featbin/splice-feats scp:data/train/feats.ark \
  ark,scp:data/train/feats_splice. ark,data/train/feats_splice.scp
```

在语音识别领域，归一化通常被称为倒谱均值方差归一化（CMVN），因为倒谱系数是语音识别领域最常用的一种声学特征，在其基础上进行一定范围内的均值和方差归一化，即 CMVN。归一化的目的是将输入的声学特征进行规整，使其符合正态分布，即均值为零矢量，方差为单位矩阵。因此，需要在某个范围内统计若干声学特征的均值和标准差，对范围的不同选择形成了不同的归一化方法，即全局归一化（Global CMVN）或说话人归一化（Speaker CMVN）。

在 3.2 节中，介绍了 Kaldi 中对“说话人”的定义，并不局限于自然人，而倾向于将其定义为一种一致的发音状态。例如，在 Librispeech 中，将每一章定义为一个说话人，而在一些电话交谈数据库中，将每一通电话的双方定义为两个独立的说话人，尽管同一个说话人可能出现在不同的会话中。在进行 CMVN 特征变换时，如果提供了句子与说话人映射关系 utt2spk，则进行说话人归一化，否则进行全局归一化。在 Kaldi 中，估计 CMVN 系数和应用 CMVN 进行特征变换的工具分别是：

```
# 估计 CMVN 系数
src/featbin/compute-cmvn-stats scp:data/train/feats.ark \
  ark,scp:data/train/cmvn.ark,data/train/cmvn.scp
# 应用 CMVN 进行特征变换
src/featbin/apply-cmvn scp:data/train/cmvn.scp scp:data/train/feats.ark \
  ark,scp: data/train/feats_cmvn.ark,data/train/feats_cmvn.scp
```

4.4.2 有监督特征变换

有监督特征变换借助标注信息，估计一组变换系数，增强输入特征的表征能力，有助于提升声学模型的建模能力。有监督特征变换最常用的表现形式是将输入乘以一个特征变换矩阵，如图 4-15 所示。

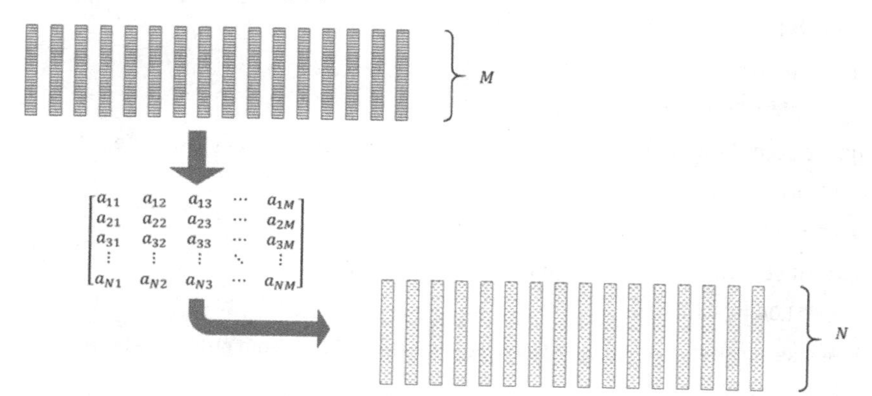

图 4-15 特征变换的矩阵表达形式

语音识别中的特征变换矩阵的估计方法主要分为两大类，线性判别分析（LDA）和最大似然线性变换（MLLT）。LDA 的目的是通过变换来减小同类特征之间的方差，增加不同类特征之间的方差，这里的类指的是声学模型的状态。

最大似然线性变换是一类变换技术的统称，包括半绑定协方差（STC）、均值最大线性自然回归（MeanMLLR）、方差最大线性自然回归（VarMLLR）和特征最大似然线性回归（fMLLR）。其中，MeanMLLR 和 VarMLLR 都是针对模型参数的变换方法，而 STC 和 fMLLR 是针对特征变换的技术。在 Kaldi 中，STC（也被称为 MLLT）用于全局特征变换，而 fMLLR 用于说话人特定的特征变换。在估计 fMLLR 变换矩阵时，如果不提供句子与说话人映射关系 utt2spk，则按句估计 fMLLR 矩阵。因此，STC 估计输出的是一个矩阵，而 fMLLR 估计输出的是按说话人（句）索引的若干矩阵。在 Kaldi 通用脚本中，基于这两种特征变换技术的声学特征训练脚本分别是 steps/train_lda_mllt.sh 和 steps/train_sat.sh。其中，LDA+MLLT 训练的主要流程如下，GMM 参数更新的决策树聚类的过程在 4.3 节已经介绍过，在此略过。

```
# steps/train_lda_mllt.sh
# 根据声学特征和对齐计算 LDA 统计量
ali-to-post [input:ali] | acc-lda [input:splicefeat] [output:lda.*.acc]
# 估计 LDA 矩阵
est-lda [input:lda.*.acc] [output:0.mat]
# 以 LDA 变换的特征为基础构建特征管道
feat="$splicefeat | transform-feats 0.mat"
# 进行 GMM 参数更新的迭代
for x in iterations; do
  # 重做强制对齐，计算 MLLT 统计量
  gmm-align [input:feat] | ali-to-post | gmm-acc-mllt [input:feat]
[output:*.macc]
  # 估计 MLLT 矩阵
  est-mllt [input:*.macc] [output:$x.mat.mllt]
  # 合并 LDA 和 MLLT 矩阵
  compose-transforms [input:$x.mat, $x.mat.mllt] [output:$(x+1).mat]
  # 重定义特征管道
  feat="$splicefeat | transform-feats $(x+1).mat"
  # 更新 GMM 参数
  gmm-est
done
```

使用 fMLLR 训练默认基于 LDA+MLLT 变换后的特征及其强制对齐结果，流程如下：

```
steps/train_sat.sh
# 估计初始 fMLLR 矩阵
ali-to-post [input:ali] | gmm-est-fmllr [input:mlltfeat] [output:trans]
# 以 fMLLR 变换的特征为基础构建特征管道
feat="$mlltfeat | transform-feats trans"
# 进行 GMM 参数更新的迭代
for x in iterations; do
  # 重做强制对齐，估计 fMLLR 矩阵
  gmm-align [input:feat] | ali-to-post | gmm-est-fmllr [input:feat]
[output:trans]
  # 更新 GMM 参数
  gmm-est
done
```

在解码时，由于 MLLT/STC 是全局变换，因此只需要使用训练过程中估计的矩阵进行特征变换。而 fMLLR 矩阵需要在解码时估计，即先使用未变换的特征解码，根据解码的对齐结果估计 fMLLR 系数，然后进行特征变换（在 Kaldi 示例中这个过程进行了两次），再进行最终解码，这个过程的实现可以在 steps/decode_fmllr.sh 中看到。

关于有监督特征变换技术的算法细节，可以参考文献[5、6]。

4.5 区分性训练

本章前面介绍了经典语音识别技术 HMM-GMM 系统的训练流程，这些训练都基于最大似然准则（Maximum Likelihood Estimate，MLE）。本节简要介绍声学模型训练技术中的一项重要改进：区分性（Discriminative）训练。

4.5.1 声学模型训练流程的变迁

GMM-HMM 框架的经典训练方法是 EM 算法，EM 算法本质上是一种最大似

然准则的训练。在 20 世纪九十年代，有学者把最大互信息（maximum mutual information，MMI or boosted MMI）准则引入训练中，这是区分性训练的早期尝试。20 世纪初，Kaldi 的主要作者 Povey 在他的博士论文中发表了以最小音素错误（minimum phone error, MPE）为代表的区分性训练准则，其 MPE 由 MMIE 改进而来，不仅继承了 MMIE 擅长区分易混淆发音的优势，还把音素识别错误率直接作为训练目标，非常显著地提升了声学模型的精度，迅速成为当时语音识别的主流算法。

为了兼顾识别性能和训练效率，根据经验，一般首先用最大似然准则做起始训练，然后用区分性训练对模型进行增强迭代。

近些年，因为深度学习技术的出现，整个声学模型的训练流程发生着深刻的改变。但是，GMM-HGMM 系统仍然需要作为起始系统，为神经网络的训练提供对齐，训练网络也需要经过交叉熵优化和区分性训练两个阶段的优化。近几年热门的完全端到端系统不再要求使用 GMM-HMM 起始系统，但纵观主流的端到端识别的论文，大多达到较好识别率的系统几乎都包含着区分性训练的思想。

本书在第 6 章会详细介绍 Kaldi 中深度学习的区分性训练。本节简要介绍区分性训练的思路及一些常用的概念。

4.5.2 区分性目标函数

语音识别的过程是在解码空间中衡量和评估所有的路径，将打分最高的路径代表的识别结果作为最终的识别结果。传统的最大似然训练是使正确路径的分数尽可能高，而区分性训练，则着眼于加大这些路径之间的打分差异，不仅要使正确路径的分数尽可能高，还要使错误路径，尤其是易混淆路径的分数尽可能低，这就是区分性训练的核心思想。

考虑一个小词汇量的识别问题，目标是识别语音内容是 {A,B,C,D} 四个字母中的哪一个。假定解码空间中有 4 条不同的路径分别对应 A、B、C、D 四个识别结果。给定一条训练数据，如对应标注文本为 B，那么最大似然的优化目标为使 $\log P(\mathrm{B})$最大，而某区分性训练准则的优化目标可能是使 $\log(P(\mathrm{B})/(P(\mathrm{A})+P(\mathrm{B})+P(\mathrm{C})+P(\mathrm{D})))$最大。该目标函数的优化，一方面要提高分子的得分（最大似然的优化目标），另一方面要压制分母的得分，从而使正确路径在整个空间中的分数优势更为突出。

区分性训练准则是一类准则，贯穿始终的是区分性的训练思想，而并不是特指某一个具体的目标函数。常用的区分性训练准则有最大互信息、状态级最小贝叶斯风险（state-level Minimum Bayes Risk, sMBR）、最小音素错误。希望进一步了解这些准则间具体区别的读者可以查阅相关论文[7、8、9]。

4.5.3 分子、分母

以上面的识别系统为例，假定其只能识别{A,B,C,D}，下面介绍区分性训练中几个非常重要的概念。

分子：对于某条训练数据，其正确标注文本在解码空间中对应的所有路径的集合。可以认为其是整个解码空间中“识别正确”的子空间。

分母：理论上指整个搜索空间。通常来说，整个解码空间巨大，没办法也没必要将所有的路径都加入区分性优化。这里考虑区分性训练的初衷，是在最大似然模型的基础上，将正确路径进一步从容易混淆的路径中区分出来。因此在工程实现中，通常会通过一次解码，将高分路径过滤出来，近似整个分母空间，从而有效地减小参与区分性优化的分母规模。

对于上述示例，假设语音内容为 B，经过解码筛选后，剩下的高分路径很可能是 B 路径和 D 路径，区分性优化的目标是进一步将 B 路径和 D 路径区分开。更进一步，区分性优化目标引入了分母，也就引入了语言模型，相比最大似然的纯声学优化，区分性目标函数有着更“全面”的信息优势，是区分性训练能够带来效果提升的重要原因。这些丰富的信息，都被包含在分子和分母词格中。解码时，一般通过词格 beam 这个参数来控制分母规模，beam 放得越宽，过滤后的分母越大，反之过滤后的分母越小。

词格（Lattice）：上面在介绍分母时提到了“词格”这个概念。分子、分母其实都是解码过程中一部分解码路径的集合。将这些路径紧凑有效地保存下来的数据结构就是词格，其本身也是一个图结构。在这个图结构里，不但可以还原出解码路径，还可以将解码过程中的一些中间信息也挂载在边和节点上，便于区分性目标函数优化时随时读取。在颗粒度方面，既可以将该结构保留至词一级别，也可以保留更细致的音素、状态级别的信息。其实，学术上并没有一个公认的对词格的严格定义，读者只需将其理解为解码现场多条路径集合的快照即可。本书 5.10 节将详细介绍词格。

4.5.4 区分性训练在实践中的应用

从区分性训练的思路可以扩展出多种具体的目标函数和训练准则，如前面提到的 MMI、bMMI、MPE、sMBR 等。根据经验，区分性训练语音能使识别系统的准确率达到相对 10%~20%的提升，各区分性目标函数之间差异不太大。

在实际使用中，区分性训练一般不需要进行大数据量的训练，往往将训练数据充分打散随机后，抽取上百小时，即能收敛到最优的效果。此外，基于 GMM-HMM 的区分性训练已经基本淡出现代语音识别的训练流程，读者在阅读相关文献时，建议跳过其中的相关数值优化细节及技巧，在理解其目标函数的设计过程后，重点了解如何把区分性训练应用到基于神经网络的声学建模中[10]。

5 构图和解码

本书所说的解码（Decode）是指在传统的 GMM-HMM / NN-HMM 架构的语音识别框架下，使用已训练好的模型对语音进行识别。解码是语音识别技术的一个重点，同时也是语音识别区别于图像识别等其他模式识别领域的一个技术特色。独特的解码技术的存在，在一定程度上提高了语音识别入门的门槛。虽然现在一些端到端算法已无须基于图搜索解码，但笔者认为传统构图和解码方法仍将在相当长的时间内占有统治地位。本章介绍基于维特比算法的解码，包括解码图的构建方法。

在 Librispeech 示例脚本中，每个单音子模型和三音子模型训练完毕后，都有一个解码过程。以下是使用解码流程的一个典型的外层脚本：

```
(
 utils/mkgraph.sh data/lang_nosp_test_tgsmall exp/mono \
   exp/mono/graph_nosp_tgsmall
 for test in test_clean test_other dev_clean dev_other; do
   steps/decode.sh --nj 20 --cmd "$decode_cmd" \
     exp/mono/graph_nosp_tgsmall \
     data/$test exp/mono/decode_nosp_tgsmall_$test
 done
) &
```

这段代码被括号括了起来，并加了 & 标记，以便使该段代码在后台执行，不影响模型的继续训练。

utils/mkgraph.sh 和 steps/decode.sh 是这段代码的两个核心脚本，其中 steps/decode.sh 在 test_clean、test_other、dev_clean 和 dev_other 四个数据集上各执行了一遍，分别对这四个测试集进行了解码。

上文中提到，基于 HMM 的语音识别过程实际上就是在解码图中寻找最优路径。因此，要进行解码，就需要先构建解码图，脚本 utils/mkgraph.sh 就是用来构建解码图的。

我们通常把构建解码图的过程称为构图（Make graph）。构图完成之后，脚本 steps/decode.sh 在已构建的解码图上进行路径搜索，从而得到识别结果。

本章先介绍构图，然后介绍解码器的工作原理。由于构图过程和语言模型联系紧密，因此在介绍构图之前，先介绍 N 元文法语言模型作为预备知识。

5.1 N 元文法语言模型

声学模型中存储的信息仅仅是各 HMM 状态的观察概率分布，这难以得到好的识别率。要识别语音，还必须具备待识别语言的语言学知识。语言学知识虽然繁杂，但在实践中，经常简单地只用单词在前文环境下出现的条件概率来建模语言学知识，使用复杂语言规则的模型反而效果不好，正如 Fred Jelinek 博士的一句广为流传的话所说，“每当有一个语言学家离开我的团队，识别率就上升几个百分点（Anytime a linguist leaves the group the recognition rate goes up）”。

这里的语言模型（Language model）指的是 N 元文法（N-gram）语言模型。N 元文法语言模型对 N–1 个单词的历史条件概率建模，即：

$$P(w_i|w_{i-(N-1)} \dots w_{i-2}w_{i-1})$$

在上式中，w_{i-k} 表示单词 w_i 在句子中的前面第 k 个单词。这个条件概率可以通过收集大量语料，然后统计单词出现个数得到：

$$P(w_i|w_{i-(N-1)}\dots w_{i-2}w_{i-1})=\frac{\text{count}(w_{i-(N-1)}\dots w_{i-2}w_{i-1}w_i)}{\text{count}(w_{i-(N-1)}\dots w_{i-2}w_{i-1})}$$

比如 N=2，即二元语言模型（bi-gram）时：

$$P(\text{fly}|\text{to})=\frac{\text{count(to fly)}}{\text{count(to)}}$$

再如 N=3，即三元语言模型（tri-gram）时：

$$P(\text{fly}|\text{like to})=\frac{\text{count(like to fly)}}{\text{count(like to)}}$$

基于上述简单方法训练 N 元文法语言模型时会遇到一个问题，即训练语言模型的语料无论多么巨大，总是有限的。如果某个单词的前文单词序列在语言模型训练语料中恰好从未出现过，那么如何计算该词的语言模型概率呢？

语言模型平滑（Smoothing）技术可以处理训练数据中未出现过的历史词，常用的语言模型平滑方法是回退（Backoff）。比如某个单词w_i，其前面的两个单词分别是w_{i-2}、w_{i-1}。如果语言模型训练语料中有较多 $w_{i-2}\ w_{i-1}\ w_i$，那么直接取三元语言模型的概率$P(w_i|w_{i-2}w_{i-1})$即可。但假如语言模型训练语料中只有 $w_{i-1}\ w_i$ ，而几乎没有 $w_{i-2}\ w_{i-1}\ w_i$，那么可以取二元语言模型的概率 $P(w_i|w_{i-2})$，并乘以一个惩罚因子 $\beta(w_{i-2}w_{i-1})$，即：

$$P(w_i|w_{i-2}w_{i-1})=P(w_i|w_{i-1})\beta(w_{i-2}w_{i-1})$$

如果语言模型训练语料中几乎没有 $w_{i-1}\ w_i$ ，那么同理，用下面的式子求取 $P(w_i|w_{i-2})$：

$$P(w_i|w_{i-1})=P(w_i)\beta(w_{i-1})$$

这里的β就是回退，这个值是使用特定的算法计算得到的，如 Katz 平滑算法，有兴趣的读者可以阅读文献[11]了解平滑算法的细节。这些平滑算法的基本思路是对可见词对的概率进行折扣（Discounting），根据折扣值来统计回退值。

习惯上用 ARPA 格式表示 N 元文法语言模型。ARPA 一词是美国国防部高级研究计划署（U.S. Department of Defense Advanced Research Project Agency）的简称，在语言模型建模时，通常只用这个简称代表 N 元文法语言模型的如下存储格式：

```
\data\
ngram 1=4
ngram 2=2
ngram 3=2

\1-grams:
-12.0532    a               -7.59853029
-7.95953    b
-0.00000    <s>             -5.7564625
-9.97786    </s>

\2-grams:
-3.354359   a     b         -7.43734955
-3.004643   <s>   a         -9.670857

\3-grams:
-0.804937   <s>   a    b
-0.551238   a     b    </s>

\end\
```

上面就是一个 ARPA 格式的文件。在文件中，\data\ 部分规定了该语言模型最高为三元，并给出了各元的词对个数。接下来就是每个词对的条件概率和回退值。比如二元模型中的行：

```
-3.354359   a     b         -7.43734955
```

表示的是：

$$\log P(b|a) = -3.354359$$

$$\log\beta(a) = -7.43734955$$

常用的训练语言模型的工具是斯坦福研究院（Stanford Research Institute，SRI）开发的 SRILM 工具。这是一个历史悠久的工具，该工具以 SRILM Research Community License 开源，源码可以自由下载，但不能免费用于商业用途，下载前需要在 SRI 的主页上填写一个表格，提供使用者的姓名及所在的单位并接受许可协议。编译安装该工具的方法已在本书第 2 章介绍。

和 Kaldi 类似，SRILM 是一系列工具的集合，同时源码也可编译为库，用于用户自己的软件。

工具包中最常用的工具是 ngram-count，该工具用于训练语言模型。下面的示例展示了 ngram-count 的典型用法：

```
ngram-count -order 3 \                          # 训练 tri-gram 模型
            -kndiscount \                       # 使用 Kneser-Ney 算法做折扣
            -limit-vocab -vocab vocab.txt \     # 只使用词表 vocab.txt 中的单词
            -map-unk "<UNK>" \                  # 把不在词表中的词映射为 "<UNK>"
            -text full_corpus.txt \             # 语言模型训练语料文件
            -lm trigram_lm.arpa                 # 输出 ARPA 文件：trigram_lm.arpa
```

ngram-count 工具提供的选项非常丰富，读者可以通过查看 Man 手册页来了解该工具的详细功能。Man 手册页在 SRILM 的主页上也有提供。

在 Librispeech 训练流程中，语言模型可以使用脚本 local/lm/train_lms.sh 训练，这个脚本调用了 ngram-count。OpenSLR 网站也提供了预训练的语言模型，在 Librispeech 示例中，默认由 local/download.lm.sh 脚本下载这些语言模型。

5.2 加权有限状态转录机

5.2.1 概述

Kaldi 的构图使用加权有限状态转录机（Weighted Finite-State Transducer, WFST）算法，其实现基于 OpenFst，Open Fst 是 WFST 的一个开源实现。WFST 早在 1997 年就被 M. Mohri 等学者用于语音识别[12]，但一直不够流行，直到约十年后，WFST 才成为主流的语音识别构图算法。

在 WFST 流行之前，语音识别构图通常都采用由词图向下展开成音素图，再向下展开成状态图的方法，展开过程中还需要做向前合并、向后合并来降低图的规模。

基于 WFST 的构图实际上也是相同的思路，但 WFST 算法采用了一种更规范化的形式，使构图过程可以用一组定义良好的操作表示，其过程更加简洁、优美。同时，WFST 算法能够从数学上确保构图的最小化，减少了解码时的搜索计算量。在常见场景下，WFST 是一种十分优越的语音识别构图算法。

需要说明的是，基于 WFST 的构图算法并不是在任何场景中都适用的。比如在语言模型规模超大时，由于 WFST 构图结果是静态的，因此它的规模是有限的，不能像传统构图方法那样通过动态展开来适应任意大的语言模型。虽然 Kaldi 提供了 BiglmDecoder 来解决这个问题，但在超大语言模型的场景下，工程上仍然倾向于采用传统的动态展开的构图算法，这些并没有在 Kaldi 中实现。这些内容不在本书的介绍范围之内，本书主要介绍 Kaldi 所采用的基于 WFST 的构图方案。

下面对 WFST 做一个非正式的介绍。首先看两个 WFST 的示例，如图 5-1 所示。该图和本章中的其他很多插图都来自于 Mohri 的一篇介绍 WFST 的经典论文[13]。这篇论文是语音识别研究人员必读的，建议读者详细阅读。

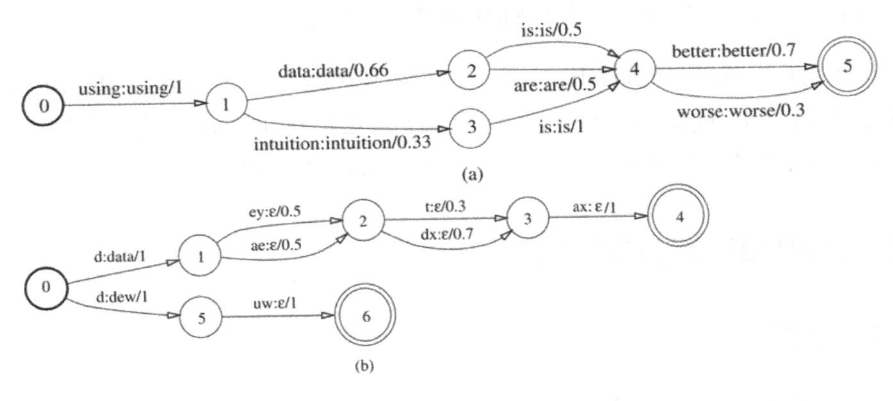

图 5-1　WFST 示例

由图 5-1 可以直观地看到，一个 WFST 由一组状态（State）和状态间的有向跳转（Transition）构成，其中每个跳转上保存了三种信息，即输入标签（Input label）、输出标签（Output label）和权重（Weight），以“input_label:output_label/weight”格式记录。例如，图 5-1（a）中从状态 1 到状态 2 的跳转，输入标签和输出标签都是“data”，权重是 0.66；图（b）中从状态 0 到状态 1 的跳转，输入标签为“d”，输出标签为“data”，权重为 1。

WFST 还应具备一个起始状态（Initial state）和至少一个终止状态（Final state），习惯上用粗圈表示起始状态，用双圈表示终止状态。例如，图 5-1（a）中的状态 0 是起始状态，状态 5 是终止状态；图 5-1（b）中的状态 0 是起始状态，状态 4 和状态 6 是终止状态。每个终止状态可以有一个终止权重（Final weight），该权重没有在图 5-1 中画出。

此外，WFST 还需定义两个二元操作⊕ 和 ⊗，这两个操作与其权重集合应构成一个半环（Semiring）。根据半环类别的不同，⊕ 和 ⊗可以被定义为各种运算。读者对相关数学知识不熟悉也没有关系，为了易于理解，可简单地把⊕和 ⊗理解成自定义的两种运算。

习惯上用 ϵ 代表空标签。例如，图 5-1（b）中从状态 1 到状态 2 的两个跳转的输出标签都为空，用 ϵ 表示。ϵ 也经常被写作 <eps>。

正如 WFST 的名字所体现的，WFST 是一个转录机（Transducer），它把一个序列转录为另一个序列，同时使用⊗运算把转录时经过的路径的权重累积起来得到转录权重。

以图 5-1（b）为例，如果一个输入序列是“d ey t ax”，那么输出序列就是“data ϵ ϵ”，这里 ϵ一般被省略，即输出序列可认为是“data”。其转录权重为 1⊗0.5⊗0.3⊗1，如果把 ⊗定义为日常的乘法运算，那么这个转录权重就为 0.15。

5.2.2 OpenFst

Kaldi 的 WFST 实现基于 OpenFst。OpenFst 是遵循 Apache 协议的开源软件，提供了 WSFT 的表示和各种操作的实现，以 C++ API 形式和二进制可执行文件的形式提供。OpenFst 定义了一种 WFST 的描述语言，用该语言可以描述一个 WFST。我们把图 5-1（a）用 OpenFst 的描述语言书写，并保存为 example-a.fst.txt 文件，如下所示：

```
0 1 using      using      1
1 2 data       data       0.66
1 3 intuition  intuition  0.33
```

```
2  4  is       is       0.5
2  4  are      are      0.5
3  4  is       is       1
4  5  better   better   0.7
4  5  worse    worse    0.3
5  1.0
```

在 example-a.fst.txt 文件中，除最后一行外，每行代表一个跳转，由 5 个元素构成，分别代表该跳转的源状态、目标状态、输入标签、输出标签和权重。最后一行表示状态 5 为终止状态，终止权重为 1.0。

OpenFst 要求输入标签和输出标签都用数字表示，因此还需要定义一个标签文本到数字的映射表，这里保存为 symbols.txt 文件：

```
<eps> 0
using 1
data 2
intuition 3
is 4
are 5
better 6
worse 7
```

映射表中的数字 0 是专门为空标签即 ϵ 或 <eps> 保留的。其他标签可以从 1 开始分配数字作为 ID。可以使用 OpenFst 的编译工具将该 WFST 编译成二进制文件：

```
fstcompile --isymbols=symbols.txt --osymbols=symbols.txt \
 example-a.fst.txt example-a.fst
```

编译成二进制文件后，就可以使用 OpenFst 的工具对其进行各种操作了。比如，可以使用 fstinfo 工具查看其信息，也可以使用 fstprint 工具将其打印成文本形式，或者使用 fstdraw 工具将其输出成 Graphviz 软件定义的图格式以便可视化。建议读者依次试用一下这些工具。

要构建实用的 WFST，尤其是在产品中在线构建，那么 OpenFst 的 C++ 接口就很实用了。下面的代码和注释展示了如何使用 OpenFst 的 C++ 接口构建一个图 5-2 所示的 WFST ：

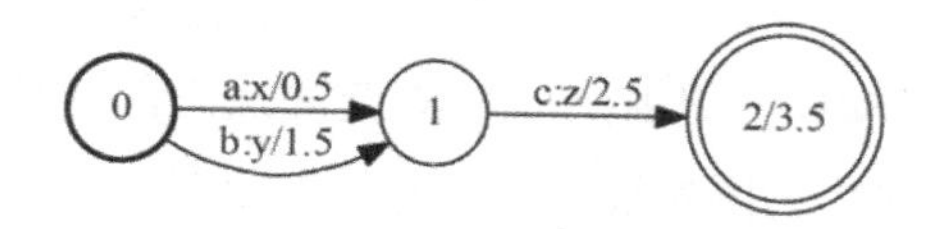

图 5-2 构建 WFST 的简单示例

```
// fst 为 StdVectorFst 类型，该类型使用 Vector 作为存储结构
StdVectorFst fst;

// 建立初始状态，编号为 0
fst.AddState();
fst.SetStart(0);

// 从状态 0 引出两个跳转
// StdArc 的四个参数分别为 ilabel、olabel、weight、目标状态
fst.AddArc(0, StdArc(1, 1, 0.5, 1));
fst.AddArc(0, StdArc(2, 2, 1.5, 1));

// 加入状态 1，并引出一个跳转
fst.AddState();
fst.AddArc(1, StdArc(3, 3, 2.5, 2));

// 加入状态 2，作为终止状态
fst.AddState();
fst.SetFinal(2, 3.5);  // 第二个参数 3.5 是终止权重

// 写入文件
fst.Write("binary.fst");
```

在本书中，有时也会把 WFST 简称为图（Graph）。

5.3 用 WFST 表示语言模型

在早期的语音识别方案中，语言模型通常是在解码时像一个字典一样被查询的。而现代的基于 WFST 的解码方案中，是把 N 元文法语言模型直接表示成图的形式，语言模型概率处理后直接作为图的权重。当图构建完成后，语言模型概率就成了图权重的一部分，解码时直接使用图的权重，而无须再去查询语言模型，这是一种非常优雅的语言模型的应用方式。本节介绍把语言模型表示成 WFST 形式的方法。

我们以二元语法（bi-gram）为例。在二元语法的语言模型中，每个词只将前一个词作为历史信息。假定词 w_2 前面的词是 w_1，那么这个条目的语言模型概率可写为 $p(w_2|w_1)$，回退概率可写为 $\beta(w_1)$。我们为 w_1 和 w_2 分别在图中建立一个状态，用跳转从 w_1 指向 w_2，跳转的输入标签和输出标签均为w_2，权重为$p(w_2|w_1)$。这样，当序列存在有序词对w_1w_2时，就可以匹配这个跳转。在图中还需建立一个回退状态b，用跳转从 w_1 指向 b，跳转的权重为 $\beta(w_1)$。该跳转用于匹配从w_1 出发找不到 w_2 的情况，此时序列的语言概率用回退概率作为惩罚因子。

如果经过了回退状态，继续跳转到 w_2 时，就直接使用 w_2 的一元概率 $p(w_2)$，如图 5-3 所示。

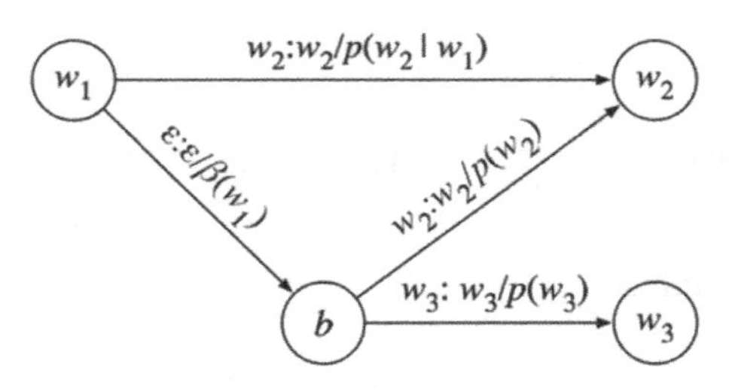

图 5-3　二元语法构建的 WFST

这样生成的 WFST 就是单词级语法（Word-level Grammar），习惯上简称 G。使用此方法，5.2.1 节中的语言模型示例也可以用 G 表示，如图 5-4 所示。

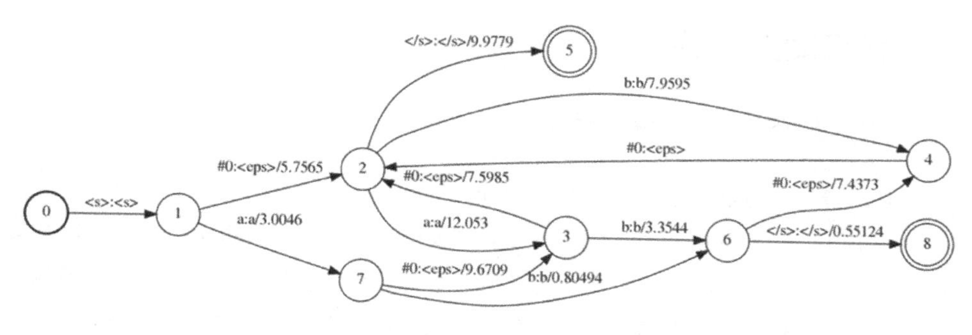

图 5-4 语言模型 WFST 示例

在图 5-4 中，概率值取了负对数作为图中的权重，此时权重的意义为路径的代价（Cost），即概率越小，权重越大。为了使 G 在去掉 ϵ 后能够被确定化（Determinizable），在每个回退跳转的后面加入了一个符号 “#0”。关于确定化，将在下文 5.5.1 节具体介绍。

经过这样的展开，任意序列的语言模型负对数累积概率就恰好等于图中某路径的累积权重，读者可以自行验证一下。

从语言模型构建 G 的操作过程在本书第 3.5 节介绍的数据准备脚本 local/format_lms.sh 中完成。我们看一下这个脚本的核心部分：

```
for lm_suffix in tgsmall tgmed; do
  test=${src_dir}_test_${lm_suffix}
  mkdir -p $test
  cp -r ${src_dir}/* $test
  gunzip -c $lm_dir/lm_${lm_suffix}.arpa.gz | \
   arpa2fst --disambig-symbol=#0 \
         --read-symbol-table=$test/words.txt - $test/G.fst
  utils/validate_lang.pl --skip-determinization-check $test || exit 1;
done
```

该脚本对 tgsmall、tgmed 两个不同规模的语言模型进行了 G 构建操作。对 ARPA 格式的语言模型文件解压后，直接输入到 arpa2fst 程序中，就得到目标输出 G.fst 了。

5.4 状态图的构建

5.4.1 用 WFST 表示发音词典

经典语音识别方法需要发音词典（Pronunciation Lexicon）来获取每个单词的发音。对于英文，一个常用的发音词典是 The CMU Pronouncing Dictionary，可以在其主页上自由下载。该词典对英文发音定义了一个音素集。这个音素集并没有把国际音标中的每个发音作为一个音素，而是根据语音识别和语音合成对音素的区分要求，把国际音标的发音做了一些合并，最终定义为 39 个音素，内容如下：

```
Phoneme  Example  Translation
-------  -------  -----------
aa       odd      aa d
ae       at       ae t
ah       hut      hh ah t
ao       ought    ao t
aw       cow      k aw
ay       hide     hh ay d
b        be       b iy
ch       cheese   ch iy z
d        dee      d iy
dh       thee     dh iy
eh       ed       eh d
er       hurt     hh er t
ey       ate      ey t
f        fee      f iy
g        green    g r iy n
hh       he       hh iy
ih       it       ih t
iy       eat      iy t
jh       gee      jh iy
k        key      k iy
l        lee      l iy
```

```
m        me       m iy
n        knee     n iy
ng       ping     p ih ng
ow       oat      ow t
oy       toy      t oy
p        pee      p iy
r        read     r iy d
s        sea      s iy
sh       she      sh iy
t        tea      t iy
th       theta    th ey t ah
uh       hood     hh uh d
uw       two      t uw
v        vee      v iy
w        we       w iy
y        yield    y iy l d
z        zee      z iy
zh       seizure  s iy zh er
```

词典给每个常见的英文单词提供了发音序列。部分内容摘录如下：

```
haven  hh ey1 v ah0 n
haven't  hh ae1 v ah0 n t
haven't(1)  hh ae1 v ah0 n
havener  hh ae1 v iy0 n er0
havens  hh ey1 v ah0 n z
haver  hh eh1 v er0
haverfield  hh ae1 v er0 f iy2 l d
haverford  hh ae1 v er0 f er0 d
haverkamp  hh ae1 v er0 k ae2 m p
haverland  hh ae1 v er0 l ah0 n d
haverly  hh ey1 v er0 l iy0
haverstick  hh ey1 v er0 s t ih0 k
haverstock  hh ey1 v er0 s t aa0 k
```

```
haverty  hh ae1 v er0 t iy0
```

音素后面的数字代表重读（Stress）情况，0 代表不重读（No stress），1 代表重读（Primary stress），2 代表次重读（Secondary stress）。字典中允许出现多音词，有些通常被认为是单一发音的词，在用于语音识别的词典中也可能有多个发音，比如 haven't 在词典中就有两种不同的发音。

有的单词在发音词典中找不到，这些词被称为集外词（Out-Of-Vocabulary words），习惯上简称 OOV。对于 OOV，一般需要人工补充发音词典，有时也可用一些语料训练的词转音素（Grapheme-to-Phoneme，G2P）算法自动预测单词发音。Kaldi 的 Librispeech 示例中提供了一个使用开源 G2P 框架 Sequitur 生成集外词的例子，位置在 egs/librispeech/s5/local/g2p/train_g2p.sh。在模型训练前，必须检查训练语料中是否有 OOV，如果有，则应通过人工书写音素序列或 G2P 的方法补充发音词典条目。

发音词典准备好后，需要把发音词典用 WFST 表示，这样有利于后续的状态图构建。用 WFST 表示发音词典的基本方法是：对每个单词的发音条目，从初始状态引出一条路径，其输入标签序列为音素序列，输出标签序列为单词和若干用于填充的 ϵ。比如下面的发音词典条目，会生成如图 5-5 所示的 WFST。

```
yes     y eh s
am      ae m
```

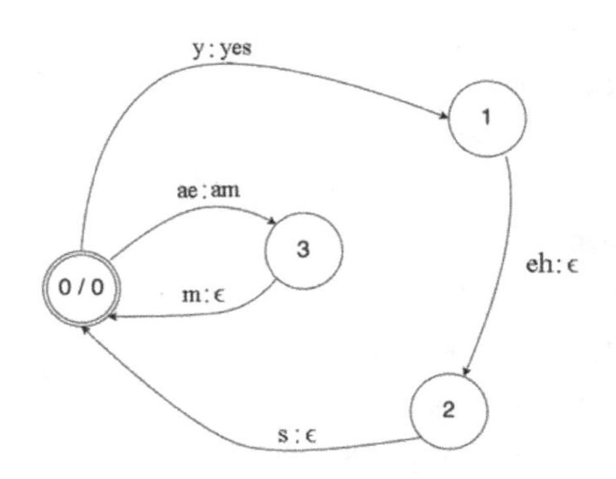

图 5-5　发音词典构建 WFST

在图 5-5 中，yes 这个单词，其路径的输入标签序列为“y eh s”，即发音词典中的音素序列，其输出标签序列为 “yes ϵ ϵ”，其中后面的两个 ϵ 只是为了保证输入标签序列和输出标签序列的长度一致，最后该路径返回初始状态。习惯上，这个 WFST 由于和发音词典包含相同的信息，因此它也同样被称为发音词典（Pronunciation Lexicon），简称 L。

在实际的语音中，单词之间有时会存在一些静音，有时则没有静音。为了使解码时能够捕捉到这个可能的静音，需要在状态图中加入词间可选静音。这时用到了在构建 L 过程中的一个技巧：每个单词的发音路径在指回初始状态的同时，也指向一个静音状态，然后该静音状态再指回初始状态；同时，在初始状态前面加入一个初始静音状态作为句首静音，如图 5-6 所示。

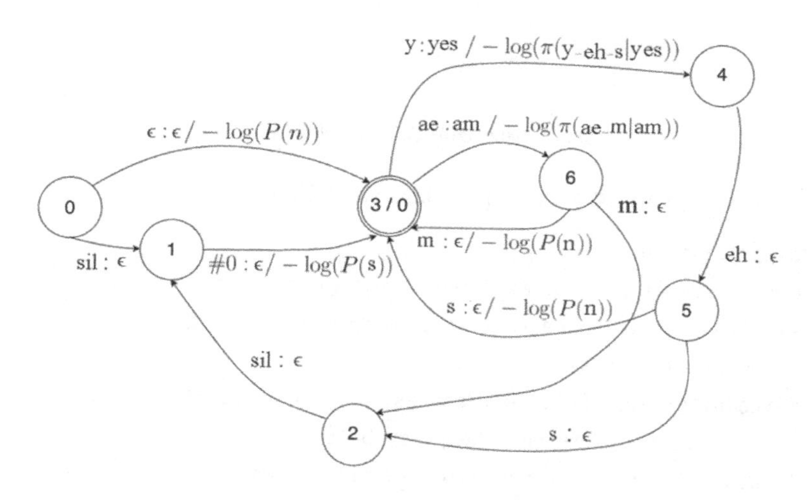

图 5-6 加入可选静音的发音词典

图 5-6 的一个改进是把各种发音的负对数概率加入进来作为代价，用于表示当一个单词有多种发音时，各种发音的出现概率。进一步地，Kaldi 还使用了一种较复杂的支持词相关静音概率（word-dependent silence probabilities）的 L 构建算法，构建出的 L 如图 5-7 所示。在这种构图算法中，无论是句首可选静音，还是词间可选静音，都被指定了相应的代价，具体可以参阅论文[14]。

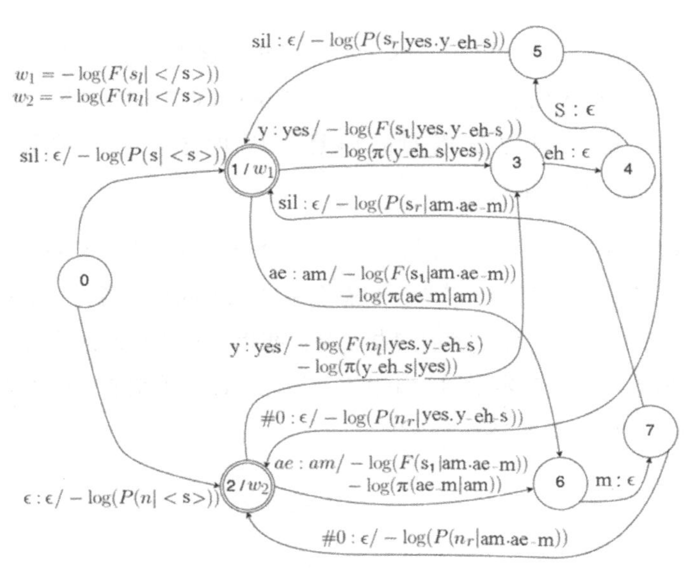

图 5-7　加入静音概率的发音词典 WFST

上述过程在 egs\wsj\s5\utils\prepare_lang.sh 中实现，脚本如下：

```
if $silprob; then
  utils/lang/make_lexicon_fst_silprob.py $grammar_opts \
    --sil-phone=$silphone --sil-disambig='#'$ndisambig \
    $tmpdir/lexiconp_silprob_disambig.txt $srcdir/silprob.txt | \
    fstcompile --isymbols=$dir/phones.txt --osymbols=$dir/ words.txt \
      --keep_isymbols=false --keep_osymbols=false |   \
    fstaddselfloops  $dir/phones/wdisambig_phones.int \
      $dir/ phones/wdisambig_words.int | \
      fstarcsort --sort_type=olabel > $dir/L_disambig.fst || exit 1;
else
  utils/lang/make_lexicon_fst.py $grammar_opts \
    --sil-prob=$sil_prob --sil-phone=$silphone \
    --sil-disambig ='#'$ndisambig \
    $tmpdir/lexiconp_disambig.txt | \
    fstcompile --isymbols=$dir/phones.txt --osymbols=$dir/words. txt \
      --keep_isymbols=false --keep_osymbols=false |   \
    fstaddselfloops  $dir/phones/wdisambig_phones.int \
      $dir/ phones/wdisambig_words.int | \
```

```
    fstarcsort --sort_type=olabel > $dir/L_disambig.fst || exit 1;
fi
```

在上面的脚本中，L 构图算法是由脚本 utils/lang/make_lexicon_fst.py 或 utils/lang/make_lexicon_fst_silprob.py 实现的，分别用来构建不带静音概率的 L 和带静音概率的 L，由变量 silprob 来控制构建哪一种。这两个脚本的输出都是用文本形式的 OpenFST 描述格式的，之后通过 fstcompile 进行编译，并使用 fstaddselfloops 工具添加自跳转。同时，使用 fstarcsort 工具对生成的图按照输出标签做了排序。

5.4.2 WFST 的复合运算

传统构图方法通常把词图展开成音素图，WFST 构图方法也是如此。WFST 还定义了复合（Compose）运算，使展开过程可以规范化地表示，实现起来也更加方便。

我们用一个示例来解释 WFST 的复合。观察图 5-8 所示的 WFST，记作 T_1。

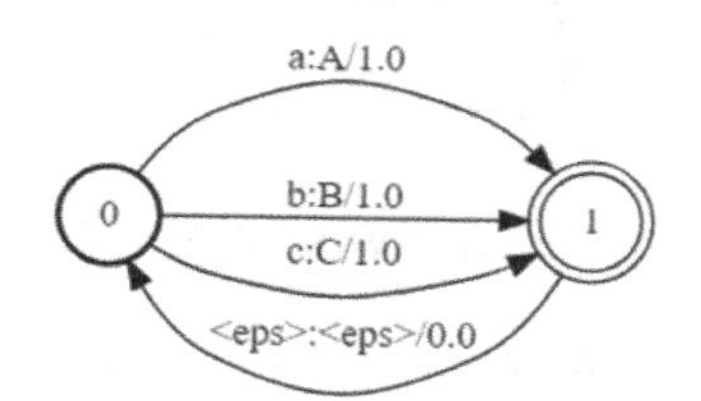

图 5-8　小写字母{a,b,c}转录为大写字母

简单分析，可知T_1把小写字母{a, b, c} 转录为相应的大写字母，例如输入序列“a c b a”，通过这个 WFST 转录后，输出序列即为“A C B A”。

我们再看另外一个 WFST，如图 5-9 所示，记作 T_2。

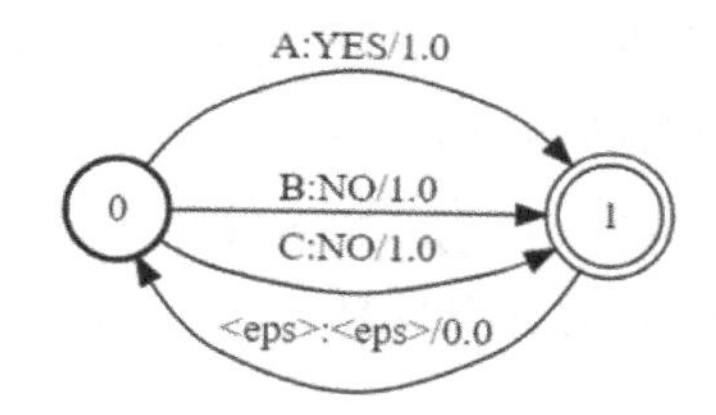

图 5-9　大写字母{A,B,C}转录为单词{YES,NO}的 WFST

T_2把大写字母 A 转录为 YES，把大字写母 B、C 转录为 NO。如果输入序列为“A C B A”，那么输出序列即为“YES NO NO YES”。

如果把序列“a c b a”先通过 T_1 转录，把转录结果再经过 T_2 转录，那么得到的输出序列同样也是“YES NO NO YES”。一般来说，如果任意输入序列被 T 转录后的结果和先后被 T_1 和 T_2 转录后的结果相同，且 T 上各路径的权重为 T_1 和 T_2 上对应路径的权重的 $\otimes$ 运算结果，那么T就是 T_1 和 T_2 的复合，记作：

$$T = T_1 \circ T_2$$

T 的状态为 T_1 和 T_2 的状态对（State-pair）。如果记 T_1 和 T_2 的状态集分别为 Q_1 和 Q_2，那么 T 的状态集 Q 应为 Q_1 和 Q_2 的笛卡儿积的子集，或者说，$\forall(q_1,q_2) \in Q$，必满足 $q_1 \in Q_1, q_2 \in Q_2$。

复合后的结果如图 5-10 所示。

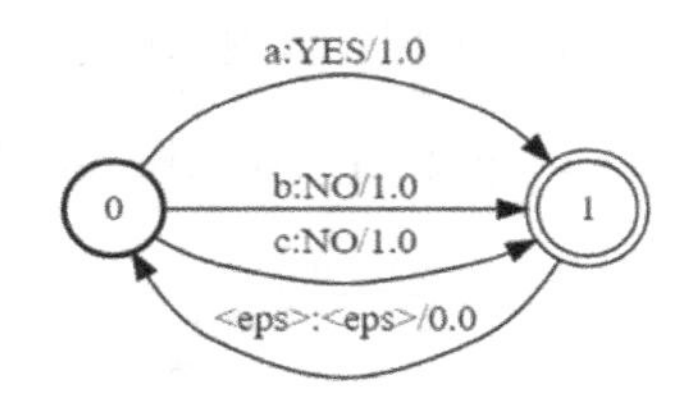

图 5-10　两个 WFST 复合的结果

复合后的图直接把 a 转录成 YES，把 b 和 c 转录为 NO。

复合可以说是 WFST 最常用的操作。该操作将两次 WFST 转录合并成等价的单次转录，可以有效简化序列的转录流程。

计算 $T_1 \circ T_2$ 的算法如下：

1）记 T_1 和 T_2 跳转的集合分别为 E_1 和 E_2。

2）遍历 T_1 和 T_2 所有的跳转 $e_1 \in E_1$ 和 $e_2 \in E_2$，在遍历过程中，如果某 e_1 的输出标签 $o[e_1]$ 和 e_2 的输入标签 $i[e_2]$ 相同，那么就把 e_1、e_2 的来源状态对 $(p[e_1],p[e_2])$和目标状态对$(n[e_1],n[e_2])$分别作为 T 的两个状态，并在 T 中加入一条从状态$(p[e_1],p[e_2])$指向$(n[e_1],n[e_2])$的跳转，其输入标签为$i[e_1]$、输出标签为 $o[e_2]$、权重为 e_1和 e_2 权重的 $\otimes$ 运算。

3）反复进行此操作，直到把所有满足$o[e_1] = i[e_2]$的 e_1、e_2处理完毕，在设定起始状态和结束状态及其权重后，就得到了 T_1 和 T_2 的复合结果 T。

关于起始状态和结束状态及其权重，考虑某状态对(q_1,q_2)，如果 q_1 和 q_2 分别为T_1和T_2的起始状态，那么就设定(q_1,q_2)为T的起始状态，其初始权重为 q_1 和 q_2 初始权重的 $\otimes$ 运算；类似地，如果 q_1 和 q_2 分别为 T_1 和 T_2 的终止状态，那么就设定(q_1,q_2)为 T 的终止状态，其终止权重为 q_1 和 q_2 终止权重的 $\otimes$ 运算。

5.4.3 词图的按发音展开

了解了 WFST 的复合运算，把词图按发音展开到音素级别，就显得非常容易了。

首先，我们需要有一个词级别的 G.fst，G.fst 的生成已在 5.3 节介绍过了。现在把 L 和 G 做复合运算，得到 LG：

$$\mathrm{LG} = \mathrm{L} \circ \mathrm{G}$$

LG 图把单音子序列转录成单词序列。如图 5-11 所示，（a）为 G，（b）为 L，（c）为 LG。

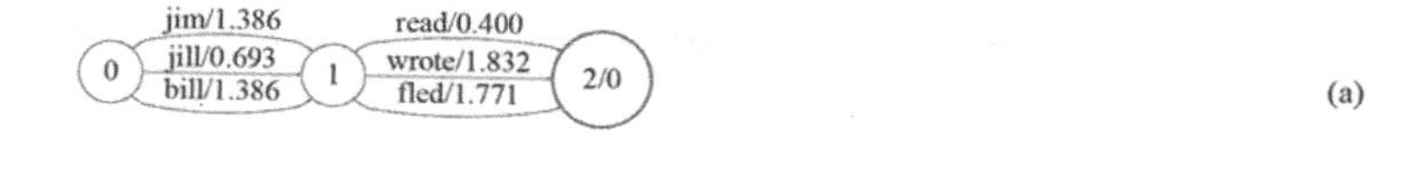

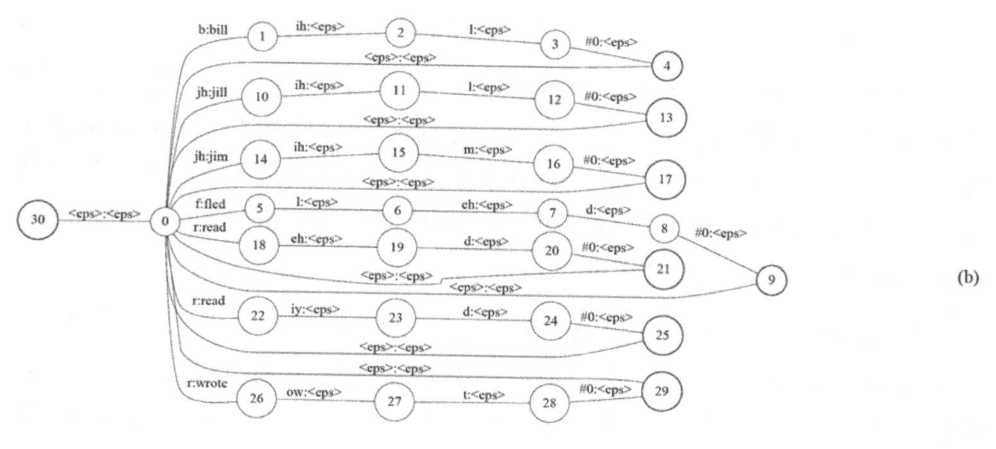

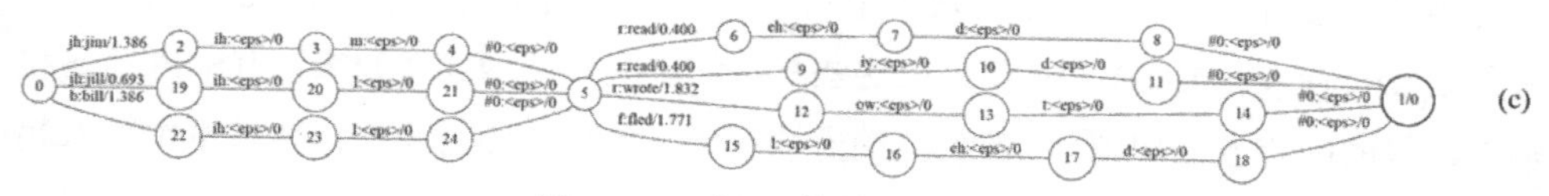

图 5-11　L 和 G 的 WFST 复合

可以看到，使用复合运算可以非常方便地把词图按发音展开。后面还会看到，状态图的各种展开都可以用复合运算实现，这样的操作十分规范，大大简化了构图操作的代码实现。而在早期的语音识别解码器实现中，图展开需要写比较复杂的代码，并且代码不统一，开发和维护效率低。利用复合运算进行词图展开，是 WFST 优势的一个典型体现。

5.4.4 LG 图对上下文展开

本书 4.3 节介绍了三音子模型，在状态图的构建过程中，需要使用三音子代替单音子。使用复合操作，可以方便地实现这个过程。

图 5-12（a）是一个简单的转录机，它从状态“k,ae”出发，跳转到状态“ae,t”时将单音子 ae 转录成三音子 ae/k_t。ae/k_t 表示 ae 音素的前一个音素是 k，后一个音素是 t。在经典的开源语音识别工具集 HTK 中，ae/k_t 也被写作 k−ae+t。

图 5-12　带上下文的音素转移

图 5-12（a）表示的转录机的一个问题是它会导致图不可确定化，确定化将在下文 5.5.1 节介绍。实际上，图 5-12（b）也可达到相同的转录效果，而且是可确定化的。图 5-12（a）和 图 5-12（b）的区别在于，5-12（b）的输入标签是 ae 音素的前一个音素 t，而不是 ae 本身。这看起来有一些反直觉，但转录效果的确是相同的。习惯上把这个上下文转录机简称为 C。

使用此思路，图 5-13 给出了音素集中包含两个音素x、y，且上下文只考虑前面音素（bi-phone）的完整的 C。图 5-13（a）是不考虑确定化的情况，比较容易直观地理解。要构建这个转录机，首先在图中设定好所有的状态。状态包括音素集两两组合得到的音素对，本例中由于音素集中只有两个音素，因此音素对共有$2^2=4$个，分别是(x,x)、(x,y)、(y,x)、(y,y)，在这些状态间用跳转两两连接起来，其输入标签和输出标签的确定方法和图 5-12（a）的方法相同。此外，还需要在该转录机中加入起始节点$(\varepsilon,*)$、结束节点(x,ε)和(y,ε)，并建立相应的跳转。图 5-13（b）是考虑确定化的情况，其输入标签和输出标签的确定方法采用图 5-12（b）的方法。

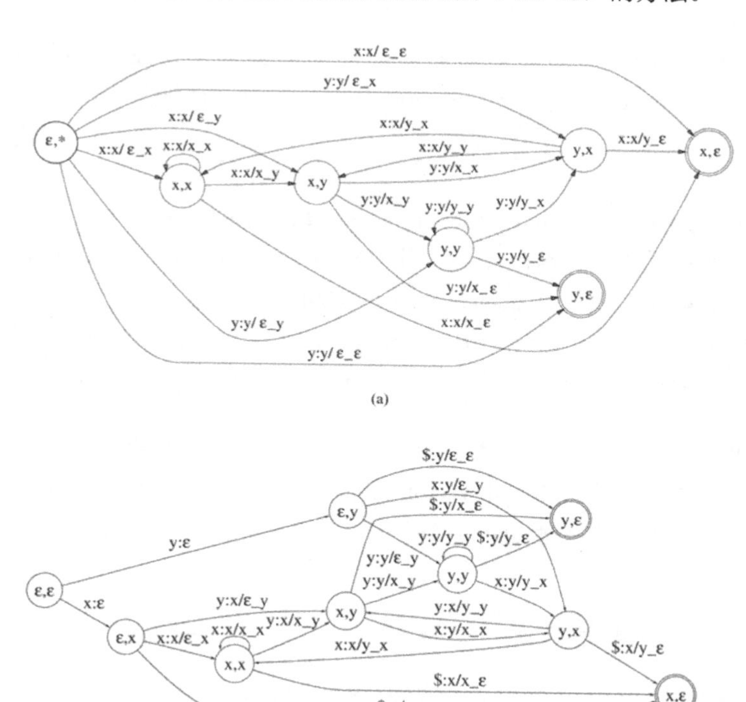

图 5-13　用 WFST 表示的音素上下文

Kaldi 的 src/fstbin/fstmakecontextfst 工具实现了构建图 5-13 的过程，读者可以使用该工具尝试构建一个音素集较小的 C。

得到了 C 后，将 C 和 LG 复合，就得到了 CLG。CLG 把音素上下文序列转录为单词序列。

实际上，并不是任意单音子的组合都是有意义的。在 Kaldi 的实现中，并不去真正地构建完整的 C，而是根据 LG ，一边动态构建局部的 C，一边和 LG 复合，避免不必要地生成 C 的全部状态和跳转。执行此操作的是 fstcomposecontext 工具：

```
fstcomposecontext
```

```
Composes on the left with a dynamically created context FST

Usage:  fstcomposecontext <ilabels-output-file>  [<in.fst> [<out.fst>] ]
E.g:  fstcomposecontext ilabels.sym < LG.fst > CLG.fst

Options:
--binary: If true, output ilabels-output-file in binary format
--central-position: Designated central position in context window
--context-size: Size of phone context window
--read-disambig-syms: List of disambiguation symbols on input of in.fst
--write-disambig-syms: List of disambiguation symbols on input of out.fst
```

fstcomposecontext 工具通过标准输出获取 LG，输出 ilabels 文件和 CLG.fst。在 C++ 实现中，ilabels 文件以 std::vector<std::vector<int32> > 形式存储信息，由一组 32 位整型数组构成，每个数组内记录了当前位置的输出标签所对应的上下文音素，比如：

```
ilabel_info[1500] == { 4, 30, 12 };
```

上述代码表示当 C 中的输入标签为 1500 时，对应的音素为第 30 号音素，左侧音素为 4 号音素，右侧音素为 12 号音素，即 1500:30/4_12。

脚本 utils/mkgraph.sh 中调用 fstcomposecontext 的代码如下：

```
fstcomposecontext $nonterm_opt --context-size=$N —central -position=$P \
  --read-disambig-syms=$lang/phones/disambig.int \
  --write-disambig-syms=$lang/tmp/disambig_ilabels_${N}_${P}.int \
   $ilabels_tmp $lang/tmp/LG.fst |\
   fstarcsort --sort_type=ilabel > $clg
```

在上面的脚本中，对应三音子，context size 为 3，central position 为 1。

除这两个参数外，上面的脚本还为 fstcomposecontext 指定了消歧符号表，用于后文将介绍的确定化。指定了上述参数后，该工具就会构建动态 C 并与 LG 复合，输出 CLG。

5.4.5 用 WFST 表示 HMM 拓扑结构

经过以上步骤，已经有了从上下文音素到单词的转录机。接下来，需要把 HMM 模型拓扑集成进去，以获得从 HMM 状态到单词的转录机。

首先，需要把 HMM 模型的拓扑结构及转移概率构建成 WFST，这个 WFST 习惯上被简称为 H。一个典型的 HMM 结构如图 5-14 所示。

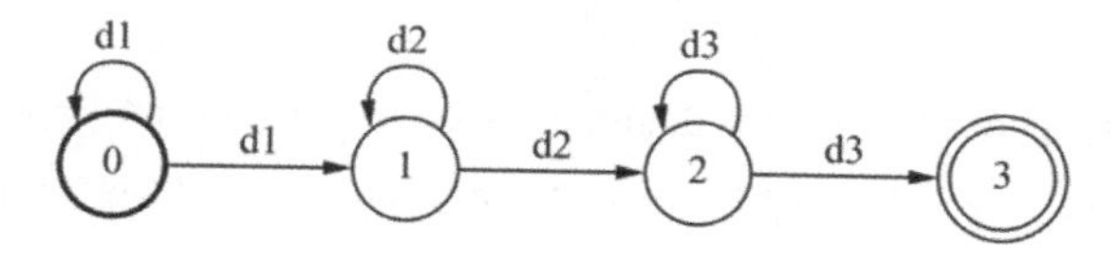

图 5-14　HMM 拓扑结构

HMM 的结构可以天然地用 WFST 表示：HMM 状态间的转移可以表示成 WFST 的跳转，转移概率可以表示成跳转的权重。需要注意的是，HMM 状态并不是直接表示成 WFST 的状态，而是把 HMM 状态号作为 WFST 的输入标签。WFST 的输出标签是 C 中的 ilabel。

把 HMM 拓扑结构并联在一起，我们把这个 WFST 称为 H，如图 5-15 所示。

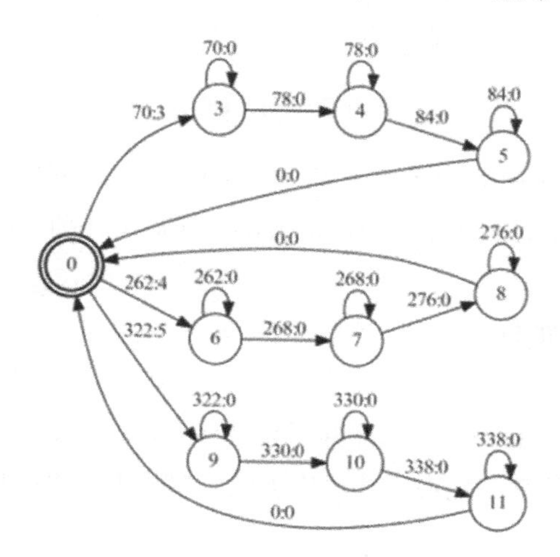

图 5-15　用 WFST 表示 HMM

Kaldi 提供了一个构建 H 的工具 make-h-transducer，脚本如下：

```
    make-h-transducer
    Make H transducer from transition-ids to context-dependent phones, without
self-loops [use add-self-loops to add them]
    Usage: make-h-transducer <ilabel-info-file> <tree-file>
<transition-gmm/acoustic-model> [<H-fst-out>]
    e.g.: make-h-transducer ilabel_info  1.tree 1.mdl > H.fst

    Options:
     --disambig-syms-out: List of disambiguation symbols on input of H
     --transition-scale: Scale of transition probs (relative to LM)
```

这个工具输入一个声学模型、上下文音素的聚类信息 tree 文件及 ilabel 列表，输出 H.fst。这个工具只使用了输入模型的 transition model 部分，无须使用高斯混合模型或神经网络表示的声学分布的信息。

该工具构建的 H 并没有加自跳转，这主要是为了方便和 CLG 的复合。此外，Kaldi 构建的 H 的输入标签是 transition-id，如前所述，transition-id 可以唯一地映射成 HMM 状态号即 pdf-id。

把上文 H 和 HCLG 复合在一起，就得到了状态图，习惯上称作 HCLG：

$$\mathrm{HCLG} = \mathrm{H} \circ \mathrm{CLG}$$

HCLG 是一个把 HMM 状态序列转录为单词序列的 WFST，这样结合声学特征和声学模型，就可以进行解码了。解码的方法将在后文详细介绍。

5.5 图的结构优化

在实际的构图中，HCLG 的构建并不只是 H、C、L、G 的简单复合。为了使图和解码更加高效，还需要对图做一些结构优化。本节将介绍这些优化过程。

5.5.1 确定化

本节介绍确定化的基本概念。为了简化问题，使用有限状态接收机（Weighted Finite-State Acceptor，WFSA）进行说明。WFSA 可以看作 WFST 的简化，和 WFST

的不同之处在于，WFSA 的每个跳转只有输入标签，而 WFST 还有输出标签。实际上，WSFA 可以用输入标签和输出标签相同的 WFST 表示，这正是开源框架 OpenFst 的做法。

如果一个 WFSA 只有一个起始状态，且从任意状态出发的跳转的输入标签各不相同，那么我们就说该 WFSA 是确定化的（Deterministic）。如图 5-16 所示，图 5-16（a）的状态 0 有两个输入标签为 a 的跳转，因此它不是确定化的；图 5-16（b）的任何状态引出的跳转的输入标签都不相同，因此它是确定化的。WFST 的情况类似，任意状态出发的跳转的输入标签各不相同，无须考察输出状态，就可认为该 WFST 是确定化的。

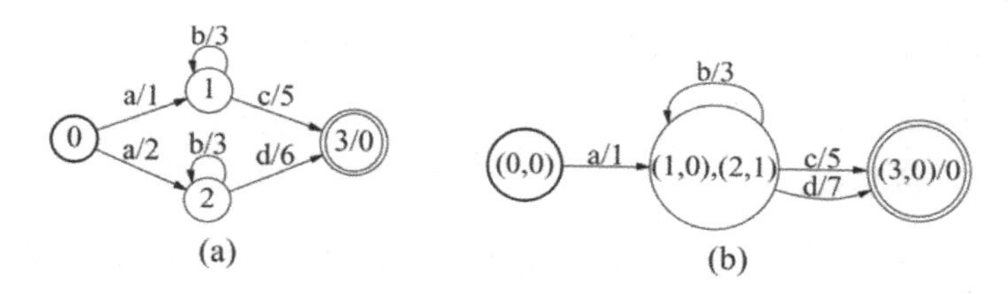

图 5-16 未确定化的和确定化的

确定化的图的冗余度要比非确定化的 WFST 的冗余度低得多。作为语音识别的状态图，确定化的图有很大的优势。对于确定化的图，一个节点上的任意输入序列都只对应唯一的跳转，这样可以大大减少在图中匹配序列的计算量。

可以使用特定的算法把一个可确定化的 WFST 转换成等价的确定化形式。这里所说的等价指的是：对于任意的输入序列，如果两个 WFST 的转录的输出序列相同，且转录的总权重相同，那么我们就称这两个 WFST 等价。

需要注意的是，并不是所有的 WFSA 或 WFST 都是可确定化的，但语音识别中遇到的大多数图，或者可以直接确定化，或者可以通过简单的一些变换，比如加入一些消歧符号来变为可确定化的图。

这里简要介绍一下孪生性质（Twins property），该特性可用于确保 WFSA 的可确定化。如果 WFSA 中的两个状态 q和q' 都能够从另一个状态 I 以相同的序列到达，并且 q 和 q' 上都存在标签相同的自环，那么 q 和 q'就是一个 sibling 状态对。如果一个 sibling 状态对的两个状态的自环权重相同，那么就称这两个状态是孪生的。

对于 WFST，如果 sibling 对中的两个状态 q 和 q'是孪生的，不仅要求它们的自环权重相同，而且要求 I 到 q 和 q' 路径的输出状态相同。如果 WFSA 图中任意 sibling 状态对都是孪生的，那么就称该图满足孪生性质。有证明，满足孪生性质是该 WFSA 可确定化的充分条件[15]。

进一步地，如果该 WFSA 是无歧（Unambiguous）的，那么满足孪生性质是该 WFSA 可确定化的充要条件。这里的无歧，是指对任意输入序列，与之对应的路径最多只有一条。

考虑上文介绍的 L，由于同音词的存在，L 不是无歧的，而且也不满足孪生性质，通常来说 L 是不可确定化的。但我们可以使用一个技巧，通过在发音词典中加入消歧符号 #0、#1、#k 等来消除多音词的存在，比如：

```
night    n ai t #0
knight   n ai t #1
```

同时，使用 fstaddselfloops 工具在 L 中的状态上增加自环，使其成为可确定化的图：

```
fstaddselfloops in-disambig-list out-disambig-list  [in.fst [out.fst] ]
```

下面介绍对 WFSA 的确定化算法。确定化算法的主要思路是不断地从原图中把输入标签相同的跳转合并，逐步加入初始为空的新图中。

算法的主要流程如下：

1）建立一个新的空图。

2）把原图的初始状态和相应的初始权重加入新图，并新建一个队列，把这些状态放入队列中。

3）从队列头部取出一个状态 p。

4）遍历状态 p 引出的所有跳转的输入标签。对每种输入标签 x，在新图中加入新状态及对应的跳转，新跳转的输入标签为 x，权重是原图中 x 对应的所有跳转的 $\oplus$ 运算。此步骤将原图中的若干跳转合并为一个跳转。

5）把步骤 4）的新状态加入队列。

6）回到步骤 3）继续处理队列，直到队列为空。

对于 WFST，在上述算法的步骤 3）中，还需要确定输出标签。对于一个可确定化的 WFST，待合并的跳转的输出标签或者全部相同，或者有些跳转的输出标签为ε，因此直接使用ε标签作为输出标签即可。如图 5-17 所示，（a）是确定化前的 WFST，（b）是确定化后的 WFST，（c）无法确定化。

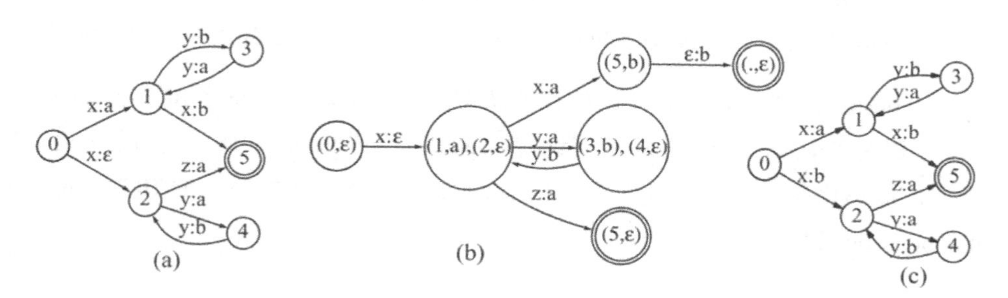

图 5-17 可确定化的与不可确定化的 WFST

在 HCLG 的构建过程中，要多次进行确定化。首先，当 LG 图构建完成后，要对 LG 进行确定化，记作$\mathrm{det(LG)}$。接着，对 CLG、HCLG 分别进行确定化，即：

$$\mathrm{HCLG} = \mathrm{det}(\mathrm{H}' \circ \mathrm{det}(\mathrm{C} \circ \mathrm{det}(\mathrm{L} \circ \mathrm{G})))$$

在上式中，H'是H不带自跳转的形式。

5.5.2 最小化

权重前推（Weight pushing）是一种有效的优化方法，其作用在于在保持图等价的条件下，使图的权重尽可能地推向起始状态。图上的权重主要来自语言模型的参数，权重前推有利于在后文将要介绍的解码过程中更早地利用语言模型信息，避免一些有效路径被错误地剪掉。如果有读者了解传统的语言模型前看（Look ahead）算法[16]，就会发现权重前推的思路与之颇有异曲同工之妙。

最小化（Minimization）也是一种对图的优化方法，目标是获取最少状态个数下的等价图。

对于一个已确定化的无权（Unweighted）图，有经典算法[17、18]对其进行最小化。

最小化在 Kaldi 中由 fstminimizeencoded 工具实现。和确定化一样，HCLG 的构建过程中也需要多次最小化操作，一般是在每次确定化之后即做一次最小化操作。

5.5.3 图的 stochastic 性质

如果一个 WFST 从任意状态出发的跳转的权重之⊕运算为 1，那么我们就说这个 WFST 满足 stochastic 性质。在一个满足 stochastic 性质的图上解码，解码效率要高一些。Kaldi 提供了一个 fstisstochastic 工具用于检查一个图是否满足 stochastic 性质。

fstpushspecial 工具可以使图的任意状态出发的跳转的权重之和为统一的值。在 LG 构建完毕后，应用一次该工具，使 LG 满足 stochastic 性质，之后的复合、确定化、最小化等操作都不会改变图的 stochastic 性质，这样最终的 HCLG 也是满足 stochastic 性质的。

5.6 最终状态图的生成

基于 WFST 的语音识别状态图构建的整体思路，就是把上文介绍的 G、L、C、H 复合在一起，最终生成的图习惯上被称作HCLG：

$$\mathrm{HCLG} = \mathrm{H} \circ (\mathrm{C} \circ (\mathrm{L} \circ \mathrm{G}))$$

除复合外，HCLG的生成还有一些其他步骤，主要是图的确定化、最小化、添加自跳转、移除消歧符等。移除消歧符的原因很容易理解，消歧符的主要作用是确保图的可确定化，当确定化操作完毕后，就可以把消歧符的跳转移除了。

生成HCLG的整体过程可以写作：

$$\mathrm{HCLG} = \mathrm{asl}(\min(\mathrm{rds}(\det(\mathrm{H}' \circ \min(\det(\mathrm{C} \circ \min(\det(\mathrm{L} \circ \mathrm{G})))))))$$

在上式中，asl 表示添加自跳转（add-self-loops），rds 表示去除消歧符（remove-disambiguation-symbols）。

基于以上步骤，Kaldi 构建HCLG的主要流程为

```
## 构造 G
arpa2fst --natural-base=false lm.arpa | \
  fstprint | eps2disambig.pl | s2eps.pl | \
  fstcompile –isymbols=map_word --osymbols=map_word \
  --keep_isymbols=false --keep_osymbols=false | \
  fstrmepsilon > G.fst

## 构造 L
make_lexicon_fst.pl lexicon_disambig 0.5 sil | \
  fstcompile --isymbols=map_phone --osymbols=map_word \
  --keep_isymbols=false --keep_osymbols=false | \
  fstarcsort --sort_type=olabel > L.fst

## LG = L ◦ G
fsttablecompose L.fst G.fst | fstdeterminizestar --use-log=true | \
  fstminimizeencoded | fstpushspecial > LG.fst

## 动态生成 C，并组合到 LG，得到 CLG
fstcomposecontext --context-size=3 --central-position=1 \
  --read-disambig-syms=list_disambig \
  --write-disambig-syms=ilabels_disambig \
  ilabels LG.fst > CLG.fst

## 构造 H
make-h-transducer --disambig-syms-out=tid_disambig \
  ilabels tree final.mdl > Ha.fst

## 得到最终 HCLG
fsttablecompose Ha.fst CLG.fst | \
  fstdeterminizestar --use-log=true | \
  fstrmsymbols tid_disambig | fstrmepslocal | fstminimizeencoded | \
  add-self-loops --self-loop-scale=0.1 --reorder=true \
  model_final.mdl > HCLG.fst
```

这样图就生成了。

接下来将介绍如何在这个图中搜索和语音最匹配的路径，即语音识别中常说的解码（Decode）。

5.7 基于令牌传递的维特比搜索

构建了上文所述的 HCLG 后，我们希望在图中找到一条最优路径，该路径上输出标签所代表的 HMM 状态在待识别语音上的代价要尽可能低。这条路径上去除 ϵ 后的输出标签序列就是单词级识别结果，这个过程就是解码。

有时我们也希望找到最优的多条路径，每条路径都对应一个识别结果，这个识别结果的列表被称为最优 N 个（N-best）列表。

在 HMM 上解码的经典算法是维特比（Viterbi）算法。维特比算法和前向算法、Baum-welch 算法并列，分别是 HMM 三个经典问题（评估问题、解码问题、学习问题）的解决方案。

维特比算法的朴素实现，通常是建立一个$T \times S$的矩阵，T为帧数，S为 HMM 状态总数。对声学特征按帧遍历，对于每一帧的每个状态，把前一帧各个状态的累积代价和当前帧在当前状态下的代价累加，选择使当前帧代价最低的前置状态作为当前路径的前置状态。在实现中，并不需要始终存储整个矩阵的信息，而只保留当前帧及上一帧的信息即可，如图 5-18 所示。

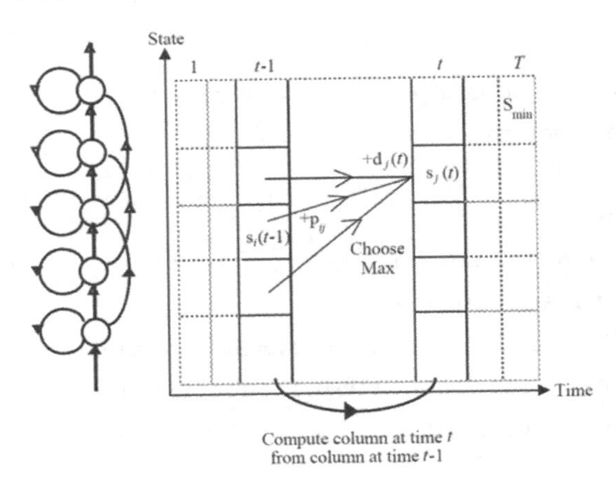

图 5-18 维特比算法的朴素实现

维特比算法除应用于语音识别外，也经常应用在一些 NLP 算法或基于拼接（Concatenation）的语音合成（Text-To-Speech，TTS）算法中。在这些领域中，维特比算法的实现通常采用上文所述的朴素实现方法，但在语音识别中，更常见的是使用一种更加灵活的算法来实现维特比算法，即令牌传递（Token-passing）算法。

顾名思义，该算法的基本思路就是把令牌进行传递。这里所说的令牌实际上是历史路径的记录，对每一个令牌，都可以读出或回溯出全部的历史路径信息。令牌上还存储该路径的累积代价，用于评估该路径的优劣。

算法启动后，首先在所有起始状态上放置一个令牌，然后对于每一帧，所有的令牌都沿跳转向前传递，把传递代价进行累积。这里的传递代价包括声学代价和图固有代价。如果一个状态有多个跳转，那么就把令牌复制多份，分别传递。这样传递到最后一帧，检查所有令牌的代价，选出一个最优令牌，就是路径搜索结果了。如果选分数排名靠前的若干令牌，就得到了 N-best 结果。

上述算法有一个问题，即令牌的个数随着令牌的复制过程会有指数级的增长，很快就会耗尽内存。考虑到维特比算法的一个主要思想是全局最优必然局部最优，即如果一条路径是全局最优的，那么该路径必然是其所经过任意状态的局部最优路径。所以，当多个令牌传递到同一个状态时，只保留最优令牌即可，如图 5-19 所示。

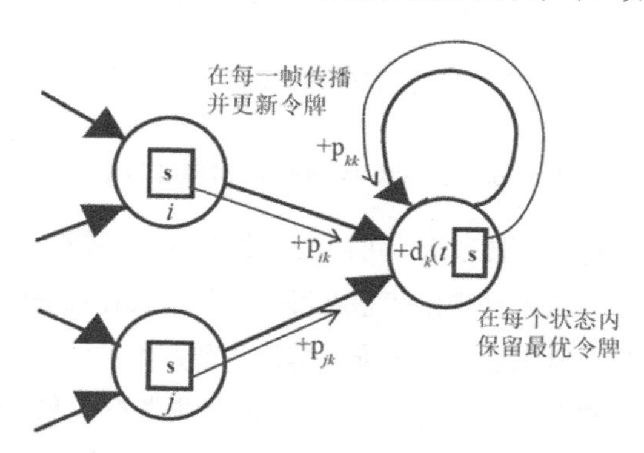

图 5-19　每个状态只保留一个令牌

如果读者了解一些早期的非 WFST 构图的解码器，可能会知道这些解码器的每个状态上不止保留单个令牌，而是保留多个令牌。这是由于这些解码器的语言分数是在解码过程中从语言模型查询的，导致搜索算法并不严格满足维特比算法的全局最优路径必然局部最优的性质，因此需要保留多个令牌。而以 Kaldi 解码器为代表的基于 WFST 的解码器，语言分数直接保留在静态的 WFST 中，因此严格满足局部最优性质，所以每个状态只保留单一令牌即可。

每个状态只保留单一令牌的方法可以大幅减少计算量，但令牌的数量仍然会快速增长，因此需要采用其他方法进一步限制解码的计算量。常见的方法是制定一组规则，比如全局最多令牌个数、当前令牌和最优令牌的最大分差等一系列条件，每传递指定的帧数，就把不满足这些条件的令牌删除，称为剪枝（Prune）。

令牌传递流程按帧进行，当执行到最后一帧时，令牌传递结束。此时，查看所有终止状态上的令牌，取最优的一个或多个令牌，按照其上的信息可以取出或回溯出这些令牌所对应的路径，这样就得到识别结果了，如图 5-20 所示。

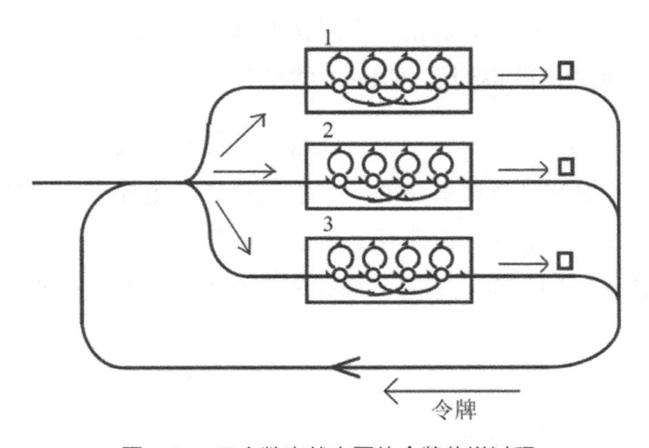

图 5-20　三个数字状态图的令牌传递过程

有时，解码参数设置的剪枝过大，可能会导致在解码到最后一帧前，所有的令牌全部被剪掉，或者在解码结束时终止状态上没有令牌，这时就解码失败了。可以通过修改剪枝条件重新解码，避免过度剪枝导致解码失败。如果剪枝很宽松，但仍然解码失败，一般就是待识别的语音和声学模型/语言模型非常不匹配，此时就需要检查模型的训练了。

5.8　SimpleDecoder 源码分析

SimpleDecoder 是 Kaldi 中最简单的解码器。虽然简单，却完整地演示了解码的全过程。理解了这个解码器后，其他解码器的代码就很容易读懂了。本节将在 C++ 源码级别分析该解码器的工作原理。

SimpleDecoder 是以库的形式提供的，并不能直接执行，但 Kaldi 实现了几个基于 SimpleDecoder 的可执行的解码器程序，便于直接使用。gmm-decode-simple 是一个基于 SimpleDecoder 实现的针对 GMM 声学模型的解码器。本节分析 gmm-decode-simple 解码器的执行过程。

首先我们来搭建可执行的环境，以便用 gdb 等工具跟踪程序的执行。在 src/gmmbin 目录下编译 gmm-decode-simple.cc 后，会在 src/gmmbin 目录下生成同名可执行程序 gmm-decode-simple。首先看一下这个程序的使用说明：

```
gmm-decode-simple

Decode features using GMM-based model.
Viterbi decoding, Only produces linear sequence; any lattice
produced is linear

Usage:  gmm-decode-simple [options] <model-in> <fst-in> <features-rspecifier>
<words-wspecifier> [<alignments-wspecifier>] [<lattice-wspecifier>]
Options:
  --acoustic-scale: Scaling factor for acoustic likelihoods
  --allow-partial: Produce output even when final state was not reached
  --beam: Decoding log-likelihood beam
  --word-symbol-table: Symbol table for words
```

gmm-decode-simple 程序输入 GMM 声学模型、HCLG 解码图、声学特征，输出单词级解码结果，可选输出帧对齐结果和词格。注意这里的词格只是在格式上是 Kaldi 的词格格式，实际上是线性结构的，并不包含更多的路径信息。如果需要生成真正的词格，应该使用更复杂的词格生成解码器。词格生成解码器将在后文 5.10 节介绍。

下面来准备需要的输出。以 Librispeech 的训练流程为例，取第一次三音子模型训练的结果当作示例模型，那么所需要的声学模型和状态图分别可以取自如下文件。

- 声学模型：exp/tri1/final.mdl。
- 状态图：exp/tri1/graph_nosp_tgsmall/HCLG.fst。

声学特征可以简单地取自 data/test/feats.scp，但需要对声学特征进行 CMVN 及 Delta 处理：

```
data=data/test_clean
apply-cmvn --utt2spk=ark:$data/utt2spk scp:$data/cmvn.scp \
 scp:$data/feats.scp ark:- | add-deltas ark:- ark:feats_cmvn_delta.ark
```

这样就得到了解码所需要的全部输入，可以使用 gmm-decode-simple 工具解码了：

```
am=exp/tri1/final.mdl
hclg=exp/tri1/graph_nosp_tgsmall/HCLG.fst
gmm-decode-simple $am $hclg ark:feats_cmvn_delta.ark ark,t:result.txt
```

识别结果保存在 result.txt 文件中。

下面分析该程序的执行，建议读者使用 gdb 或一些支持调试功能的文本编辑器来跟踪程序执行过程。

首先是模型的读取：

```
TransitionModel trans_model;
AmDiagGmm am_gmm;
{
 bool binary;
 Input ki(model_in_filename, &binary);    // model_in_filename: "final.mdl"
 trans_model.Read(ki.Stream(), binary);
 am_gmm.Read(ki.Stream(), binary);
}
```

然后是特征读取的准备：

```
// feature_rspecifier: "ark:feats_cmvn_delta.ark"
SequentialBaseFloatMatrixReader feature_reader(feature_ rspecifier);
```

SequentialBaseFloatMatrixReader 类可以读入一个读声明符表示的特征表单文件，通过其成员函数 Key() 和 Value() 读取输入特征表单的索引列表及每个索引所对应的声学特征。声学特征用二维矩阵表示，每行对应一帧，每列对应声学特征的一维。因此，这里使用 SequentialBaseFloatMatrixReader 类可以方便读取。

接下来，使用输入的 HCLG 创建 SimpleDecoder：

```
// fst_in_filename: "HCLG.fst"
Fst<StdArc> *decode_fst = ReadFstKaldiGeneric(fst_in_filename);
SimpleDecoder decoder(*decode_fst, beam);
```

这里的 beam 用于控制剪枝的强度，beam 的值越小，剪枝能力越强。这里默认 beam 的值为 16.0，也可自行设置。

初始化完毕，可以开始解码了。gmm-decode-simple 程序使用了一个循环，对特征文件中的所有句子遍历解码：

```
for (; !feature_reader.Done(); feature_reader.Next()) {
  std::string utt = feature_reader.Key();                    // 句子 ID
  Matrix<BaseFloat> features (feature_reader.Value());  // 该 ID 对应的特征矩阵
  // 解码
  ……
}
```

调用 SimpleDecoder 的 Decode() 函数，就完成了解码过程，使用十分简单：

```
  DecodableAmDiagGmmScaled gmm_decodable(am_gmm, trans_model, features,
acoustic_scale);
  decoder.Decode(&gmm_decodable);
```

解码的外层代码就是上面的几行。

接下来看一下作为 Decode() 函数输入参数的 DecodableAmDiagGmmScaled 类。DecodableAmDiagGmmScaled 类是 DecodableAmDiagGmmUnmapped 类的子类，是接口 DecodableInterface 在对角协方差 GMM 上的实现，如图 5-21 所示。

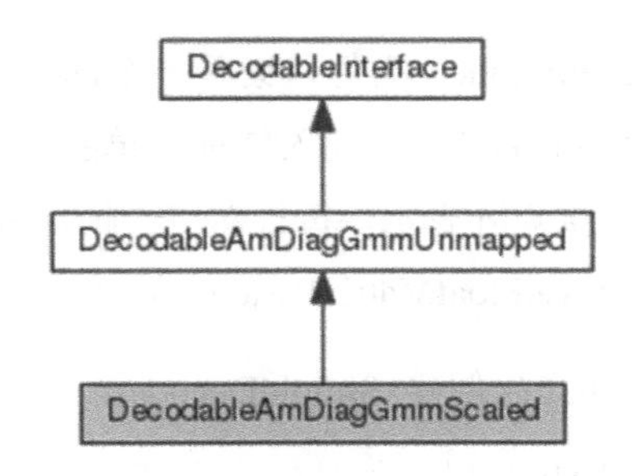

图 5-21 DecodableAmDiagGmmScaled 解码器接口的继承关系

接口 DecodableInterface 给出特征和声学分数的对应关系，可以理解为它根据声学模型，计算并给出某一帧的声学分数。这个接口是 Kaldi 代码中的基础数据结构之一，有很重要的意义。它定义了 Kaldi 中所有解码器的声学分来源，使解码器不依赖于声学模型的内部机理。无论声学分来源 GMM 还是 nnet2、nnet3，或者类似 TensorFlow、pyTorch 等深度学习框架，甚至事先生成好的声学分矩阵，解码器都可以一视同仁地解码。因此，各种解码器可以和各种声学模型自由组合，构建出将在 5.9 节介绍的众多解码器。如果读者有兴趣，比如希望对一个基于某其他深度学习框架训练的声学模型进行解码，就可以通过实例化 DecodableInterface 虚基类来使用 Kaldi 的各种解码器。

该接口定义为如下抽象类：

```
class DecodableInterface {
 public:
  // 返回某一帧 frame 的某一个状态 index 的对数似然值
  virtual BaseFloat LogLikelihood(int32 frame, int32 index) = 0;

  // 返回布尔值，判断是否已取到最后一帧
  virtual bool IsLastFrame(int32 frame) const = 0;

  // 返回已经可用的帧数
  virtual int32 NumFramesReady() const;

  // 返回状态个数
  virtual int32 NumIndices() const = 0;
```

```
  // 虚析构函数
  virtual ~DecodableInterface() {}
};
```

Decodable 类中的核心成员函数是 LogLikelihood()，该函数返回某帧某状态的声学分。如果声学模型是 GMM，那么声学分就是通过高斯混合概率密度函数计算得到的；如果声学模型是神经网络，那么声学分就是通过神经网络的前向传播得到的。在实现 Decodable 时，一般需要在内部建立一个缓存（Cache），用于存储已经计算过的帧的声学分，避免重复计算，节约计算资源。

现在我们跟踪到 SimpleDecoder 的 Decode() 函数内层，看一下该函数的实现：

```
bool SimpleDecoder::Decode(DecodableInterface *decodable) {
  InitDecoding();
  while( !decodable->IsLastFrame(num_frames_decoded_ - 1)) {
    ClearToks(prev_toks_);
    cur_toks_.swap(prev_toks_);
    ProcessEmitting(decodable);
    ProcessNonemitting();
    PruneToks(beam_, &cur_toks_);
  }
  return (!cur_toks_.empty());
}
```

这个函数的实现非常简捷。通过 InitDecoding() 函数初始化解码后，就开始对 Decodable 中的所有可用帧遍历，直到遍历到最后一帧，解码完成。

对每一帧，首先使用 ClearToks() 清理之前的历史令牌并把当前的令牌交换为上一帧的令牌，然后依次执行下面三个步骤：

1）ProcessEmitting: 对 HCLG 上 emitting 跳转的令牌进行传递。

2）ProcessNonemitting: 对 HCLG 上 non-emitting 跳转的令牌进行传递。

3）PruneToks：对令牌进行剪枝。

为了理解这里的 emitting 和 non-emitting 跳转，请读者回忆前文介绍的基于 WFST 的 HCLG 构建。对于一个构建完毕的 HCLG，其每个跳转都有输入标签和输出标签。若输入标签为 transition-id，由于 transition-id 可以唯一地被映射为 HMM 状态即 pdf-id，因此已知输入标签，就可以由声学模型得到该标签所对应的 HMM 状态的概率密度分布。但在生成 HCLG 的过程中，一些对图的优化操作有时也会使有些跳转的标签成为 ε，这样的跳转是不对应任何声学状态的。我们把输入标签不为 ε 的跳转称为 emitting 跳转，意为该跳转对应一个带有发射概率的 HMM 状态；相应地，把输入标签为 ε 的跳转称为 non-emitting 跳转。

ProcessEmitting 和 ProcessNonemitting 这两个函数是令牌传递算法的核心，其源码其实并不长。下面是 ProcessEmitting 函数的源码，并做了注释：

```
void SimpleDecoder::ProcessEmitting(DecodableInterface *decodable) {
  int32 frame = num_frames_decoded_;
  // 处理一帧。从 prev_toks_ 传递到 cur_toks_
  // 在调用本函数之前，cur_toks_.swap(prev_toks_) 已完成了 prev_toks_ 的填充
  //设置一个界线，用于剪掉分数过低的令牌
  double cutoff = std::numeric_limits<BaseFloat>::infinity();
  // 对 prev_toks_即上一帧的全部带令牌的状态进行遍历
  for (unordered_map<StateId, Token*>::iterator iter = prev_toks_.begin();
       iter != prev_toks_.end();
       ++iter) {
    StateId state = iter->first;
    Token *tok = iter->second;     // 获取当前状态的令牌
    KALDI_ASSERT(state == tok->arc_.nextstate);

    // 遍历从当前状态出发的每一个跳转
    for (fst::ArcIterator<fst::Fst<StdArc> > aiter(fst_, state);
         !aiter.Done();
         aiter.Next()) {
      const StdArc &arc = aiter.Value();
      if (arc.ilabel != 0) {  // 只处理输出标签不为 <eps> 的情况
        // 调用 Decoderable 的 LogLikelihood()函数计算声学分
```

```
        BaseFloat acoustic_cost = -decodable->LogLikelihood(frame, arc.ilabel);

        // 代价 = 历史代价 + 图权重 - 声学分
        double total_cost = tok->cost_ + arc.weight.Value() + acoustic_cost;

        // 如果代价过大，则剪掉该路径
        if (total_cost > cutoff) continue;

        // 更新界线值，使剪枝阈值在一个合理的范围内
        if (total_cost + beam_  < cutoff)
          cutoff = total_cost + beam_;

        // 基于当前令牌，建立新令牌
        Token *new_tok = new Token(arc, acoustic_cost, tok);
        unordered_map<StateId, Token*>::iterator find_iter
           = cur_toks_.find(arc.nextstate);

        if (find_iter == cur_toks_.end()) {
          // 下一个状态上如果还没有令牌，那么将此令牌放到下一个状态上
          cur_toks_[arc.nextstate] = new_tok;
        } else {
          if ( *(find_iter->second) < *new_tok ) {
            // 如果下一个状态的令牌不如新令牌代价小，则用新令牌替换下一个状态的令牌
            Token::TokenDelete(find_iter->second);
            find_iter->second = new_tok;
          } else {
            // 如果下一个状态的令牌比新令牌代价小，则删除新令牌
            Token::TokenDelete(new_tok);
          }
        }
      }
    }
  }
```

```
    num_frames_decoded_++;
  }
```

上面用注释的形式分析了 ProcessEmitting 函数。可以看到，该函数对 4.4.7 节介绍的令牌传递算法做了简捷、有效的实现。ProcessNonemitting 的代码和 ProcessEmitting 的代码其实非常类似，它们的主要区别是：ProcessNonemitting 只处理 arc.ilabel==0 的情况，而 ProcessEmitting 只处理 arc.ilabel!=0 的情况；ProcessNonemitting 不计算声学分数，因为所有的输入标签都是 ε，无须计算声学分，其总代价只是历史代价和图权重的和，其余代码和 ProcessEmitting 的代码相同。其实，ProcessNonemitting 的代码就是简化版的 ProcessEmitting 的代码。

最后的 PruneToks 函数的功能是对当前所有令牌进行遍历，删掉代价相对较大的令牌。

当 Decode() 函数执行完毕后，解码的主体流程实际上就已经结束了，接下来需要执行一些步骤来取出识别结果。SimpleDecoder 解码器提供了一个函数 ReachedFinal()，用于检查是否解码到了最后一帧。通常来说，如果模型训练较好，解码时都可以到达最后一帧。但如果声学模型或语言模型和待测音频不匹配，则有可能所有的令牌在传递过程中都被剪掉，这时就无法解码到最后一帧了。出现这种情况时，可尝试设置更大的 beam 值，因为 beam 值越大，剪枝能力越弱。如果还是无法解码到最后，就需要分析声音，考虑重新训练声学模型和语言模型了。如果经 ReachedFinal() 函数检查，解码正常完成，那么可以用 SimpleDecoder 的 GetBestPath() 函数取出解码结果。

本例中的相应代码为：

```
VectorFst<LatticeArc> decoded;
decoder.GetBestPath(&decoded)
```

这样就把结果放到一个词格式的结果中，词格的概念将在 5.10 节介绍。实际上这个结果的存储只是借用了词格结构的格式，其内容仍只有单一路径。

最后，把该词格对应的单词序列用如下代码取出：

```
std::vector<int32> words;
GetLinearSymbolSequence(decoded, NULL, &words, NULL);
```

这样就得到了识别结果的单词序列，存储在 std::vector 结构的 words 中。注意这里存储的是 word ID，还需要对应 words.txt 文件将其转换成对应的文本。也可以把 words.txt 的路径指定为参数 --word-symbol-table 来完成这种转换。

以上就是以 gmm-decode-faster 为例的 SimpleDecoder 的解码过程。虽然 SimpleDecoder 是最简单的解码器，但其他更复杂的解码器和 SimpleDecoder 并没有本质不同，读者可根据 SimpleDecoder 的原理来理解其他的解码器实现。

5.9 Kaldi 解码器家族

前文分析了 Kaldi 的 SimpleDecoder 解码器，SimpleDecoder 实现了基本的解码功能，该解码器的存在主要是为了演示解码的原理，是一个很好的示例。

除简单解码器 SimpleDecoder 外，Kaldi 中还实现了一些更复杂的解码器，包括快速解码器（FastDecoder）和词格生成解码器（LatgenDecoder）。快速解码器和词格生成解码器分别有其在线版本 OnlineFasterDecoder 和 LatticeFasterOnlineDecoder。

这些解码器的基本思想都是相同的。快速解码器和简单解码器几乎完全相同，只是在剪枝策略上做了一些改进，比如同一时刻最多允许的令牌个数等。词格生成解码器的令牌数据结构和传递规则与上述解码器稍有不同，但和上面两者的区别也不是很大。词格生成解码器的解码结果并非单一文本，可认为是状态图的子图，只保留了词级别的信息，称为词格（Lattice）。在每次令牌传递的过程中，词格生成解码器使用增加“前向链接”（ForwardLink）而不是删除旧令牌的方法来生成词格。

如果希望得到识别结果，则要用最佳路径（Best path）算法从词格中搜索最佳路径。生成词格作为中间步骤，一个主要优势是可以对词格进行修改，比如调整声学和语言的分数权重、改用更大的语言模型等，称为重打分（Rescore）。关于词格解码器和重打分，将在 5.11 节介绍。

Kaldi 还实现了一种大语言模型快速解码器（BiglmFasterDecoder），用于语言模型非常大的情况。这种解码器在实际工程中被选用的不多，对于超大语言模型，工程上仍倾向于使用非 WFST 的解码器。非 WFST 解码器是更传统的解码器，在 Kaldi 中没有实现，本书不做介绍，有兴趣的读者可以参考开源工具集 HTK 的解码器实现来了解更传统的解码器。

Kaldi 的解码器是以库的形式实现的，方便工程上基于这些库封装满足实际需要的实用解码器。Kaldi 也基于这些库封装好了一些可执行的解码器程序，既可作为封装的例子参考，也可被直接使用。

前文 4.2.4 节介绍的对齐（Align）也是一种特殊的解码，其原理和这里介绍的解码的原理完全相同，不同点仅仅是状态图的 G 不是来自 N 元文法语言模型，而是来自对齐文本的线性串联。事实上，Kaldi 中的对齐工具正是封装自快速解码器。

表 5-1 总结了 Kaldi 的众多解码器实现。

表 5-1　Kaldi 的众多解码器实现

可执行程序	基于的解码器	声学分来源
align-mapped	FasterDecoder	预计算的矩阵
align-compiled-mapped	FasterDecoder	预计算的矩阵
latgen-faster-mapped	LatticeFasterDecoder	预计算的矩阵
latgen-faster-mapped-parallel	LatticeFasterDecoder	预计算的矩阵
gmm-decode-faster	FasterDecoder	GMM 模型
gmm-decode-simple	SimpleDecoder	GMM 模型
gmm-align	FasterDecoder	GMM 模型
gmm-align-compiled	FasterDecoder	GMM 模型
gmm-decode-faster-regtree-mllr	FasterDecoder	GMM 模型
gmm-latgen-simple	LatticeSimpleDecoder	GMM 模型
gmm-decode-biglm-faster	BiglmFasterDecoder	GMM 模型
gmm-latgen-faster	LatticeFasterDecoder	GMM 模型
gmm-latgen-biglm-faster	LatticeBiglmFasterDecoder	GMM 模型
gmm-latgen-map	LatticeFasterDecoder	预计算的矩阵
gmm-latgen-faster-parallel	LatticeFasterDecoder	GMM 模型
gmm-latgen-faster-regtree-fmllr	LatticeFasterDecoder	GMM 模型
nnet-latgen-faster-parallel	LatticeFasterDecoder	nnet2 模型
nnet3-latgen-faster	LatticeFasterDecoder	nnet3 模型
nnet3-latgen-faster-parallel	LatticeFasterDecoder	nnet3 模型
nnet3-align-compiled	FasterDecoder	nnet3 模型
nnet3-latgen-grammar	LatticeFasterDecoder	nnet3 模型
nnet3-latgen-faster-batch	LatticeFasterDecoder	nnet3 模型

续表

可执行程序	基于的解码器	声学分来源
online2-wav-nnet2-latgen-faster	LatticeFasterOnlineDecoder	nnet2 模型
online2-wav-nnet2-latgen-threaded	LatticeFasterOnlineDecoder	nnet2 模型
online2-wav-nnet3-latgen-faster	LatticeFasterOnlineDecoder	nnet3 模型
online2-wav-nnet3-latgen-grammar	LatticeFasterOnlineDecoder	nnet3 模型
online-gmm-decode-faster	OnlineFasterDecoder	GMM 模型
online-wav-gmm-decode-faster	OnlineFasterDecoder	GMM 模型

5.10 带词网格生成的解码

前文介绍了简单解码器 SimpleDecoder。SimpleDecoder 主要用来演示令牌传递算法原理，很少被实际应用。有一种改进是快速解码器 FastDecoder，该解码器使用了改进的剪枝策略，是一个实用的解码器。FastDecoder 和 SimpleDecoder 在数据结构上十分类似，输出都是单一的最佳路径。

但是，在使用中，解码的更常见做法不是只输出一个最佳路径，而是输出一个词网格（Word Lattice）。词网格并没有一个统一的定义，各文献中的定义方式都有所不同。在 Kaldi 中，词网格被定义为一个特殊的 WFST，该 WFST 的每个跳转的权重由两个值构成，不是标准 WFST 的一个值。这两个值分别代表声学分数和语言分数。和 HCLG 一样，词网格的输入标签和输出标签分别是 transition-id 和 word-id。

Kaldi 中的词网格满足以下特性。

- 所有解码分数或负代价大于某阈值的输出标签（单词）序列，都可以在词网格中找到对应的路径。
- 词网格中每条路径的分数和输入标签序列都能在 HCLG 中找到对应的路径。
- 对于任意输出标签序列，最多只能在词网格中找到一条路径。

可以把词网格想象成一个简化的状态图，其中只包含解码分数较高的路径，而去除了原图中可能性较小的路径。同时，把解码时计算的声学分数也记录到了这些路径中。这样，词网格就可以作为解码的结果，既包含了最佳路径，也包含了其他可选路径。

LatticeSimpleDecoder 是一个简单的以词网格形式作为输出的解码器，它在 SimpleDecoder 的基础上做了一些修改。类似 gmm-decoder-simple 工具封装了 SimpleDecoder，gmm-latgen-simple 工具是 LatticeSimpleDecoder 的封装。

读者对比 gmm-decoder-simple 和 gmm-latgen-simple 的代码，可以看到两者的代码几乎完全相同，不同之处在于使用了不同的解码器。进一步对比 LatticeSimpleDecoder 和 SimpleDecoder，两者的一个主要的区别是，在 LatticeSimpleDecoder 的 ProcessEmitting () 和 ProcessNonemitting () 函数中，令牌传递的操作代码是：

```
Token *next_tok = FindOrAddToken(arc.nextstate, frame + 1,
                                 tot_cost, true, NULL);
tok->links = new ForwardLink(next_tok, arc.ilabel, arc.olabel,
                             graph_cost, ac_cost, tok->links);
```

而 SimpleDecoder 令牌传递的对应代码为：

```
Token *new_tok = new Token(arc, acoustic_cost, tok);
// 如果需要传递
Token::TokenDelete(find_iter->second);
find_iter->second = new_tok;
```

也就是说，LatticeDecoder 并不是像经典令牌传递算法那样向前传递令牌本身，而是在创建新令牌后，使用一个“前向连接”（ForwardLink）把令牌们连接起来。随着令牌的不断创建和连接，各状态上的令牌本身及其连接就构成了一个新图，这就是状态级词格（State-level lattice），有时也被称作原始词格（Raw lattice）。每隔指定的帧数，比如 25 帧，就调用 PruneActiveTokens () 函数对词格剪枝，使词格中只保留分数较高的少数路径。剪枝后的词格可以通过 Lattice Decoder 的 GetRawLattice () 函数获取。

原始词格是未经确定化的，因此对每种单词序列，在词格中都能找到很多条路径，导致词格非常庞大，这不利于词格内的搜索。除非要做声学模型的重打分（使用中很少见），否则有必要把词格处理成确定化的形式。既可以把词格转换成单权重 WFST 的形式，然后使用前文所述的方法和工具进行确定化，也可以使用 Kaldi 提供的专门为词格优化的确定化函数 DeterminizeLattice()，该函数同时完成了ε去除和确定化。

得到词格后，对词格的各路径按照分数降序排列，就得到了多个解码结果，即最优 N 列表（N-best list）。

Kaldi 提供了一个把词格转换成最优 N 列表的工具：

```
lattice-to-nbest
Work out N-best paths in lattices and write out as FSTs
Note: only guarantees distinct word sequences if distinct paths in
input lattices had distinct word-sequences (this will not be true if
you produced lattices with --determinize-lattice=false, i.e. state-level
lattices).
Usage: lattice-to-nbest [options] <lattice-rspecifier> <lattice-wspecifier>
 e.g.: lattice-to-nbest --acoustic-scale=0.1 --n=10 ark:1.lats ark:nbest.lats

Options:
  --acoustic-scale: Scaling factor for acoustic likelihoods
  --lm-scale: Scaling factor for language model scores.
  --n: Number of distinct paths
  --random: If true, generate n random paths instead of n-best pathsIn this case,
all costs in generated paths will be zero.
  --srand: Seed for random number generator
```

使用 lattice-to-nbest 工具生成的列表仍然使用词格格式保存，但结构是各路径的直接并联。也可以使用 lattice-best-path 工具，直接得到文本方式表示的最佳路径的单词序列：

```
lattice-best-path
Generate 1-best path through lattices; output as transcriptions and alignments
Note: if you want output as FSTs, use lattice-1best; if you want output
with acoustic and LM scores, use lattice-1best | nbest-to-linear
Usage: lattice-best-path [options] <lattice-rspecifier>
[ <transcriptions-wspecifier> [ <alignments-wspecifier>] ]
 e.g.: lattice-best-path --acoustic-scale=0.1 ark:1.lats 'ark,t:|int2sym.pl -f
```

```
2- words.txt > text' ark:1.ali

    Options:
      --acoustic-scale: Scaling factor for acoustic likelihoods
      --lm-scale: Scaling factor for LM probabilities. Note: the ratio
acoustic-scale/lm-scale is all that matters.
```

关于词格生成的更详细论述，推荐读者阅读文献[19]。

5.11 用语言模型重打分提升识别率

在构建 HCLG 时，如果语言模型非常大，则可能会构建出很大的 G.fst，而 HCLG.fst 的大小又是 G.fst 的若干倍，以至于 HCLG.fst 大到无法载入。所以，通常会采用语言模型裁剪等方法控制 HCLG 的规模。SRILM 工具包中的 ngram-count 工具的 prune 参数提供了裁剪功能：

```
    -prune threshold
    Prune N-gram probabilities if their removal causes (training set) perplexity
of the model to increase by less than threshold relative.

    -minprune n
    Only prune N-grams of length at least n. The default (and minimum allowed value)
is 2, i.e., only unigrams are excluded from pruning.
```

使用 ngram-count 工具可以方便地对已训练好的语言模型进行裁剪。关于裁剪算法的内部原理，可参考 SRI 在 2000 年发布的论文[20]。

裁剪后的语言模型或多或少会损失识别率。基于 WFST 的解码方法对这个问题的解决策略是使用一个较小的语言模型来构造 G，进而构造 HCLG。使用这个 HCLG 解码后，对得到词格的语言模型使用大的语言模型进行修正，这样就在内存资源有限的情况下较好地利用了大语言模型的信息[21]。

前文讲到，词格上的权重是按声学分和图固有分分开存储的，这为单独调整两个分数提供了方便。语言分和 HMM 转移概率、多音字中特定发音概率混在一起共同构成了图固有分，而语言模型重打分调整的只是语言分。因此，需要首先想办法去掉图中原固有分中的旧语言模型分数，然后应用新的语言模型分数。Kaldi 的 lattice-lmrescore 工具可以完成该工作：

```
# 去掉旧语言模型分数
lattice-lmrescore --lm-scale=-1.0 ark:in.lats G_old.fst ark:nolm.lats
# 应用新语言模型分数
lattice-lmrescore --lm-scale=1.0 ark:nolm.lats G_new.fst ark:out.lats
```

上面的两行命令要依次执行。这两行命令很相似，主要的区别在于：在去掉旧语言模型分数时，lm-scale 为 −1；在应用新语言模型分数时，lm-scale 为 1。当 lm-scale 为−1 时，相当于把词格和 G' 复合，其中 G' 和旧语言模型的 G 相同，但权重为原权重取负值。这样词格和 G' 复合后，就把原语言模型分数去掉了，然后使 lm-scale 为 1 并和新 G 复合，就把原语言模型分数替换成了新语言模型分数。这是 WFST 复合操作的一个巧妙应用。

上面的方法使大语言模型无须构建成 HCLG，只需构建成 G 即可，这样内存占用可以降低近一个数量级。但是，如果语言模型特别巨大，只构建成 G 也是非常大的一笔内存开销。因此，Kaldi 还提供了一种方案，使用 arpa-to-const-arpa 工具把 ARPA 文件转换成 CONST ARPA：

```
arpa-to-const-arpa --bos-symbol=$bos \
  --eos-symbol=$eos --unk-symbol=$unk \
  lm.arpa G.carpa
```

和 G 不同，CONST ARPA 是一种树型结构，可以快速地查找到某一个单词的语言分，而不需要构建庞大的 WFST。构建了 CONST ARPA 后，就可以使用 lattice-lmrescore-const-arpa 工具进行重打分，它可以支持非常巨大的语言模型：

```
# 去掉旧语言模型分数
lattice-lmrescore --lm-scale=-1.0 ark:in.lats G_old.fst ark:nolm.lats
# 用 CARPA 应用新语言模型分数
lattice-lmrescore-const-arpa --lm-scale=1.0 ark:nolm.lats \
  G.carpa ark:out.lats
```

Kaldi 中也提供了使用基于神经网络的语言模型做重打分的方案，在 Librispeech 示例的 local/run_rnnlm.sh 中有演示。回忆前文讲过的 N 元文法语言模型，N 元文法语言模型的建模内容是 $P(w_i|w_{i-(N-1)}\cdots w_{i-2}w_{i-1})$，即历史信息下的单词的出现概率。而以 LSTM 为代表的 RNN 语言模型非常适合表示带历史信息的单词出现概率，如图 5-22 所示。

Librispeech 示例中使用的是 faster-rnnlm 方案，重打分的脚本是 steps/rnnlmrescore.sh。这个脚本使用了 RNN LM 和 N 元文法 LM 混合的重打分方案，其中 RNN LM 的语言分计算由脚本 utils/rnnlm_compute_scores.sh 完成，并使用计算出的分数修改词格，感兴趣的读者可以阅读这几个脚本来了解重打分细节。

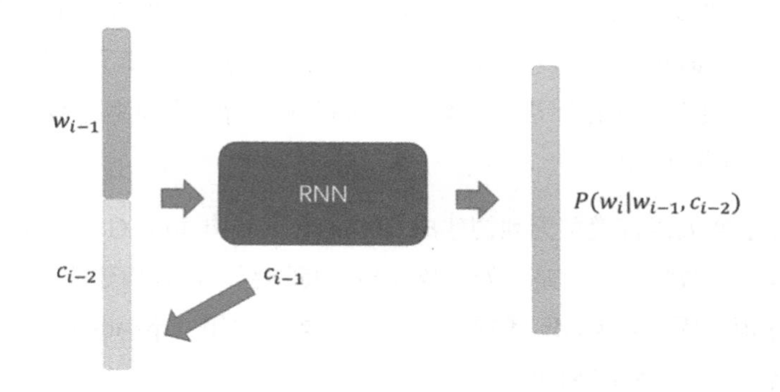

图 5-22　RNN 语言模型

需要说明的是，Kaldi 的 rnnlm 方案在 5.4 版本中并不统一，有 faster-rnnlm 方案、mikolov-rnnlm 方案，以及基于 TensorFlow 实现的 tensorflow-rnnlm 方案等。这些方案虽然实现方法不同，但思路大同小异。在 Kaldi 的后续开发中，可能会确定一种更完善的 RNN LM 作为推荐的方案。

6

深度学习声学建模技术

6.1 基于神经网络的声学模型

在第 1 章中，简要介绍了基于深度学习的语音识别技术。其中，使用基于神经网络的声学建模使得大词汇量连续语音识别的错误率有了明显的下降，而且随着数据量的增加，其错误率进一步降低。因此，这种声学建模方法目前成为了学术界和产业界的主流技术。

在 4.3 节中介绍过，为了捕捉发音单元的变化，通常将单音子（Monophone）扩展为上下文相关的三音子（Triphone），其副作用是模型参数量急剧扩大，导致数据稀疏，训练效率降低。为了解决这个问题，建模过程中引入了基于聚类方法的上下文决策树，以期在建模精度和数据量之间达到平衡。在基于决策树的声学模型中，决策树的一个叶子节点用于表示所有以其作为聚类结果的发音状态。在 GMM-HMM 框架中，叶子节点的观测概率分布用 GMM 拟合，即似然度。在 NN-HMM 框架中，使用神经网络的输出表示每个叶子节点的分类概率，即后验概率。为了不影响声学模型训练和识别过程中的得分幅值，将后验概率除以对应叶子节点的先验概率，得到似然度。因此，NN-HMM 中的 NN 是发音状态分类模型，输入是声学特征，输出是分类概率。NN-HMM 的建模原理和训练方法等在俞栋和邓力的著作《解析深度学习：语音识别实践》中有详细描述，在这里仅简要回顾。

6.1.1 神经网络基础

本节简要介绍神经网络的基础知识，对神经网络已经了解的读者可以略过本节，直接从 6.2 节开始阅读。

神经网络可以看作是若干节点（Node）的连接，输入特征沿着这些连接在神经网络内部的不同节点间传播（Propagate），每次传播都可以看成将特征在高维空间中进行扭曲和变形，得到新的特征，以获得更好的区分性，而每个节点有不同的内部结构。节点包含若干个神经元，其作用是根据输入特征，激发各个神经元的输出，提供给后续节点。在语音识别中，声学特征是天然的高维度信号，因此其特征维度对应神经网络输入节点的神经元个数。每个节点也是高维度的表征，以神经元的输出为各个维度的输出值。对于声学模型而言，神经网络的作用就是将每帧声学特征向量沿其节点连接传播，输出为该帧的后验概率向量，该向量每个维度的物理意义是对应声学状态的分类概率，因此输出向量的维度等于上下文决策树的叶节点个数。由于分类概率是一个归一化的量，即总和为 1，所以输出时常用 Softmax 操作对其各个神经元的输出值进行变换，即：

$$Y'(n) = \frac{\mathrm{e}^{Y(n)}}{\sum_{i=1}^{N}\mathrm{e}^{Y(i)}}$$

其中，$Y(n)$和$Y'(n)$分别为 Softmax 操作前后输出向量第 n 个神经元的输出值，N 为输出的神经元个数，对应上下文聚类的三音子状态数。

我们将神经网络的输入称作输入节点，将输出称作输出节点，中间的节点称为隐藏节点。隐藏节点可以按其与前一个节点的连接方式分为三大类，即全连接节点、共享权重节点和序列递归节点。

- 全连接节点的每个输出神经元都是其全部输入特征的线性变换，输出神经元之间是相互独立的，其线性变换的系数即该节点的参数。如图 6-1 所示是有一个全连接隐藏节点和一个全连接输出节点的 DNN，两个全连接节点分别有 4 个和 2 个神经元，同一个节点内不同神经元之间的权重不同。例如，全连接隐藏节点有 4 个神经元，而输入节点有 3 个神经元，则每个隐藏节点的神经元对应输入节点有 3 个连接权重，而整个节点的输入权重可由一个 4×3 的矩阵表示。

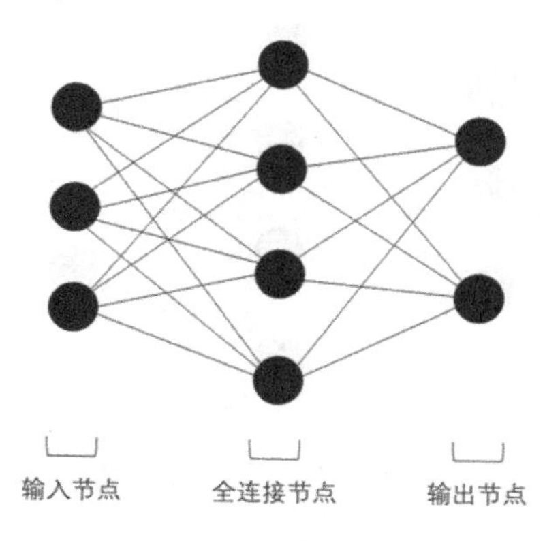

图 6-1 全连接节点

- 在共享权重节点中，不同的输出神经元可共享线性变换系数，根据其共享方式的不同，可分为卷积（Convolution）节点、时延（Time Delay）节点和相关节点等。例如，将图 6-1 的全连接隐藏节点替换为共享权重节点，可以得到如图 6-2 所示的网络，其中，相同线型的连接线表示其连接的权重相同，通过这种结构可以实现卷积操作。

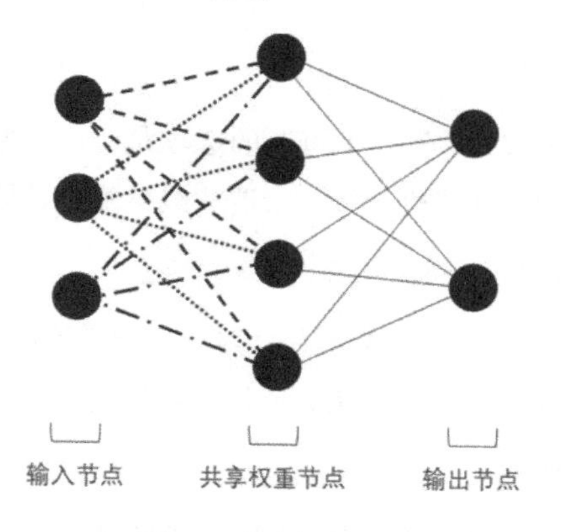

图 6-2 共享权重节点

- 在序列递归节点中，每个神经元的输入不仅依赖其他节点，也依赖自身的历史信息，因此具有记忆功能和遗忘功能，属于这一类的节点包括朴素递归（Recurrent）节点、长短时记忆（LSTM）节点、门递归（Gated Recurrent）

节点等，其变种更是种类繁多，如图 6-3 所示。

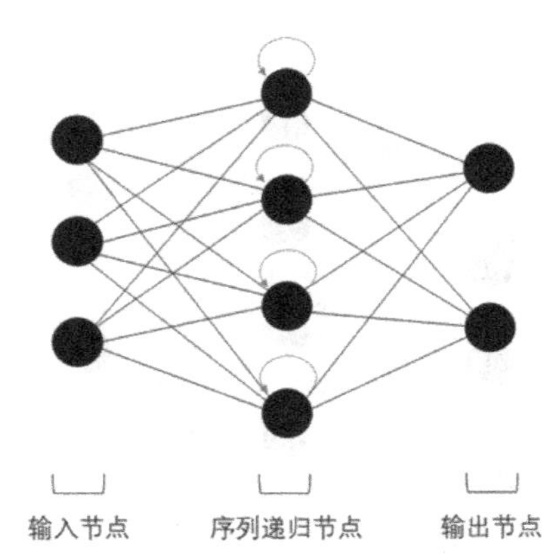

图 6-3　序列递归节点

每个神经网络都是由输入节点、若干隐藏节点、输出节点构成的图，在很多文献和工具中，将神经网络的节点定义为层（Layer），层与节点是通用的概念。需要注意的是，基于“层”的表述方式通常意味着神经网络的信号传播是串联的、按顺序实行的，而基于“节点”的表述方式通常没有这种约束，更适合描述比较复杂的神经网络结构。

6.1.2　激活函数

除节点之间的连接方式外，另一个重要的选项是激活函数。激活函数的作用是将节点各个神经元的输出进行非线性变换。所谓非线性变换，是指输入的变化量与输出的变化量之间不成比例。

激活函数大致可以按照输入方式分为两类，一类激活函数的输入为单个神经元，其输出值仅取决于这个神经元的输出值，所以通常不会改变节点的维度。如图 6-4 所示是常见的单输入激活函数。

另一类激活函数的输入是多个神经元，这类激活函数通常使用其输入神经元的某种统计量进行计算，例如取最大值、取平均值、归一化等。根据不同的计算方法，有的激活函数可能会改变节点的维度。例如，取最大值的 Maxout（Max Pooling）函数，即取输入若干神经元的最大值输出，会改变其节点维度。

中文名	英文名	激活函数	1维图例
阶跃函数	Heaviside	$\phi(z)=\begin{cases}0, & z<0,\\ 0.5, & z=0,\\ 1, & z>0,\end{cases}$	
符号函数	Sign	$\phi(z)=\begin{cases}-1, & z<0,\\ 0, & z=0,\\ 1, & z>0,\end{cases}$	
分段线性函数	Piece-wise linear	$\phi(z)=\begin{cases}1, & z\geq\frac{1}{2},\\ z+\frac{1}{2}, & -\frac{1}{2}<z<\frac{1}{2},\\ 0, & z\leq-\frac{1}{2},\end{cases}$	
S型函数	Sigmoid/Logistic	$\phi(z)=\frac{1}{1+e^{-z}}$	
双曲正切函数	Hyperbolic tangent	$\phi(z)=\frac{z-e^{-z}}{z+e^{-z}}$	
线性整流函数	Rectified linear unit	$\phi(z)=\max(0,z)$	

图 6-4 常见的单输入激活函数

6.1.3 参数更新

神经网络的参数更新，即使用训练数据优化各个节点之间连接的权重。目前主流的参数更新方法是误差回传，即根据训练数据沿神经网络正向传播的输出，计算与参考答案之间的差值，然后沿着节点激活值传播的反方向进行误差的反向传播（Error Back Propagation）。前文讲过，神经网络的输出是声学状态的分类概率。例如，GMM阶段上下文聚类的三音子状态数为 5000，那么对于每一帧声学特征，都可以得到一个 5000 维的神经网络输出向量。如何使用每一帧的神经网络输出的 5000 维向量，和GMM 的状态级别强制对齐结果计算误差并回传更新参数，就是不同的代价函数（Cost function）所解决的问题。常用的代价函数是交叉熵（CE），其向量形式可以表示为两个向量之间的误差，即对于每一帧输入的声学特征X_t，计算其神经网络的输出$\boldsymbol{Y}'_t$与强制对齐标签向量$\widehat{\boldsymbol{Y}}_t$之间的差值。$\widehat{\boldsymbol{Y}}_t$是采用一维有效（One-hot）编码方法生成的向量，例如第t帧的强制对齐结果是第 3500 个状态，则其对应的$\widehat{\boldsymbol{Y}}_t$是第 3500 维为 1、其余维度为 0 的向量。

随着训练的进行，神经网络参数逐渐稳定，称为收敛。在神经网络参数更新的过程中，可以通过观察每次迭代的代价函数的下降情况跟踪训练收敛的情况。上述代价函数 CE 是按帧计算的，也可以通过计算每帧的分类错误率或正确率查看模型收敛情况，但是这种按帧的分类与语音识别系统的整体优化目标即 WER 没有直接的对应关系，所以通常只是作为参考。本章的后续内容会介绍语音识别领域专用的代价函数。

6.2 神经网络在 Kaldi 中的实现

近些年来神经网络技术发展迅速，主流的神经网络实现框架也都随之不断演进。目前 Kaldi 中的神经网络实现共有三个版本，分别是 nnet1、nnet2 和 nnet3。其中，nnet1 和 nnet3 支持序列递归网络，nnet2 和 nnet3 支持多机多 GPU 的并行训练。本节介绍 Kaldi 中不同版本神经网络框架的特点，并以 TDNN 为例介绍不同框架下神经网络定义的方法，具体的训练方法将在 6.3 节和 6.4 节中介绍。本节示例使用的 TDNN 结构如图 6-5 所示。

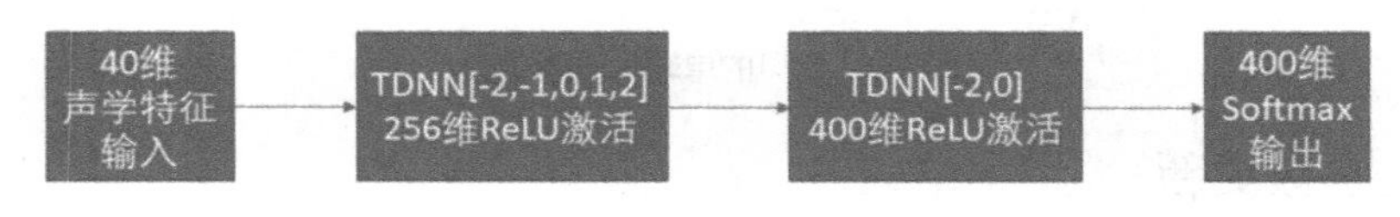

图 6-5　TDNN 结构

6.2.1 nnet1（nnet）

nnet1 也称作 nnet，其神经网络的实现代码在 src/nnet 中，对应的可执行文件在 src/nnetbin 中，训练脚本在 steps/nnet 中。nnet1 是 Kaldi 中最早发布的神经网络实现，主要由当时在捷克布尔诺理工大学读博士的 Karel Vesely 开发。这个版本支持单 GPU 的神经网络训练，并集成了多种不同的训练准则，包括帧级别的交叉熵（CE）和均方误差（MSE）、状态级最小贝叶斯风险（sMBR）、最小音素误差（MPE）和句子级别的最大互信息（MMI）等。

在 nnet1 的实现中，节点和激活函数被称为组件（Component），多个组件层叠组成网络（Nnet），组件之间以矩阵传递输入和输出。除节点和激活函数外，还可以使用变换函数改变组件之间传递的值，例如加入前后帧输入、转置、偏置与缩放等。在 src/nnet/nnet-component.h 中可以看到其支持的节点、激活函数和变换函数类型：

```
typedef enum {
  kUnknown = 0x0,
```

```
kUpdatableComponent = 0x0100,
kAffineTransform,
kLinearTransform,
kConvolutionalComponent,
kLstmProjected,
kBlstmProjected,
kRecurrentComponent,

kActivationFunction = 0x0200,
kSoftmax,
kHiddenSoftmax,
kBlockSoftmax,
kSigmoid,
kTanh,
kParametricRelu,
kDropout,
kLengthNormComponent,

kTranform = 0x0400,
kRbm,
kSplice,
kCopy,
kTranspose,
kBlockLinearity,
kAddShift,
kRescale,

kKlHmm = 0x0800,
kSentenceAveragingComponent, /* deprecated */
kSimpleSentenceAveragingComponent,
kAveragePoolingComponent,
kMaxPoolingComponent,
```

```
    kFramePoolingComponent,
    kParallelComponent,
    kMultiBasisComponent
  } ComponentType;
```

定义一个 TDNN，方法如下：

```
<Splice> <InputDim> 40 <OutputDim> 200 <BuildVector> -2:2 </BuildVector>
<AffineTransform> <InputDim> 200 <OutputDim> 256 <LearnRateCoef> 0.1
<ParametricRelu> <InputDim> 256 <OutputDim> 256
<Splice> <InputDim> 256 <OutputDim> 512 <BuildVector> -2 0 </BuildVector>
<AffineTransform> <InputDim> 512 <OutputDim> 400 <LearnRateCoef> 0.1
<Softmax> <InputDim> 400 <OutputDim> 400
```

这个神经网络的定义文件可以使用src/nnetbin/nnet-initialize初始化成一个神经网络参数文件，用于训练。在训练和解码过程中使用的神经网络是二进制的，可以使用如下命令转换为文本文件：

```
    nnet-copy --binary=false exp/nnet_dnn/final.nnet exp/nnet_dnn/
nnet/final.nnet.txt
```

通过其输出可以看到神经网络文件中都包含哪些内容，在此展示一个全连接DNN的示例：

```
<Nnet>
<AffineTransform> 1024 440        # 定义节点类型、输出维度、输入维度
<LearnRateCoef> 1 <BiasLearnRateCoef> 1 <MaxNorm> 0 # 定义训练参数
[                                 # 保存权重矩阵，1024 行，440 列
  -0.07 -0.23 ...
  -0.13 0.27 ...
  ...]
[ -2.89 -2.66 ...]                # 保存偏差向量，长度 1024
<!EndOfComponent>                 # 节点结束标志
<Sigmoid> 1024 1024               # 定义激活函数、输入维度和输出维度
<!EndOfComponent>
<AffineTransform> 1024 1024       # 定义节点类型、输出维度、输入维度
```

```
<LearnRateCoef> 1 <BiasLearnRateCoef> 1 <MaxNorm> 0 # 定义训练参数
[                                       # 保存权重矩阵，1024 行，1024 列
 ...]
[ ...]                                  # 保存偏差向量，长度 1024
...                                     # 若干中间节点定义
<Softmax> 1642 1642                     # 定义输出激活函数 Softmax
<!EndOfComponent>
</Nnet>                                 # 神经网络结束标志
```

可以看到，该文件中包含了神经网络每个节点的类型、参数值、训练选项等，方便以任意一个网络作为种子模型进行自适应训练。但是，其输出节点与 HMM 之间的连接关系并没有描述，因此在解码的时候，仍然需要借助 GMM 训练出来的模型文件。

6.2.2 nnet2

nnet2 是在一个早期的 nnet1 版本的基础上重构的版本，其目标是能够进行多机多 GPU 的并行训练。对应的神经网络实现代码在 src/nnet2 中，可执行程序和示例脚本分别在 src/nnet2bin 和 steps/nnet2 文件夹中。与 nnet1 相同，nnet2 中神经网络的节点、激活函数和转换操作也被定义为组件。在 nnet2/nnet-component.cc 中，可以看到其支持的组件类型：

```
Component* Component::NewComponentOfType(const std::string &component_type) {
  Component *ans = NULL;
  if (component_type == "SigmoidComponent") {
    ans = new SigmoidComponent();
  } else if (component_type == "TanhComponent") {
    ans = new TanhComponent();
  } else if (component_type == "PowerComponent") {
    ans = new PowerComponent();
  } else if (component_type == "SoftmaxComponent") {
    ans = new SoftmaxComponent();
  } else if (component_type == "LogSoftmaxComponent") {
    ans = new LogSoftmaxComponent();
  } else if (component_type == "RectifiedLinearComponent") {
```

```
    ans = new RectifiedLinearComponent();
  } else if (component_type == "NormalizeComponent") {
    ans = new NormalizeComponent();
  } else if (component_type == "SoftHingeComponent") {
    ans = new SoftHingeComponent();
  } else if (component_type == "PnormComponent") {
    ans = new PnormComponent();
  } else if (component_type == "MaxoutComponent") {
    ans = new MaxoutComponent();
  } else if (component_type == "ScaleComponent") {
    ans = new ScaleComponent();
  } else if (component_type == "AffineComponent") {
    ans = new AffineComponent();
  } else if (component_type == "AffineComponentPreconditioned") {
    ans = new AffineComponentPreconditioned();
  } else if (component_type == "AffineComponentPreconditionedOnline") {
    ans = new AffineComponentPreconditionedOnline();
  } else if (component_type == "SumGroupComponent") {
    ans = new SumGroupComponent();
  } else if (component_type == "BlockAffineComponent") {
    ans = new BlockAffineComponent();
  } else if (component_type == "BlockAffineComponentPreconditioned") {
    ans = new BlockAffineComponentPreconditioned();
  } else if (component_type == "PermuteComponent") {
    ans = new PermuteComponent();
  } else if (component_type == "DctComponent") {
    ans = new DctComponent();
  } else if (component_type == "FixedLinearComponent") {
    ans = new FixedLinearComponent();
  } else if (component_type == "FixedAffineComponent") {
    ans = new FixedAffineComponent();
  } else if (component_type == "FixedScaleComponent") {
    ans = new FixedScaleComponent();
```

```
  } else if (component_type == "FixedBiasComponent") {
    ans = new FixedBiasComponent();
  } else if (component_type == "SpliceComponent") {
    ans = new SpliceComponent();
  } else if (component_type == "SpliceMaxComponent") {
    ans = new SpliceMaxComponent();
  } else if (component_type == "DropoutComponent") {
    ans = new DropoutComponent();
  } else if (component_type == "AdditiveNoiseComponent") {
    ans = new AdditiveNoiseComponent();
  } else if (component_type == "Convolutional1dComponent") {
    ans = new Convolutional1dComponent();
  } else if (component_type == "MaxpoolingComponent") {
    ans = new MaxpoolingComponent();
  }
  return ans;
}
```

在 nnet2 中并没有实现序列递归节点，如 LSTM。序列递归节点的训练耗时比非递归节点的训练耗时更长，能够实现多 GPU 并行训练是非常有意义的。在 nnet2 中，为了实现多 GPU 并行，采用了数据并行的同步随机梯度下降方法，将训练集分割为若干训练样本并存档，每个存档文件中包含了若干帧声学特征组成的样本块及其对应的分类标签，这种切割方法给实现序列递归节点带来了困难。在 nnet1 中，为 LSTM 节点定义了一个单独的组件，而为了配合序列递归的训练方法，还单独编写了用于训练序列递归网络的可执行文件。这种方式不利于网络类型的扩展，在 nnet3 的开发中，通过重新定义节点输入和输出的数据类型有效解决了这个问题，所以在 nnet2 中也就没有必要继续开发序列递归节点了。

在 nnet2 中定义一个 TDNN，方法如下：

```
SpliceComponent input-dim=40 context=-2:-1:0:1:2
AffineComponent input-dim=200 output-dim=256 learning-rate=0.001
RectifiedLinearComponent dim=256
SpliceComponent input-dim=256 context=-2:0
```

```
AffineComponent input-dim=512 output-dim=400 learning-rate=0.001
SoftmaxComponent dim=400
```

nnet2 的训练过程并没有根据验证集的性能调整学习率，而是预先定义好每一次迭代的学习率，将所有迭代执行完，将最后若干次迭代的模型参数汇总起来，并使用一部分训练数据进行调优，最终输出一个平均模型。另一个与 nnet1 的区别是，nnet2 的每次迭代只使用 *N* 个训练样本存档文件，*N* 等于并行训练的 GPU 数目，具体训练过程将在 6.3 节介绍。

nnet2 的神经网络定义文件通过 src/nnet2bin/nnet-init 初始化并转换成神经网络文件，在同一个目录下，还有另一个初始化工具 src/nnet2bin/nnet-am-init。这两个工具的区别在于，前者与 nnet1 的初始化工具类似，仅输出神经网络部分，而后者在模型文件中加入了 HMM 的状态转移信息。通过以下命令可以观察 nnet2 的模型文件内容：

```
    src/nnet2bin/nnet-am-copy --binary=false exp/nnet2/final.mdl
exp/nnet2/final.mdl.txt
```

在 Kaldi 脚本中，带有 HMM 信息的神经网络模型文件后缀通常为.mdl，而不带 HMM 信息的神经网络模型文件后缀除.mdl 外，还有.nnet 和.raw。例如，在 nnet1 的训练脚本中，最终输出的模型文件是 final.nnet，而在 nnet2 的训练脚本中，最终输出的模型文件是 final.mdl。在这里展示一个 nnet2 模型文件的内容：

```
# HMM 部分
<TransitionModel>
<Topology>            # HMM 拓扑结构
<TopologyEntry>
<ForPhones>
11 12 13 ...
</ForPhones>
<State> 0 <PdfClass> 0 <Transition> 0 0.75 <Transition> 1 0.25 </State>
<State> 1 <PdfClass> 1 <Transition> 1 0.75 <Transition> 2 0.25 </State>
<State> 2 <PdfClass> 2 <Transition> 2 0.75 <Transition> 3 0.25 </State>
<State> 3 </State>
</TopologyEntry>
<TopologyEntry>
```

```
...
</TopologyEntry>
<Triples> 29074                # 上下文相关的 HMM 状态列表
1 0 0
1 1 41
...
</Triples>
<LogProbs>                     # 状态转移概率
[ ... ]
</LogProbs>
</TransitionModel>
                               # 神经网络部分
<Nnet> <NumComponents> 16
<Components>                   # 各个节点的定义与参数
<SpliceComponent> <Input> 40 <Context> [ -4 -3 -2 -1 0 1 2 3 4 ] <ConstComponentDim>
0 </SpliceComponent>
<FixedAffineComponent> <LinearParams>
[ ... ]
<BiasParams> [ ... ]
</FixedAffineComponent>
<AffineComponentPreconditionOnline> <LearningRate> 0.0349 <LinearParams>
[ ... ]
<BiasParams> [ ... ]
<RankIn> 20 <RankOut> 80 <UpdatePeriod> 4 <NumSamplesHistory> 2000 <Alpha> 4
<MaxChangePerSample> 0.075 </AffineComponentPreconditionOnline>
<PnormComponent> <InputDim> 4000 <OutputDim> 400 <P> 2 </PnormComponent>
<NormalizeComponent> <Dim> 400 </NormalizeComponent>
...
<SoftmaxComponent> <Dim> 4112 <ValueSum> [ ... ] Count 393688
</SoftmaxComponent>
</Components> </Nnet>
[ 0.06348 0.00041 ... ]    # 先验概率
```

nnet2 模型文件包括两大部分。首先是 HMM 部分，它保存了 HMM 的拓扑结构、上下文相关的 HMM 状态列表，以及一个状态转移概率的列表，这部分与 GMM 阶段的模型文件相同。其次是神经网路部分，它保存了神经网络各个节点的定义和参数，以及先验概率列表。先验概率是在训练神经网络的过程中，由强制对齐的结果进行统计，然后在训练过程中基于由一小部分数据更新估计出来的，其含义是每个 PDF 在这批数据中出现的概率。正常情况下，先验概率的个数应当与输出节点的维度相同，如果其小于输出节点的维度，则说明有些 PDF 在统计先验概率的数据中没有出现，即出现了 Unseen PDF 的问题，这意味着用于训练神经网络的数据没有覆盖到 GMM 阶段训练数据涵盖的上下文。

6.2.3 nnet3

nnet1 和 nnet2 对神经网络的定义方式都是分层的，层与层之间是串联的。在 nnet3 的设计中，采用了全新的基于计算图构建的网络定义方式，在定义一个神经网络时，需要提供每个节点的配置及图结构的描述。首先来看如何定义一个 TDNN：

```
    # 定义节点
    component name=tdnn1.affine type=AffineComponent input-dim=200 output-dim=256
    component name=tdnn1.relu type=RectifiedLinearComponent dim=256
    component name=tdnn2.affine type=AffineComponent input-dim=512 output-dim=400
    component name=output.softmax type=SoftmaxComponent dim=400
    # 定义图结构
    input-node name=input dim=40
    component-node name=tdnn1.affine component=tdnn1.affine
input=Append(Offset(input, -2), Offset(input, -1), input, Offset(input, 1),
Offset(input, 2))
    component-node name=tdnn1.relu component=tdnn1.relu input=tdnn1.affine
    component-node name=tdnn2.affine component=tdnn2.affine
input=Append(Offset(input, -2), input)
    component-node name=output.softmax component=output.softmax
input=tdnn2.affine
    output-node name=output input=output.softmax
```

在 nnet3 中，节点仍然被命名为组件（Component），但是在定义组件时，并不声明其与其他节点的连接关系，而是由另外定义的“图”将其联系在一起。在上述定义中，以 Component 为标识的行定义了每个节点的类型和输入输出维度，以 Component-node 为标识的行定义了每个节点的输入。定义节点输入的方法被称为描述符（Descriptors），用于表示节点之间如何连接，默认情况下，直接取输入节点的输出作为输入。常用的描述符包括：

- 节点名，这是最基本的描述符，即不做任何操作；
- 拼接（Append），将给定描述符拼接在一起，维度相当于各描述符维度之和；
- 求和（Sum），对给定描述符求和，要求各个描述符维度一致；
- 常量（Const），不要求指定描述符，而是根据参数生成一个描述符，如 Const(1.0, 512)生成一个 512 维的单位矢量；
- 缩放（Scale），对给定描述符的每一维进行缩放；
- 偏移（Offset），对给定描述符在 t 轴或 x 轴上进行偏移；
- 替换（Replace），用于将给定描述符的某个轴设为指定常量，例如，当有拼接时变（声学特征）和时不变（说话人特征）两组特征时，可以指定时不变特征的 t 轴为 0；
- 判断（If Defined 和 Failover），用于根据不同的情况改变描述符的行为。

在上述定义中可以发现，TDNN 中隐层的时域拼接是通过 t 轴的 Offset（偏移）和 Append（拼接）这两个描述符实现的，而在 nnet1 和 nnet2 中，需要单独定义一个 Splice 组件来完成这个操作。这种定义的方式非常灵活，仅靠编写配置文件就可以实现很多不同种类的神经网络，而无须改变其核心实现代码。例如，组件 A 可以以组件 B 的历史作为输入，并将其输出提供给组件 B，通过这种方式就可以实现序列递归节点。因此，LSTM 层可以用若干简单组件实现，方式如下：

```
# 一个单向 LSTM 层的示例
# 输入门及其激活函数
component name=lstm.W_i.xr type=AffineComponent input-dim=296 output-dim=256
component name=lstm.w_i.c type=PerElementScaleComponent dim=256
component name=lstm.i type=SigmoidComponent dim=256
# 遗忘门及其激活函数
```

```
    component name=lstm.W_f.xr type=AffineComponent input-dim=296 output-dim=256
    component name=lstm.w_f.c type=PerElementScaleComponent dim=256
    component name=lstm.f type=SigmoidComponent dim=256
    # 输出门及其激活函数
    component name=lstm.W_o.xr type=AffineComponent input-dim=296 output-dim=256
    component name=lstm.w_o.c type=PerElementScaleComponent dim=256
    component name=lstm.o type=SigmoidComponent dim=256
    # 记忆单元及其激活函数
    component name=lstm.W_o.xr type=AffineComponent input-dim=296 output-dim=256
    component name=lstm.g type=TanhComponent dim=256
    component name=lstm.h type=TanhComponent dim=256
    component name=lstm.c1 type=ElementwiseProductComponent input-dim=512
output-dim=256
    component name=lstm.c2 type=ElementwiseProductComponent input-dim=512
output-dim=256
    component name=lstm.c type=BackpropTruncationComponent dim=256
    # LSTM 节点
    component name=lstm.r type=BackpropTruncationComponent dim=256
    component name=lstm.m type=ElementwiseProductComponent input-dim=512
output-dim=256
    # 输入门的序列递归
    component-node name=lstm.i1_t component=lstm.W_i.xr input=Append(input,
IfDefined(Offset(lstm.r_t, -1))
    component-node name=lstm.i2_t component=lstm.w_i.c
input=IfDefined(Offset(lstm.c_t, -1))
    component-node name=lstm.i_t component=lstm.i input=Sum(lstm.i1_t, lstm.i2_t)
    # 遗忘门的序列递归
    component-node name=lstm.f1_t component=lstm.W_f.xr input=Append(input,
IfDefined(Offset(lstm.r_t, -1))
    component-node name=lstm.f2_t component=lstm.w_f.c
input=IfDefined(Offset(lstm.c_t, -1))
    component-node name=lstm.f_t component=lstm.f input=Sum(lstm.f1_t, lstm.f2_t)
    # 输出门的序列递归
```

```
    component-node name=lstm.o1_t component=lstm.W_o.xr input=Append(input,
IfDefined(Offset(lstm.r_t, -1))
    component-node name=lstm.o2_t component=lstm.w_o.c input=lstm.c_t
    component-node name=lstm.o_t component=lstm.o input=Sum(lstm.o1_t, lstm.o2_t)
    # 记忆单元的序列递归
    component-node name=lstm.h_t component=lstm.h input=lstm.c_t
    component-node name=lstm.g1_t component=lstm.W_c.xr input=Append(input,
IfDefined(Offset(lstm.r_t, -1)))
    component-node name=lstm.g_t component=lstm.g input=lstm.g1_t
    component-node name=lstm.c1_t component=lstm.c1  input=Append(lstm.f_t,
IfDefined(Offset(lstm.c_t, -1))
    component-node name=lstm.c2_t component=lstm.c2 input=Append(lstm.i_t,
lstm.g_t)
    component-node name=lstm.c_t component=lstm.c input=Sum(lstm.c1_t, lstm.c2_t)
    # 节点的序列递归
    component-node name=lstm.m_t component=lstm.m input=Append(lstm.o_t,
lstm.h_t)
    component-node name=lstm.r_t component=lstm.r input=lstm.m_t
```

为了提升使用的便捷性，Kaldi 提供了一个生成配置文件的脚本，用于将一种更为简单的、基于层的描述语言转换为上述图描述语言，例如本小节一开始定义的 TDNN 可以这样描述：

```
    input dim=40 name=input
    relu-layer name=tdnn1 dim=256 input=Append(-2,-1,0,1,2)
    output-layer name=output dim=400 input=Append(-2,0)
```

然后使用 steps/nnet3/xconfig_to_configs.py 即可完成格式转换。转换的目标文件夹中包含若干文件，其中 final.config 就是最终使用的神经网络定义文件。目前这个脚本支持数十种不同的层结构，例如 TDNN、CNN、LSTM、GRU 等，可以在 steps/libs/nnet3/xconfig/parser.py 中看到所有支持层结构的列表。除两个特殊的层，即输入层和输出层外，隐藏层的定义既有变换层，也有激活层，还有变换层加激活层，其中常用的部分列表如下：

```
XconfigInputLayer
XconfigOutputLayer
# 全连接变换层
XconfigBasicLayer
XconfigAffineLayer
XconfigFixedAffineLayer
XconfigIdctLayer
XconfigLinearComponent
XconfigAffineComponent
# LSTM 及其变种
XconfigLstmLayer
XconfigLstmpLayer
XconfigFastLstmLayer
XconfigFastLstmpLayer
XconfigLstmbLayer
# 卷积网络
XconfigConvLayer
# GRU 及其变种
XconfigGruLayer
XconfigPgruLayer
XconfigOpgruLayer
XconfigNormPgruLayer
XconfigNormOpgruLayer
XconfigFastGruLayer
XconfigFastPgruLayer
XconfigFastNormPgruLayer
XconfigFastOpgruLayer
XconfigFastNormOpgruLayer
# 其他
XconfigTdnnfLayer
XconfigResBlock
XconfigAttentionLayer
XconfigPrefinalLayer
```

在 nnet3 中同样有两个初始化模型的生成工具，即 nnet3-am-init 和 nnet3-init，它们的区别与 nnet2 中对应的两个工具的区别相同。通过如下命令可以查看 nnet3 的模型文件结构：

```
src/nnet3bin/nnet3-am-copy --binary=false exp/nnet3/tdnn/final.mdl
exp/nnet3/tdnn/final.mdl.txt
```

nnet3 的模型文件结构与 nnet2 的模型文件结构类似，分为两大部分。其中，HMM 部分的内容与 nnet2 的 HMM 部分的内容相同，而神经网络部分则体现了 nnet3 的图结构特点：

```
# HMM 部分
<TransitionModel>
...              # 与 nnet2 的 HMM 部分的内容相同
</TransitionModel>
# 神经网络部分
<Nnet3>
input-node name=input dim=40
component-node name=...
...
output-node name=output input=output.softmax
<NumComponents> 18
<ComponentName> lda ...
...
</Nnet3>
<LeftContext> 13 <RightContext> 9 <Priors>
[ ... ]
```

在神经网络部分，首先是与定义文件中相同的图结构，然后是每个节点的参数和选项值。在整个模型文件的最后，记录了神经网络所需的输入前后扩展长度，以及先验概率列表。在 nnet1 和 nnet2 中，前后扩展的长度可以直接取自各个节点的选项，但是在 nnet3 中获取这类信息需要进行网络生成，因此直接记录在模型文件中更便捷。

6.3 神经网络模型训练

在第 4 章中，介绍了 Kaldi 中的 GMM-HMM 训练过程，包括输入特征的处理和模型参数估计过程中的一些训练策略。在基于交叉熵准则的神经网络声学模型训练阶段，其输入特征处理方法有所变化，模型参数估计过程中的策略也根据不同的版本有所改变，本节将介绍 Librispeech 示例中各个阶段的特征处理方法。

6.3.1 输入特征的处理

无论是 GMM 的声学模型，还是 DNN 的声学模型，其输入特征的规整都有利于模型参数的训练，而不同的模型对数据有不同的规整需求。在 Librispeech 示例中，GMM 各个训练步骤的输入特征处理如图 6-6 所示。

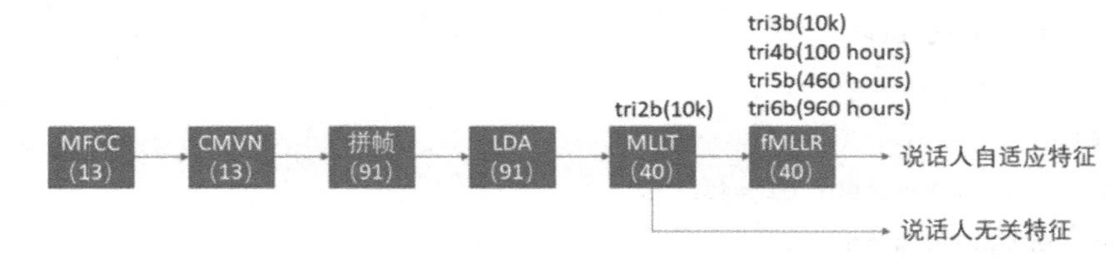

图 6-6　GMM 各个训练步骤的输入特征处理

其中，tri2b 使用 LDA 降维和 MLLT 全局变换，以期得到说话人无关的特征。从 tri3b 开始使用基于 fMLLR 的说话人自适应训练，其输入特征经过说话人相关的 fMLLR 变换，并且在后面的训练步骤中，逐步增加训练数据，因此每一步都重新进行了上下文聚类，导致在使用不同阶段的输出模型进行强制对齐时，其聚类状态数（在 Kaldi 的声学模型中，这个数字对应的是 PDF 数目）是不同的。

在使用 GMM 的对齐结果训练神经网络模型时，通常倾向于使用识别效果最好的 GMM，在 Librispeech 示例中，默认使用 tri6b 的强制对齐结果。但是，使用这个流程训练的神经网络，在使用时也要估计 fMLLR，而这个步骤会增加延迟，导致实时率上升，因此可以选择 MLLT 的输出结果。在 Librispeech 示例中，tri2b 仅使用了一万句训练，且设定了聚类状态数上限为 2500 个。而在后续的 GMM 中，训练数据逐渐增加到 960 小时，聚类状态数上限也逐渐增加到 7000 个。如果想使用 MLLT 特征作为神经网络输入，则可以进行 2~3 次的 LDA+MLLT 训练，并逐步增加训练数据和聚类状态数。

在训练神经网络声学模型时，在 GMM 的输入特征基础上做了进一步处理。首先，由于 GMM 的特征经过前面的若干处理，已经不是归一化的了，因此要先经过一次归一化，其方法与提取特征时的方法相同。在这个基础上，将若干帧数据拼接在一起，通过提供时域前后文增强神经网络的建模能力。拼帧之后还要做一次归一化。但是，时域拼接的特征各个维度之间是强相关的，不利于神经网络的训练，因此在拼帧后还要进行去相关的操作。

在进行去相关操作时，nnet1 和 nnet2/nnet3 采用了不同的方法。nnet1 使用 CMVN 规整各个维度的均值和方差，以达到去相关的目的，其流程如图 6-7 所示。

图 6-7 nnet1 的特征处理流程

在 nnet2 和 nnet3 中，采用 LDA 来达到去相关的目的。其过程分为两步，首先使用不降维的 LDA，然后通过某种处理减小属于同一个状态的特征的方差，增加不同状态之间特征的方差，这种处理方法被称为预调（Precondition），其具体算法可以参考 steps/nnet2/get-feature-transform.h 中 FeatureTransformEstimate 类的注释，其流程如图 6-8 所示。

图 6-8 nnet2 和 nnet3 的特征处理流程

无论是 nnet1 中的 CMVN，还是 nnet2/nnet3 中的预调，其计算都可以用已定义的神经网络组件来实现。因此，在得到这些特征变换的系数之后，通常将其转换为一个或多个不可训练的神经网络节点，与待训练的数据拼接在一起，以便后续使用。

6.3.2 神经网络的初始化

神经网络的初始化即选择其中各个节点的变换参数的初始值，目前主流的初始化方法有两种，一种是基于无监督训练的初始化，另一种是随机初始化。

在 Kaldi 中，只有 nnet1 支持基于有限玻尔兹曼机（RBM）的无监督训练初始化，可以通过这种方法初始化全连接节点的参数。当需要初始化某个全连接节点时，只要将其前置组件拼装成一个网络定义文件，视为一个特征变换网络，提供给 RBM 训练工具即可。在 steps/nnet/pretrain_dbn.sh 中使用这种方式循环初始化了多层 RBM，示例脚本如下：

```
    # 定义 RBM 输入和输出维度、伯努利分布的参数
    echo "<Rbm> <InputDim> $num_hid <OutputDim> $num_hid <VisibleType> bern
<HiddenType> bern <ParamStddev> $param_stddev <VisibleBiasCmvnFilename>
$dir/$depth.cmvn" > $\
    RBM.proto
    # 使用上述定义初始化 RBM
    nnet-initialize $RBM.proto $RBM.init
    # 基于 CD-1 算法的 RBM 预训练
    rbm-train-cd1-frmshuff
       --learn-rate=$rbm_lrate \
       --l2-penalty=$rbm_l2penalty \
       --num-iters=$rbm_iter \
       --verbose=$verbose \
       --feature-transform="nnet-concat $feature_transform $dir/$((depth-1)).dbn
- |" \
       $RBM.init "$feats_tr" $RBM
```

尽管 nnet1 的可执行文件支持任意位置的 RBM 初始化，但是在通用脚本 steps/nnet/nnet_train.sh 中，默认将事先初始化的 RBM 作为前置变换，在其后拼接其他节点进行初始化：

```
     if [ ! -z "$dbn" ]; then
      nnet_init_old=$nnet_init;
      nnet_init=$dir/nnet_dbn_dnn.init
      nnet-concat "$dbn" $nnet_init_old $nnet_init
    fi
```

如果需要在中间位置加入 RBM，则需要首先初始化前置节点，然后以前置节点作为特征变换网络初始化 RBM，再将初始化好的前置节点网络和 RBM 拼接在一起，

提供给通用训练脚本。

在 Kaldi 的三种神经网络实现中，都支持随机一个或多个节点的随机初始化。在训练脚本层面实现了两种初始化策略。一种是逐层初始化，另一种是整体初始化。在 nnet1 中，如果使用 RBM 初始化方法，则逐层初始化。在 nnet2 中，首先随机初始化含有一个隐层的网络，训练若干次，然后逐层叠加初始化并训练，直到达到预设的层数。而在 nnet3 初始化和 nnet1 除 RBM 以外的其他层初始化时，都采用整体随机初始化的方式。

在大词汇量连续语音识别任务中，已经证明随机初始化能够达到与 RBM 初始化相当的效果。此外，随机初始化可以用于任何节点类型，且速度快。在数据量较大时，整体初始化的性能与逐层初始化的性能没有明显差异，而且逐层初始化相当于强化了“层”的概念，与 nnet3 “图”网络的概念相悖。因此，在 nnet3 中，使用整体随机初始化的方法。

6.3.3 训练样本的分批与随机化

随机梯度下降（SGD）是目前广为使用的训练方法，在训练过程中，根据一批训练样本计算梯度，然后按照设定的学习率调整权重。在此需要明确以下三个概念。

- 样本（Sample），是计算梯度的最小单元。对于非序列递归的网络而言，一帧就是一个样本。而对于序列递归的网络来说，为了保留样本的时序性，一个样本通常对应一个数据块（Chunk），一个数据块可以包含一个句子，也可以是一个定长的片段。
- 批（Minibatch），包含若干训练样本，是用于调整神经网络权重的最小单元。
- 迭代，分为大迭代（Epoch）和小迭代（Iteration）。一次大迭代指的是使用全部训练数据完成一次训练，包含若干次小迭代，而一次小迭代包含若干批。

在使用基于批的随机梯度下降方法训练神经网络时，每处理一个批数据，网络权重就会更新一次。因此，训练数据需要经过随机化处理，否则如果批次数据具有某种稳定变化的分布，那么最终输出的网络就会倾向于拟合后面若干批的训练样本。随机化即打乱训练样本的次序，对于非序列递归的神经网络来说，按帧打乱即可，但是这种随机方法不适用于序列递归类型的网络。对于序列递归类型的网络来说，其训练方法被称为时序误差回传（Back Propagation Through Time，BPTT）。经典的 BPTT 在整个时序训练样本（如一个句子）上进行误差传递，难以并行，效率很低。因此，通常使用截断时序误差回传（Truncated BPTT），即在一个数据块内进行 BPTT。在采用这种训练方法时，以数据块为单位进行随机化，保留数据块内部的时序性。

虽然每处理一批数据，都会产生一个更新的神经网络，但是并不需要把每批神经网络都保存下来，而通常选择完成一次迭代保存一个版本。这个迭代可以是大迭代，也可以是小迭代。在 Kaldi 中，不同版本的神经网络使用了不同的训练策略，从而使用了不同的随机化方法，下面分别介绍。

1. nnet1

nnet1 使用单 GPU 训练，每个大迭代输出一个模型，并没有小迭代的概念。nnet1 的训练脚本读取训练数据文件夹下的 feats.scp 作为其使用的训练数据列表，并将对应的强制对齐文件作为训练标签（Label）。如果数据较多，则会导致大量数据保留在管道中等待处理。因此，可以使用训练脚本的 copy_feats 功能，该功能会生成一个临时文件夹“/tmp/kaldi.XXXX”，“XXXX”为系统随机挑选的字符，然后将全部特征保存在这个文件夹下的特征存档文件中。在训练结束后，这个临时文件夹将被删除。在 steps/nnet/train.sh 中可以看到其实现：

```
tmpdir=$(mktemp -d $copy_feats_tmproot)
copy-feats --compress=$copy_feats_compress scp:$data/feats.scp \
  ark,scp:$tmpdir/train.ark,$dir/train_sorted.scp
copy-feats --compress=$copy_feats_compress scp:$data_cv/feats.scp \
  ark,scp:$tmpdir/cv.ark,$dir/cv.scp
trap "echo '# Removing features tmpdir $tmpdir @ $(hostname)'
ls $tmpdir; rm -r $tmpdir" EXIT
```

对于比较大的数据集，生成这个存档文件会耗费一些时间，如果希望保留这个存档文件，可以指定一个固定的特征文件夹，并将最后一行中的 rm -r $tmpdir 删掉。

在第 3 章中介绍过，Kaldi 中的数据文件夹的所有列表文件都是按照说话人排序的，在 nnet1 的训练脚本 steps/nnet/train.sh 中，将特征列表以句子为单位做了随机化，方法如下：

```
# shuffle the list,
utils/shuffle_list.pl --srand ${seed:-777} \
 <$dir/train_sorted.scp >$dir/train.scp
```

这里面的 train_sorted.scp 就是之前提取特征时生成的 feats.scp。在此基础上，针对不同的网络类型，对 nnet1 的训练工具做了不同的随机化处理。对于非序列递归网络，使用 nnet-train-frmshuff 工具训练，使用--randomize 和--randomizer-size 选项将读取的数据在一个定长的窗内按帧随机化。而对于序列递归网络，则使用 nnet-train-multistream 工具训练，直接使用按句随机化的特征列表，顺序读取。

2. nnet2

nnet2 实现了基于数据并行的同步随机梯度下降，模型的更新以小迭代为单位，在每个小迭代中，有 N 个副本同时训练，每个副本在训练时使用一个样本存档表单。所有副本训练完成后，同步一次，输出一个模型。每个样本存档表单包含若干训练样本块（NnetExample），以句子帧为索引。每个样本块是若干样本的集合（通常是 8 个）。

样本存档文件的内容可以使用以下命令查看：

```
$ src/nnet2bin/nnet-copy-egs ark:exp/nnet2_dnn/egs/egs.1.ark ark,t:- | head
```

下面的示例是一个包含 4 帧样本的样本块，其特征来自句子 1678-142279-0041 的最后 4 帧，加上左右各扩展 3 帧，共 10 帧声学特征，保存在“<InputFrames>”变量中。由于第 4 帧是句子的最后一帧，因此采用了复制扩展的方式，这是 nnet2 在扩展句子边界时使用的方法。这 4 帧特征对应的强制对齐标签分别是“[3572 3572 0 0]”，保存在“<Lab1>”变量中。

```
1678-142279-0041-472 <NnetExample> <Lab1> [ 3572 3572 0 0 ]
<InputFrames> [
  -2.261289 0.1724842  ......
  -2.35097  0.081321   ......
  -2.249289 0.1939729  ......
  -2.239689 0.3981159  ...... # label = 3572
```

```
  -2.243568 0.2847216  ...... # label = 3572
  -2.323627 0.172536   ...... # label = 0
  -2.304227 0.09000325 ...... # label = 0
  -2.304227 0.09000325 ......
  -2.304227 0.09000325 ......
  -2.304227 0.09000325 ...... ]
<LeftContext> 3 <SpkInfo> [ ]
</NnetExample>
...
```

在早期的 nnet2 样本块代码中，每个样本块仅包含一帧。由于语音识别的神经网络结构中大量使用拼帧，导致样本存档表单文件占用了大量存储，并且训练时占用了大量的 I/O 带宽，因此，目前 nnet2 采用多帧样本块，这样一个样本块可以满足多个样本的拼帧，训练时可以指定使用某一帧。在 nnet2 的训练脚本中，采用轮流访问的方式，即依次取第 0、1、2、3 帧进行训练。例如，在第 50 个小迭代中，第一个副本的训练采用 10 号样本存档 egs.10.ark 中全部块的第 1 帧，下一次使用 10 号样本存档时（例如是第 72 个小迭代的第三个副本），采用全部块的第 2 帧，再下一次使用 10 号样本存档时，采用全部块的第 3 帧，以此类推。

生成样本存档的脚本是 steps/nnet2/get_egs2.sh，另外一个脚本 steps/nnet2/get_egs.sh 对应早期的单帧样本块。该脚本的核心工作有两步，第一步是使用特征文件和对齐文件按顺序生成样本块，第二步是将样本块打乱顺序，得到最终使用的样本存档文件。

3. nnet3

nnet3 的样本随机化策略与 nnet2 的样本随机化策略相同，即生成含有若干样本块的样本存档文件，以句子分段为索引。由于 nnet3 采取了新的神经网络实现方式，因此其样本存档文件的结构与 nnet2 样本存档文件的结构不同。可以使用如下方法查看其内容：

```
src/nnet3bin/nnet3-copy-egs ark:egs/nnet3/tdnn/egs/egs.1.ark ark,t:- | head
```

nnet3 采用多帧样本块的结构，每个样本块可以定义多个输入、输出（NnetIO）。

下面的示例是 Librispeech 中 nnet3 的 TDNN 训练，该网络共有 4 个隐层，其时域扩展定义如下：

```
tdnn1 (-2,-1,0,1,2)
tdnn2 (-1,2)
tdnn3 (-3,3)
tdnn4 (-7,2)
```

需要向前扩展 13 帧，向后扩展 9 帧。另外，每个样本块默认保存 8 帧样本，因此该样本块共需要保存 30 帧声学特征，以及对应的 8 帧强制对齐标签。其某个样本块内容如下：

```
3557-8342-0004-1041 <Nnet3Eg>
<NumIo> 2
<NnetIo> input <I1V> 30 <I1> 0 -13 0 <I1> 0 -12 0 ... <I1> 0 16 0
[ 114.2947 -44.1517 ...
...]
</NnetIo>
<NnetIo> output <I1V> 8 <I1> 0 0 0 <I1> 0 1 0 ... <I1> 0 7 0
rows=8
dim=5720 [ 3318 1 ]
dim=5720 [ 3570 1 ]
...
dim=5720 [ 2130 1 ] </NnetIo>
</Nnet3Eg>
```

其中，<Nnet3Eg>表示样本块起始，<NumIo>定义了所需输入、输出的个数，<NnetIo>定义了每个输入和输出的内容。第一个<NumIo>是声学特征，<I1V>变量表示其包含 30 个单元，<I1>表示每个单元的索引，该索引是一个三元组，其定义在后面介绍。紧随索引定义之后的每个单元的内容，是包含 30 帧声学特征的矩阵。第二个<NnetIo>是强制对齐标签，<I1V>变量表示其包含 8 个单元，<I1>表示每个单元的索引，之后是每个强制对齐标签的内容，在这里，强制对齐标签被表示成了稀疏矩阵，即仅指定哪些位置是 1，其余位置是 0。在本例中，定义矩阵有 8 行，每行有 5720 列，通过声明每列的哪个位置是 1 来保存强制对齐。

这种定义方法保证了 nnet3 的灵活性。首先，输入和输出都是矩阵，这样便于进行软标签和多任务的训练。其次，定义单元索引的三元组与 nnet3 的神经网络图结构的连接方法保持一致。在 nnet3 中，t 时刻某个隐节点的输出与 $t-1$ 时刻这个隐节点的输出是两个独立的 I/O 流。在 nnet3 的代码中，使用（n, t, x）三元组来定位每个 I/O 流，其中：

- n 表示其在训练批中的位置，对于训练样本来说，用 0 表示即可；
- t 表示其时序索引，对于训练样本来说，t=0 表示样本块的第一个实际样本，而用于拼帧的扩展样本用负数索引；
- x 是一个预留标志位，用于卷积网络。

nnet3 中生成样本存档的脚本是 steps/nnet3/get_egs.sh，其核心流程与 nnet2 的核心流程相同，即先按顺序生成样本块，再以样本块为单位打乱顺序，保持内部顺序不变。

6.3.4 学习率的调整

学习率是在训练神经网络的过程中，控制其参数调整尺度的重要工具。通常，学习率不是保持不变的，而是会根据训练的进程调整。如果学习率过大，则会导致参数调整过大，错过优化目标的最优点，无法收敛；反之，会导致训练缓慢，收敛到一个比较差的参数集上。学习率的调整策略有两种，一种是基于验证集的损失函数，另一种是经验值。

在用基于验证集的损失函数调整学习率时，通常会从训练数据中挑选一部分组成验证集，不参与训练，这样可以保证模型没有过拟合到训练集上，保证其泛化能力。在 nnet1 中，使用这种学习率调整策略，并使用早停法（Early stopping）以期获得更好的泛化性能。这个调整策略在脚本 step/nnet/train_scheduler.sh 中实现，在开始每次迭代前，计算上次迭代的验证集损失函数，第 N 次迭代的学习率调整策略如下：

- 如果损失函数没有下降，则停止迭代；
- 如果计算损失函数相对下降值（与 $N-1$ 次迭代相比）小于 0.001，则停止迭代；
- 如果损失函数相对下降值小于 0.01，则开始学习率调整；

- 如果学习率调整已经开始，则将学习率减半。

在基于 NN-HMM 的语音识别框架中，神经网络的输出为聚类的三音子状态，与其他分类任务（如图像识别）相比，很多状态之间并没有明显的差异。另外，神经网络声学模型并不输出分类结果，而是给出每个状态的概率，再与 HMM、发音词典和语言模型等融合在一起分析其识别结果。在大词汇量连续语音识别任务中，输出状态数目通常在六七千至一万，在训练数据量比较多的时候，很难过拟合到训练集上。而且，在语音识别的数据中，从训练集中分拆的验证集的分布与训练集的分布非常相似。因此，可以根据经验给出某种固定的学习率调整方法。

在 Kaldi 的 nnet2 和 nnet3 中，使用了一种基于经验值的学习率调整策略，设定初始学习率和终止学习率，每次小迭代时计算新的学习率。假设总的数据帧数为 nFrames，每个数据存档包含 400 000 个样本块，每个样本块包含 8 帧，则总的样本存档数为：

$$n\text{Archives} = \frac{n\text{Frames}}{8 \times 400000}$$

如果采用 nJobs 个 GPU 进行并行训练，则每次小迭代消耗 nJobs 个样本存档文件，而已知每个并行任务在训练时仅读取数据块中的某一帧，那么将所有数据训练一遍所需的小迭代次数为：

$$n\text{Iters} = \frac{n\text{Archives}}{n\text{Jobs}} \times 8$$

假设期望进行 nEpochs 次大迭代，则总的小迭代数目为：

$$n\text{TotalIters} = n\text{Epochs} \times n\text{Iters}$$

由此可得，在整个训练过程中需要读取的数据存档文件个数为：

$$n\text{Egs} = n\text{TotalIters} \times n\text{Jobs}$$

在第 i 轮小迭代中使用的学习率计算方法如下：

$$\text{Lrate}(i) = \text{Lrate}(1) \times \exp\left(\frac{\text{iEg}}{n\text{Egs}} \log\left(\frac{\text{Lrate}(n\text{TotalIters})}{\text{Lrate}(1)}\right)\right) \times n\text{Jobs}$$

其中，Lrate 为学习率，Lrate(1)和 Lrate(nTotalIters)分别表示设定的初始学习率和终止学习率，nJobs 为每次小迭代的并行任务数，iEgs 表示截至前一次迭代读取了多少次特征存档文件。用累加的方法，在开始训练之前设置$\text{iEgs} = 0$，在每次小迭代后更新 iEgs：

$$\text{iEgs} = \text{iEgs} + n\text{Jobs}$$

前面说过，在 nnet2 和 nnet3 中，每次小迭代输出一个模型，但是小迭代的次数很难指定，因此通常指定大迭代的次数，并通过设置初始学习率和终止学习率来控制学习率的变化。

6.3.5 并行训练

并行训练是提升神经网络训练速度的有效途径，常用的并行训练方法分为数据并行和模型并行两种。所谓模型并行，是指将模型的节点拆开，在多个训练设备上训练不同的节点，并保持不同设备之间节点的数据流动。这种方法常用于极大模型的任务中，而语音识别的模型并不大，其参数可以在一个设备上训练，因此通常使用数据并行的方法。

所谓数据并行，就是在每次迭代时，将训练数据拆成多份。目前广为使用的神经网络训练方法基于批的随机梯度下降（SGD），每一批数据的训练都在上一批数据训练的基础上进行，这种方法本质上是串行的，其过程如图 6-9 所示。初始模型 model.0 使用第一批训练数据得到 model.1，在此基础上，使用第二批训练数据得到 model.2。

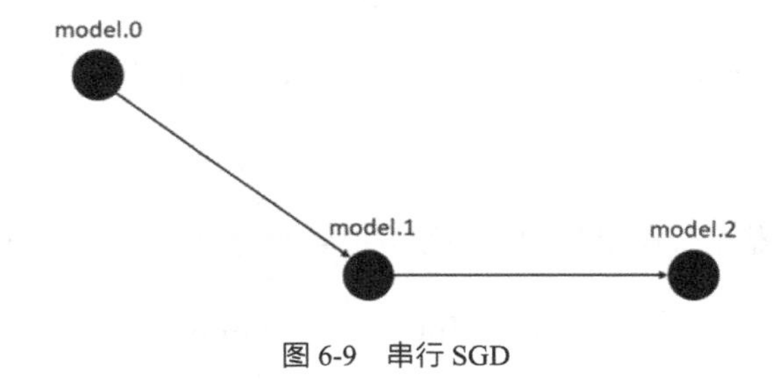

图 6-9　串行 SGD

使用数据并行的方法，即在更新 model.0 时，采用多个批次的数据同时训练，其中有一种方法叫作异步训练，其过程如图 6-10 所示。使用两个设备同时训练 model.0，分别得到 model.1.1 和 model.1.2，此时利用 model.1.2 的梯度再次更新 model.1.1 的参数，得到 model.1，以此类推。在使用这种方法时，一个容易出现的问题就是不同设备之间的速度差异较大，或者梯度传递的时间过长。在图 6-10 中，两种条纹分别代表两种训练设备，如果一种设备的训练速度较快，在接收到另外一种设备传过来的梯度时已经经过了两次或多次迭代，那么就意味着另外一种设备的梯度过时了，这样会造成模型训练无法收敛。因此，在使用异步训练时，需要保证不同设备的训练速度相当，例如使用相同型号的 GPU，并且提高设备间的通信速度。如果多个 GPU 在同一台服务器上，则可以保证通信速度，但如果想进一步扩展到多服务器多卡并行，则需要使用高速网络，如 InfiniBand。

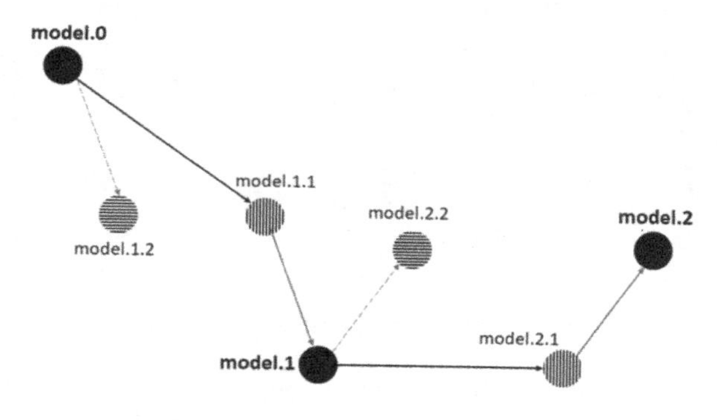

图 6-10　基于异步数据并行的 SGD

还有一种数据并行的方法叫作同步训练，其过程如图 6-11 所示。所谓同步，是指多个设备在使用各自的数据完成训练之后，将梯度合并，更新模型，然后以相同的初始模型继续下一次迭代。这种训练方法牺牲了一定的训练速度，但是训练过程稳定、容易收敛，且对于设备和网络的要求不高。

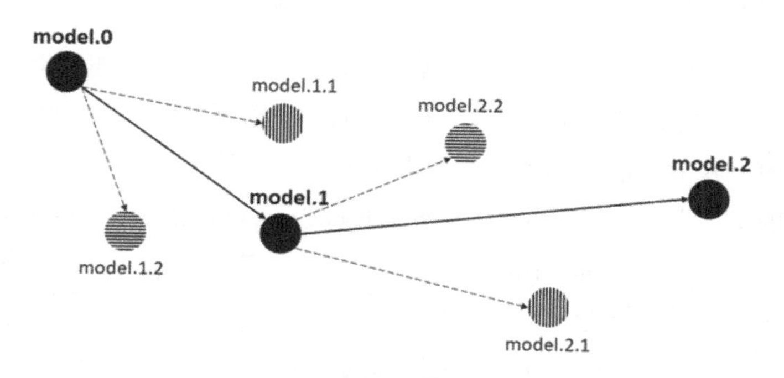

图 6-11　基于同步数据并行的 SGD

在 Kaldi 的 nnet2 和 nnet3 中，使用数据并行的同步训练方法。在 6.3.3 节和 6.3.4 节中，介绍了在训练神经网络的过程中如何随机化训练样本和调整学习率。在此，总结 Kaldi 的并行训练过程，如图 6-12 所示。在每次迭代时，多个设备使用各自的训练样本存档文件，得到各自更新的模型，等全部设备完成一次小迭代后，将所有模型汇总更新，然后开始下一次迭代。

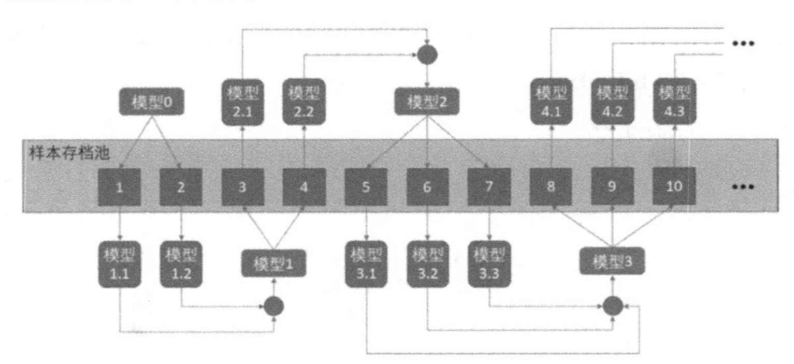

图 6-12 Kaldi 中的神经网络并行训练方法

在训练过程中，并行设备数并不是保持不变的。在训练开始阶段，由于参数变化比较大，因此使用比较少的并行数或不并行，作为热启动。在训练快结束的阶段，由于模型已经接近收敛，因此可以使用比较多的并行数。在 Kaldi 脚本中分别设定了初始并行数和终止并行数，在此分别用$n\,\text{Jobs}(1)$和$n\text{Jobs}(n\text{TotalIters})$表示，则第$i$次迭代的并行数为：

$$n\text{Jobs}(i) = n\text{Jobs}(1) + \frac{(n\text{Jobs}(n\text{TotalIters}) - n\text{Jobs}(1)) \times i}{n\text{TotalIters}}$$

在使用并行训练脚本时，初始并行数一般不宜太大，可以增加终止并行数。需要注意的是，学习率的设置与并行任务数相关。如果增加并行任务数，则应当适当提升学习率。同时，在并行训练脚本中，通常使用一种被称为预调（Precondition）的方法补充简单的学习率控制，即 nnet2 中的 AffineComponentPreconditionedOnline 组件和 nnet3 中的 NaturalGradientAffineComponent 组件。简单来说，这种方法使用一个预调矩阵，单独控制节点参数中每一维的学习率，平衡梯度下降的速度，防止在某一个方向上变化过大，有利于保持并行训练过程的稳定。

在每个子任务的训练中，使用样本存档的某一帧，以此实现在存档保持分段时序的基础上随机训练样本的目的。假设共有 5 个样本存档文件，其中每个样本块存放 8 帧，则在训练中实际使用样本的情况如图 6-13 所示。模型 0 的两个并行任务分别使用样本存档 1 和样本存档 2 中的第 1 帧，模型 1 的两个并行任务分别使用样本存档 3 和样本存档 4 中的第 2 帧，在给模型 2 训练的三个并行任务分配数据时，由于一共只有 5 个样本存档，所以再从样本存档 1 和样本存档 2 中分别取第 2 帧。在实现中，使用了 nnet-copy-egs 或 nnet3-copt-egs 的--frame 选项，相当于生成了一个每个样本块只包含一帧的临时样本存档文件，并送入管道中。在开始训练之前，这个管道中的样本存档文件还使用 nnet-shuffle-egs 或 nnet3-shuffle-egs 进行了进一步随机化。

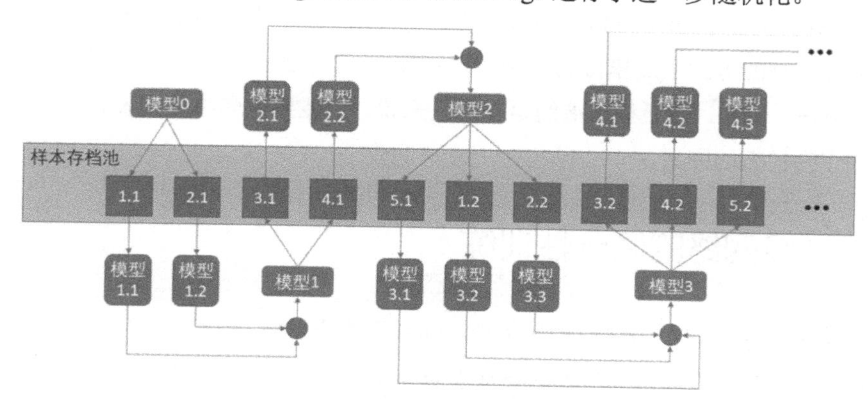

图 6-13 Kaldi 中神经网络并行训练时的数据随机存档方法

在每次迭代中，所有的训练子任务结束之后，将多个输出模型的参数平均，得到本次迭代的输出模型。而在全部迭代完成之后，使用最后若干次迭代的模型生成一个最终模型。这个过程不是简单地取平均，而是加权平均，其中权重由一部分训练数据估计得到。关于 Kaldi 中所使用的基于数据并行的同步随机梯度下降训练方法，可以在论文[22]中找到详细描述。

6.3.6 数据扩充

相比传统的 GMM-HMM，神经网络模型的优点是可以从多种不同的数据中学习其不变性（Invariance）。通俗地说，通过训练，无论输入特征如何变化、失真，神经网络都能够正确分类。因此，在为神经网络训练准备数据时，重要的不是“量”，而是要保证数据的多样性。对于语音识别任务来说，多样性指的是数据的采集设备、采集环境、传输信道、话音风格等影响语音质量的因素。

在第 3 章中介绍过 Kaldi 中的数据示例，可以看到，在语音识别的大多数标准数据库中，多样性是比较单一的，如整体都是朗读，或者整体都是 8kHz 采样的电话交谈。因此，可以将不同风格的数据库混合在一起，扩充训练数据的多样性。

但是，如果手头的数据有限，则要考虑采用数据生成的方法进行扩充。在 Librispeech 示例的 local/nnet3/run_ivector_common.sh 中展示了通过随机改变训练数据的语速（第 1 阶段）和音量（第 3 阶段）来扩充多样性。在 aspire 示例的 egs/aspire/s5/local/multi_condition/aspire_data_prep.sh 脚本中，展示了通过加入环境噪声和模拟混响的方式生成模拟的远场数据。因此，不同的应用场景需要采用不同的数据生成方法，例如，对于移动端的语音助手来说，可能要考虑将不同设备的音频编解码算法作为扩充的因素。

6.4 神经网络的区分性训练

在第 1 章中介绍了语音识别的历史，读者可能会发现，从 20 世纪八十年代到 21 世纪第一个十年，语音识别基本上被基于隐马尔可夫模型的框架所垄断。在这长达三十年的时间中，主流的语音识别框架都没有太大的变化，这期间也涌现出来不少基于这个框架的优化技巧，有些技巧让语音识别的准确率有了质的提升，这其中的杰出代表便是区分性训练。

区分性训练不但对传统的基于隐马尔可夫模型和高斯混合模型（GMM-HMM）的语音识别系统效果显著，而且对基于隐马尔可夫模型和神经网络的“混合模型”（NN-HMM）语音识别系统也至关重要。接下来将介绍神经网络区分性训练的基本原理和使用方法，以及 Kaldi 中的纯序列建模神经网络——一种不需要额外生成词格（Lattice-free）便可以对神经网络进行区分性训练的方法。

6.4.1 区分性训练的基本思想

基于隐马尔可夫模型的语音识别系统中最关键的一个环节是隐马尔可夫模型参数的估计，其常用的训练方法是最大似然估计。最大似然估计的基本原理是通过调整模型参数，最大化训练数据在所建立模型上的似然度。

最大似然估计在隐马尔可夫模型参数的训练中非常流行，一是因为在最大似然估计准则下，通过 Baum-Welch 算法可以快速地收敛到最优模型参数上；二是因为当模型建立的假设成立的时候，最大似然估计从理论上可以保证找到最优的参数。

然而，在一个实用的语音识别系统中，为了简化训练过程，我们做的一些假设并不一定是成立的。在这种情况下，使用最大似然估计方法找到的隐马尔可夫模型的参数就不一定是最优的了。区分性训练提供了参数优化的另外一个思路。不同于最大似然估计调整模型参数来提高训练数据在所建立模型上的似然度，区分性训练通过调整模型参数，尽可能地减少那些容易混淆正确结果和错误结果的情况，从而提高整体模型参数的正确性。

具体到语音识别中，常用的做法是，用当前声学模型的参数（隐马尔可夫模型的参数和神经网络模型的参数），配合以一个比较弱的语言模型（比如二元语法语言模型，甚至一元语法语言模型），将训练数据进行解码并且生成相应的词格。这个解码生成的词格，会和训练数据的强制对齐结果（可以认为是训练数据的标注）一起，输入到抑制错误参数产生的目标函数中，目标函数进而调整参数，抑制那些让训练数据的词格中产生错误结果的参数。需要指出的是，我们使用较弱的语言模型是为了尽可能放大声学模型中不合理的参数，“鼓励”它们在训练数据的词格中引入错误结果，从而可以在区分性训练过程中得到纠正。

6.4.2 区分性训练的目标函数

神经网络的区分性训练方法和传统训练方法一致，都是通过反向传播来实现参数的优化。区别是，传统训练中神经网络一般会以交叉熵作为训练的目标函数，用以最小化训练数据中的帧错误率，而在区分性训练中，神经网络会采用一些特殊的目标函数，用以抑制那些让训练数据在其解码词格中产生错误的参数，从而优化整体模型性能。神经网络的区分性训练常用的目标函数有最大互信息（Maximum Mutual Information，MMI）、增进式最大互信息（Boosted Maximum Mutual Information，BMMI）、最小音素错误（Minimum Phone Error，MPE）及状态级最小贝叶斯风险（state-level Minimum Bayes Risk，sMBR）等。接下来会逐一介绍这些目标函数，首先定义一些符号。

- T_m：第m个句子中的帧数。
- N_m：第m个句子中的词数。
- θ：模型参数。
- $\mathbb{S}=\{(\mathbf{o}^m,\mathbf{w}^m)|0\le m<M\}$：训练数据。
- $\mathbf{o}^m$=$\mathbf{o}_1^m,\cdots,\mathbf{o}_t^m,\cdots,\mathbf{o}_{T_m}^m$：第$m$个句子的声学特征序列。
- $\mathbf{w}^m$=$\mathbf{w}_1^m,\cdots,\mathbf{w}_t^m,\cdots,\mathbf{w}_{N_m}^m$：第 m 个句子的标注文本。
- $\mathbf{s}^m$=$\mathbf{s}_1^m,\cdots,\mathbf{s}_t^m,\cdots,\mathbf{s}_{T_m}^m$：和$\mathbf{w}^m$对应的声学状态序列。

目标函数最大互信息（Maximum Mutual Information，MMI）试图最大化观测序列$\mathbf{o}^m$和单词序列$\mathbf{w}^m$分布的互信息，其本质和降低训练数据中的句错误率是非常相关的。最大互信息目标函数公式如下；

$$\mathrm{J_{MMI}}(\boldsymbol{\theta};\mathbb{S})=\sum_{m=1}^{M}\mathrm{J_{MMI}}(\theta;\mathbf{o}^m,\mathbf{w}^m)=\sum_{m=1}^{M}\log\sum_{m=1}^{M}\log\sum_{m=1}^{M}\log P(\mathbf{w}^m|\mathbf{o}^m;\theta)$$

目标函数增进式最大互信息（Boosted Maximum Mutual Information，BMMI）是最大互信息的优化版本，其做法是在 MMI 的基础上，引入一个增进项，用以提升产生错误路径的似然度。增进式最大互信息目标函数公式如下：

$$\begin{aligned}\mathrm{J_{BMMI}}(\theta;\mathbb{S})&=\sum_{m=1}^{M}\mathrm{J_{BMMI}}(\theta;\mathbf{o}^m,\mathbf{w}^m)\\&=\sum_{m=1}^{M}\log\sum_{m=1}^{M}\log\frac{P(\mathbf{w}^m|\mathbf{o}^m)}{\sum_{\mathbf{w}}P(\mathbf{w}|\mathbf{o}^m)\mathrm{e}^{-bA(\mathbf{w},\mathbf{w}^m)}}\sum_{m=1}^{M}\log\frac{P(\mathbf{w}^m|\mathbf{o}^m)}{\sum_{\mathbf{w}}P(\mathbf{w}|\mathbf{o}^m)\mathrm{e}^{-bA(\mathbf{w},\mathbf{w}^m)}}\end{aligned}$$

其中，$\mathrm{e}^{-bA(\mathbf{w},\mathbf{w}^\mathrm{m})}$便是在最大互信息的基础上引入的增进项，b 是一个用来调节增进强度的参数，$A(\mathbf{w},\mathbf{w}^m)$是序列$\mathbf{w}$相对于$\mathbf{w}^m$的准确率，这个准确率可以是基于单词序列的准确率，也可以是基于音素序列的准确率。

目标函数最小音素错误（Minimum Phone Error，MPE）和目标函数状态级最小贝叶斯风险（state-level Minimum Bayes Risk, sMBR）比较相似。顾名思义，前者主要试图减小音素错误率，而后者主要试图减小隐马尔可夫模型中的状态错误率。这两个目标函数的公式可以统一如下：

$$\mathrm{J_{MBR}}(\theta;\mathbb{S})=\sum_{m=1}^{M}\mathrm{J_{MBR}}(\theta;\mathbf{o}^m,\mathbf{w}^m)=\sum_{m=1}^{M}\sum_{\mathbf{w}}P(\mathbf{w}|\mathbf{o}^m)A(\mathbf{w},\mathbf{w}^m)$$

其中，$A(\mathbf{w},\mathbf{w}^m)$是序列$\mathbf{w}$相对于$\mathbf{w}^m$的准确率。如果这个准确率是基于音素序列计算的，那么对应的目标函数就是最小音素错误；如果这个准确率是基于状态序列计算的，那么对应的目标函数就是状态级最小贝叶斯风险。

6.4.3 区分性训练的实用技巧

区分性训练虽然从公式和理论上来看都非常完美，但是在实际应用中，却是工程性非常强的一个技术点，往往需要反复调整配置，最终才有可能得到较好的效果。本节简单介绍一些可以被调节的配置。

首先，可以被调节的配置是目标函数。神经网络的区分性训练对应了诸多的目标函数，在 6.4.2 节中介绍的主流的目标函数就多达 4 种。一般的经验性分析认为，目标函数状态级最小贝叶斯风险会略好于其他的几个目标函数。但是，实际的目标函数选择往往会取决于具体的训练数据和其他的一些配置。建议读者在使用的过程中尝试不同的目标函数。

其次，可以使用的一个技巧叫作帧平滑。研究人员发现，当只使用区分性训练的目标函数时，由于训练数据生成的词格并不能包含所有可能的单词序列，因此神经网络往往会产生过拟合。为了避免过拟合的出现，研究人员尝试将区分性训练的目标函数和交叉熵目标函数进行插值，生成一个新的目标函数来对神经网络进行训练。这个插值也叫作帧平滑。读者如果想要尝试帧平滑，可以按照 1:10 的比例对交叉熵目标函数和区分性训练目标函数进行插值。

词格的生成对区分性训练的性能影响也非常大。一般认为，我们需要用当前最好的语音识别系统来生成区分性训练所需要的词格。区分性训练所需的词格分成分母词格和分子词格两部分。分子词格往往就是训练数据强制对齐所生成的结果。经验表明，强制对齐越准确，区分性训练效果越佳。分母词格是通过对训练数据进行解码生成的。为了“鼓励”分母词格中产生错误，往往会使用较弱的语言模型，如一元语法语言模型或二元语法语言模型。语言模型的选择和实际的任务相关，因此建议读者在实践中尝试不同的语言模型。同时，也有研究人员提出，经过一遍完整的区分性训练之后，如果重新生成分子词格和分母词格，并且继续训练，则有可能进一步提升模型效果，这个技巧读者也可以尝试。

6.4.4 Kaldi 神经网络区分性训练示例

Kaldi 中神经网络的区分性训练脚本相对还是比较好理解的。我们以 Librispeech 为例进行讲解。目前，在 Librispeech 的默认脚本中，区分性训练是被注释掉的。假设已经按照步骤完整运行了总脚本 run.sh 并进入到 egs/librispeech/s5 目录，需要训练一个基础的神经网络模型，以 nnet2 为例，命令如下：

```
local/online/run_nnet2_ms.sh
```

基础神经网络模型训练完成以后，便可以对这个神经网络模型进行区分性训练，命令如下：

```
local/online/run_nnet2_ms_disc.sh
```

进一步看一下 local/online/run_nnet2_ms_disc.sh 脚本。这个脚本的核心有四部分，第一部分的作用是生成 6.4.3 节中提到的分母词格，即对训练数据进行解码，脚本如下：

```
if [ $stage -le 1 ]; then
  nj=50
  num_threads_denlats=6
  subsplit=40
  steps/nnet2/make_denlats.sh --cmd "$decode_cmd --mem 1G \
      --num-threads $num_threads_denlats" \
      --online-ivector-dir exp/nnet2_online/ivectors_train_960_hires \
      --nj $nj --sub-split $subsplit --num-threads "$num_threads_denlats" \
      --config conf/decode.config \
      data/train_960_hires data/lang_pp $srcdir ${srcdir}_denlats || exit 1;
fi
```

第二部分的作用是生成 6.4.3 节中提到的分子词格，即对训练数据进行强制对齐，脚本如下：

```
if [ $stage -le 2 ]; then
```

```
    # hardcode no-GPU for alignment, although you could use GPU [you wouldn't
    # get excellent GPU utilization though.]
    nj=350
    use_gpu=no
    gpu_opts=

    steps/nnet2/align.sh --cmd "$decode_cmd $gpu_opts" --use-gpu "$use_gpu" \
      --online-ivector-dir exp/nnet2_online/ivectors_train_960_hires \
      --nj $nj data/train_960_hires data/lang_pp $srcdir ${srcdir}_ali \
     || exit 1;
  fi
```

第三部分的作用是将分子词格和分母词格转换成Kaldi中神经网络训练的样本存档文件，脚本如下：

```
  if [ $stage -le 3 ]; then
    # have a higher maximum num-jobs if
    if [ -d ${srcdir}_degs/storage ]; then max_jobs=10; else max_jobs=5; fi

    steps/nnet2/get_egs_discriminative2.sh \
      --cmd "$decode_cmd --max-jobs-run $max_jobs" \
      --online-ivector-dir exp/nnet2_online/ivectors_train_960_hires \
      --criterion $criterion --drop-frames $drop_frames \
      data/train_960_hires data/lang_pp \
      ${srcdir}{_ali,_denlats,/final.mdl,_degs} || exit 1;
  fi
```

第四部分是对神经网络进行相应的区分性训练，脚本如下：

```
  if [ $stage -le 4 ]; then
    steps/nnet2/train_discriminative2.sh --cmd "$decode_cmd $parallel_opts" \
      --stage $train_stage \
      --effective-lrate $effective_lrate \
      --criterion $criterion --drop-frames $drop_frames \
      --num-epochs $num_epochs \
```

```
    --num-jobs-nnet 6 --num-threads $num_threads \
      ${srcdir}_degs ${srcdir}_${criterion}_${effective_lrate} || exit 1;
fi
```

建议读者仔细阅读 local/online/run_nnet2_ms_disc.sh 脚本，或者阅读对应的 nnet3 版本的 local/nnet3/run_tdnn_discriminative.sh 脚本，然后根据自己的需求调节相应的参数，如并发处理的 CPU 核数、区分性训练目标函数选择等。

6.4.5 chain 模型

纯序列建模神经网络在 Kaldi 中又被叫作 chain 模型，是 Kaldi 中当前效果最好的神经网络模型。chain 模型的开发源于 Kaldi 对 Connectionist Temporal Classification（CTC）的实现。尽管因为数据量等原因，研究人员在 Kaldi 中实现的 CTC 网络效果并不理想，但是研究人员意外地发现，CTC 实现过程中的一些想法，可以被引用到区分性训练中基于最大互信息目标函数的训练上来，这也就是后来的 chain 模型。

区别于之前神经网络区分性训练中基于最大互信息的训练，chain 模型有如下特点：

- 从头开始训练神经网络，不需要基于交叉熵训练的神经网络作为起点；
- 采用跳帧技术，每 3 帧处理一次；
- 使用更加简化的隐马尔可夫模型拓扑结构，不训练转移概率；
- 不需要产生分母词格，对可能路径进行求和的前向—后向算法（Forward-backward algorithm）演绎过程直接在 GPU 上进行；
- 分母语言模型采用四元语法音素单元的语言模型，而不是一元语法词单元的语言模型；
- 使用基于上文双音子（Biphone）的声学建模单元；
- 一个训练句子会被拆分成若干个训练块。

简单来理解，读者可以认为 chain 模型就是一个利用最大互信息目标函数进行训练，但是不需要生成分母词格的区分性训练神经网络模型。事实上，在 chain 模型中，传统基于最大互信息的区分性训练中的分子词格和分母词格都被有限状态机（Finite State Acceptor，FSA）所代替，并且不同于传统区分性训练中每个句子都有一个单独的分母词格，在 chain 模型的训练中，所有训练数据将共用一个分母有限状态机。

我们同样用 Librispeech 示例来对 chain 模型的使用做一个简单介绍。假设已经按照步骤成功运行了 egs/librispeech/s5/run.sh 的前 19 个阶段（stage 19），并且当前处于 egs/librispeech/s5 目录中，训练 chain 模型只需执行以下命令：

```
local/chain/run_tdnn.sh
```

事实上，目前 chain 模型是 Librispeech 默认脚本的一部分，因此如果完整执行 egs/librispeech/s5/run.sh，则 local/chain/run_tdnn.sh 脚本默认会被运行。

进一步观察这个脚本，我们可以发现，这个脚本的核心有四部分。第一部分的作用是提取 i-vector 说话人信息，作为神经网络输入特征的一部分，本书第 8 章将介绍 i-vector。很多实验已经证明了 i-vector 可以帮助提高语音识别的效果，脚本如下：

```
# The iVector-extraction and feature-dumping parts are the same as the standard
# nnet3 setup, and you can skip them by setting "--stage 11" if you have already
# run those things.

local/nnet3/run_ivector_common.sh --stage $stage \
                                  --train-set $train_set \
                                  --gmm $gmm \
                                  --num-threads-ubm 6 --num-processes 3 \
                                  --nnet3-affix "$nnet3_affix" || exit 1;
```

上述脚本会根据已有训练数据，训练一个 i-vector 提取器，并对训练数据和测试数据进行 i-vector 特征提取，方便后续训练过程和测试过程使用。在 Librispeech 示例中，所生成的 i-vector 提取器位于 exp/nnet3_cleaned/extractor 目录，而训练数据、开发数据和测试数据所提取的 i-vector 位于：

```
exp/nnet3_cleaned/ivectors_train_960_cleaned_sp_hires
exp/nnet3_cleaned/ivectors_{dev_clean,dev_other,test_clean,test_other}_hire
s
```

第二部分主要在做一些 chain 模型训练的准备工作，按照其内容又可以分成三大块。

第二部分中的第一大块是生成一个新的语言目录，包含 chain 模型所特有的隐马尔可夫模型拓扑结构。不同于传统语音识别系统中隐马尔可夫模型的拓扑结构，chain 模型使用了一种非常简化的拓扑结构，最少用一帧语音数据就可以遍历，其可以产生的第一帧的数据标签和后续帧的数据标签不同，比如可以产生类似于"a，ab，abb，abbb"这样的标签序列。在 Librispeech 中，这个新生成的语言目录位于 data/lang_chain。

第二部分中的第二大块是对训练数据进行强制对齐，用于生成训练数据词格，以待之后进一步转换成 chain 模型训练所需的分子有限状态机。值得一提的是，为了更好地处理多音词的情况，这部分对齐结果事实上是通过对每个训练语句的标注文本生成解码图，然后对训练音频利用其相应的解码图进行解码所获得的。一个训练音频的对齐结果可以包含多条路径，而不单单是传统对齐结果中的最佳路径。第二大块中的对齐结果存放于 lat.*.gz 这样的文件中（它们事实上就是词格），在 Librispeech 示例中，其目录位于 exp/chain_cleaned/tri6b_cleaned_train_960_cleaned_sp_lats。

第二部分中第三大块的主要作用是生成 chain 模型训练所特需的决策树。首先，在上面的第一大块中提到，chain 模型训练使用了特殊的隐马尔可夫模型拓扑结构，因此需要根据这个拓扑结构重新构建决策树。其次，在 chain 模型决策树构建的过程中，使用了基于上文相关的双音子的决策树，而非传统的上下文相关的三音子决策树。最后，由于 chain 模型训练过程中做了降帧处理（默认参数为每 3 帧处理一次），因此还需要把降帧的概念引入决策树的构建过程中。值得一提的是，在构建新的决策树的过程中，第三大块还会把原始的训练数据对齐结果根据新的决策树转换成新的对齐结果，这部分对齐结果之后会被用来生成 chain 模型中用到的音素语言模型。在 Librispeech 示例中，重新生成的决策树位于 exp/chain_cleaned/tree_sp 目录。

第二部分具体训练脚本如下，由于每一大块的过程相对比较简单，因此不再对脚本做进一步展开：

```
# Please take this as a reference on how to specify all the options of
# local/chain/run_chain_common.sh
local/chain/run_chain_common.sh --stage $stage \
                          --gmm-dir $gmm_dir \
                          --ali-dir $ali_dir \
                          --lores-train-data-dir ${lores_train_data_dir} \
```

```
                              --lang $lang \
                              --lat-dir $lat_dir \
                              --num-leaves 7000 \
                              --tree-dir $tree_dir || exit 1;
```

第三部分的核心内容是模型结构的定义，Librispeech 中的 chain 模型利用 Kaldi 中的 nnet3 神经网络训练框架来实现。关于 nnet3 模型结构的定义，在 6.2.3 节中已经有非常详细的定义，这里不再做详细阐述。简单来看，chain 模型结构的定义和 nnet3 模型结构的定义一样，分为两部分：第一部分是 Kaldi 建议用户直接修改的部分，是用户比较容易读懂的模型结构描述，在 Kaldi 中也称作 xconfig；第二部分是 Kaldi 训练过程中真正使用的 config，一般由 steps/nnet3/xconfig_to_configs.py 脚本根据用户定义的 xconfig 产生。在 Librispeech 的 chain 模型中，模型结构对应的 xconfig 及相应的 config 文件生成代码如下：

```
    if [ $stage -le 14 ]; then
      echo "$0: creating neural net configs using the xconfig parser";

      num_targets=$(tree-info $tree_dir/tree | grep num-pdfs | awk '{print $2}')
      learning_rate_factor=$(echo "print (0.5/$xent_regularize)" | python)
      affine_opts="l2-regularize=0.008 dropout-proportion=0.0
dropout-per-dim=true dropout-per-dim-continuous=true"
      tdnnf_opts="l2-regularize=0.008 dropout-proportion=0.0 bypass-scale=0.75"
      linear_opts="l2-regularize=0.008 orthonormal-constraint=-1.0"
      prefinal_opts="l2-regularize=0.008"
      output_opts="l2-regularize=0.002"

      mkdir -p $dir/configs

      cat <<EOF > $dir/configs/network.xconfig
      input dim=100 name=ivector
      input dim=40 name=input

      # please note that it is important to have input layer with the name=input
```

```
  # as the layer immediately preceding the fixed-affine-layer to enable
  # the use of short notation for the descriptor
  fixed-affine-layer name=lda input=Append(-1,0,1,ReplaceIndex(ivector, t, 0))
affine-transform-file=$dir/configs/lda.mat

  # the first splicing is moved before the lda layer, so no splicing here
  relu-batchnorm-dropout-layer name=tdnn1 $affine_opts dim=1536
  tdnnf-layer name=tdnnf2 $tdnnf_opts dim=1536 bottleneck-dim=160
time-stride=1
 ...（此处略过若干层定义）
  tdnnf-layer name=tdnnf16 $tdnnf_opts dim=1536 bottleneck-dim=160
time-stride=3
  tdnnf-layer name=tdnnf17 $tdnnf_opts dim=1536 bottleneck-dim=160
time-stride=3
  linear-component name=prefinal-l dim=256 $linear_opts

  prefinal-layer name=prefinal-chain input=prefinal-l $prefinal_opts
big-dim=1536 small-dim=256
  output-layer name=output include-log-softmax=false dim=$num_targets
$output_opts

  prefinal-layer name=prefinal-xent input=prefinal-l $prefinal_opts
big-dim=1536 small-dim=256
  output-layer name=output-xent dim=$num_targets
learning-rate-factor=$learning_rate_factor $output_opts
 EOF
  steps/nnet3/xconfig_to_configs.py --xconfig-file
$dir/configs/network.xconfig --config-dir $dir/configs/
 fi
```

在上述代码块中可以看到，首先定义了 xconfig 生成过程中用到的一些参数，如神经网络输出数目 num_targets、学习速率调节比例 learning_rate_factor，以及网络中特定层相关参数 affine_opts、tdnnf_opts、linear_opts、prefinal_opts、output_opts 等；

然后定义了具体的 xconfig 内容，并且写到了 exp/chain_cleaned/tdnn_1d_sp/configs/network.xconfig 文件中。network.xconfig 文件中的模型定义比较简单易懂，在上述示例中，network.xconfig 中定义的主要网络层如下：

- 输入层 ivector，100 维 ivector 特征；
- 输入层 input，40 维 MFCC 特征；
- 固定仿射变换层 lda，用 LDA 矩阵做特征变换，并且用 Append 描述符定义如何拼接 ivector 特征和 MFCC 特征。在本例中由于 Append 用到的相邻帧是−1、0、1，因此 LDA 矩阵的实际维度是 $100 + 40 \times 3 = 220$；
- TDNN 相关层 tdnn1、tdnnf2……tdnnf17。注意，tdnn1 因为要连接输入特征，所以和其他层略有区别；
- 输出相关层 prefinal-chain、output、prefinal-xent 和 output-xent。

值得一提的是，为了防止过拟合，chain 模型训练过程中同时用到了交叉熵损失函数和 chain 自身的损失函数（基于最大互信息），这就是为什么在 xconfig 中看到了两个输出层。生成了 network.xconfig 文件之后，代码块最后利用 steps/nnet3/xconfig_to_configs.py 脚本，生成了 chain 模型训练所需的配置文件，并置于 exp/chain_cleaned/tdnn_1d_sp/configs 文件夹中，核心的文件包括 init.config、ref.config、final.config、init.raw、ref.config、vars 等。其中，init.config 是初始网络结构；final.config 是最终网络结构；ref.config 和 final.config 基本一致，但是 final.config 中用到固定矩阵、向量变换的地方（如 LDA 变换），在 ref.config 中都由随机初始化的矩阵或向量来代替实际的矩阵或向量；init.raw 和 ref.raw 是分别对应于 init.config 和 ref.config 的网络模型；而 vars 文件中记录了网络所使用的上下文。steps/nnet3/xconfig_to_configs.py 也会在相同目录下面生成一些中间的文件，如 network.config 的备份文件 xconfig、中间过程文件 xconfig.expanded.1 和 xconfig.expanded.2 等，读者也可以自行查看。

第四部分就是 chain 模型的具体训练了，通过 steps/nnet3/chain/train.py 脚本来实现，具体代码如下：

```
if [ $stage -le 15 ]; then
  if [[ $(hostname -f) == *.clsp.jhu.edu ]] && [ ! -d $dir/egs/storage ]; then
```

```
    utils/create_split_dir.pl \
     /export/b{09,10,11,12}/$USER/kaldi-data/egs/swbd-$(date
+'%m_%d_%H_%M')/s5c/$dir/egs/storage $dir/egs/storage
  fi

  steps/nnet3/chain/train.py --stage $train_stage \
    --cmd "$decode_cmd" \
    --feat.online-ivector-dir $train_ivector_dir \
    --feat.cmvn-opts "--norm-means=false --norm-vars=false" \
    --chain.xent-regularize $xent_regularize \
    --chain.leaky-hmm-coefficient 0.1 \
    --chain.l2-regularize 0.0 \
    --chain.apply-deriv-weights false \
    --chain.lm-opts="--num-extra-lm-states=2000" \
    --egs.dir "$common_egs_dir" \
    --egs.stage $get_egs_stage \
    --egs.opts "--frames-overlap-per-eg 0 --constrained false" \
    --egs.chunk-width $frames_per_eg \
    --trainer.dropout-schedule $dropout_schedule \
    --trainer.add-option="--optimization.memory-compression-level=2" \
    --trainer.num-chunk-per-minibatch 64 \
    --trainer.frames-per-iter 2500000 \
    --trainer.num-epochs 4 \
    --trainer.optimization.num-jobs-initial 3 \
    --trainer.optimization.num-jobs-final 16 \
    --trainer.optimization.initial-effective-lrate 0.00015 \
    --trainer.optimization.final-effective-lrate 0.000015 \
    --trainer.max-param-change 2.0 \
    --cleanup.remove-egs $remove_egs \
    --feat-dir $train_data_dir \
    --tree-dir $tree_dir \
    --lat-dir $lat_dir \
    --dir $dir  || exit 1;
```

```
fi
```

由于 Kaldi 的神经网络训练过程需要把训练样本存档写到磁盘，而样本存档往往占用大量磁盘空间，在训练过程中会给服务器读写操作造成巨大压力，因此 Kaldi 往往先使用 utils/create_split_dir.pl 脚本，把样本存档分散到不同的机器上。在上述示例中，样本存档被分散到了 b09、b10、b11、b12 这四台机器上。

做好样本存档的存储空间准备工作之后，就可以调用 steps/nnet3/chain/train.py 脚本，开始 chain 模型的训练。训练脚本的核心可以分成两大部分，即训练样本存档的生成和具体模型的训练。需要指出的是，train.py 虽然是一个 Python 脚本，但是历史上 Kaldi 本身的训练过程是由大量的 C++可执行文件和 Bash 脚本构成的，因此上述 train.py 脚本中不可避免地大量调用了 C++可执行文件和 Bash 脚本。当然，Python 的使用还是为训练脚本增加了很多可读性。在具体操作上，train.py 通过 steps/libs/nnet3/train/chain_objf/acoustic_model.py 脚本对核心的 C++可执行文件和 Bash 脚本进行了封装，并且以 chain_lib 库的形式引入到模型训练中。为了让读者对 chain 模型的训练过程有更好的了解，接下来简单介绍 chain 模型的样本存档生成和具体模型训练。

前面已经介绍了 chain 模型的基本原理。类似于基于最大互信息的区分性训练，chain 模型训练样本存档的生成依赖于分子有限状态机和分母有限状态机的生成。在分母有限状态机方面，区别于传统最大互信息的区分性训练，chain 模型利用训练数据的强制对齐结果，训练了一个四元语法音素单元的语言模型，并将它转换为有限状态机，具体生成的文件是 exp/chain_cleaned/tdnn_1d_sp/phone_lm.fst。该过程通过调用 chain_lib 库中的 create_phone_lm()函数来完成，其输入依赖是决策树目录中的训练数据强制对齐结果，也即 exp/chain_cleaned/tree_sp/ali.*.gz 文件。生成音素语言模型之后，训练脚本进一步将其和 C 有限状态转换器和 H 有限状态转换器结合，形成最终的分母有限状态机。这个过程通过 chain_lib 库中的 create_denominator_fst()函数来实现，其生成的文件是 exp/chain_cleaned/tdnn_1d_sp/den.fst 和 exp/chain_cleaned/tdnn_1d_sp/normalization.fst，其中 den.fst 就是分母有限状态机，而 normalization.fst 在 den.fst 的基础上修改了初始状态和终止概率（由于 chain 模型训练过程使用的是句子片段而不是完整的句子，而音素语言模型产生的有限状态机的初始状态和终止概率本身包含了句子开始和结束的统计信息，因此需要做此修改），训练过程中实际使用的是 normalization.fst 有限状态机。至此，分母有限状态机准备完毕。在分子有限状态机方面，我们在介绍 local/chain/run_chain_common.sh 脚本的时候已经提到，分子有限状态机通过对训练数据做强制对齐而产生，并且保存于 exp/chain_cleaned/tri6b_cleaned_train_960_cleaned_sp_lats/lat.*.gz 文件中，因此，这个时候分子有限状态机也已经准备妥当。分子有限状态机和分母有限状态机均准备就绪以后，就可以调用 chain_lib 中的 generate_chain_egs()函数，生成训所需的样本存档。生成训练所需的样本存档之后，可以调用 chain_lib 中的 prepare_initial_acoustic_model()函数生成初始的模型，然后通过 train_one_iteration()函数对模型进行训练，模型训练最后阶段还可能通过 combine_models()函数对最后的一些模型进行融合，这些步骤都和 Kaldi 中传统的神经网络训练一致，这里不再展开赘述。

至此，我们介绍了 chain 模型的基本概念，以及如何在 Librispeech 示例中训练一个 chain 模型。建议读者仿照 Librispeech 训练的第一个 chain 模型，将相应的配置修改到自己的数据集上，训练自己的 chain 模型。

6.5 与其他深度学习框架的结合

尽管可以训练图像分类模型，但 Kaldi 仍是专门为语音识别进行优化的工具，尤其是其中的声学特征提取、HMM 和 GMM 参数更新中的诸多策略，都是为语音识别优化的。神经网络技术在语音识别中的应用主要有三个方面，即声学模型、语言模型和端到端语音识别。本节从这三个方面介绍 Kaldi 与其他深度学习框架之间的联系。

6.5.1 声学模型

声学模型是最先被引入神经网络和深度学习技术的，本章的前 3 节着重介绍了 Kaldi 中多个版本的神经网络实现，及其在声学模型训练中的应用。基于神经网络的声学模型所承担的是声学特征的分类，其原理与通用的神经网络的原理相同，因此可以看到一些开源项目致力于将其他深度学习框架与 Kaldi 结合。

- tfkaldi，使用 Kaldi 的可执行文件和通用脚本进行数据准备、特征提取、

GMM-HMM 训练和对齐，将 Kaldi 的声学特征和强制对齐结果转换为 TensorFlow 的训练数据格式，并使用 TensorFlow 训练模型。在识别时，使用 TensorFlow 前向推理得到每一帧的似然度，然后使用 Kaldi 中的解码器进行识别。

- pykaldi，这个项目使用 Google 开发的 CLIF 框架为 Kaldi 的 C++库包装了 Python 接口，在此基础上开发了若干 Python 模块用于代替 Kaldi 中的众多可执行文件。遗憾的是，由于 Kaldi 的 GMM-HMM 训练系统是由极其复杂的可执行程序和脚本交互完成的，因此这个项目并没有提供任何声学模型训练的例子，只能用于已有模型的解码。在该项目的说明文件中，演示了如何使用 PyTorch 声学模型进行解码，但是并没有说明该模型如何训练。
- kaldi-onnx，ONNX 是一个多方合作开发的神经网络模型描述框架，它支持将多种不同的神经网络模型文件转换为 ONNX 格式，使用高效的前向推理工具进行打分。其支持的框架包括但不限于 TensorFlow、Keras、PyTorch、CNTK、MXNet 等。使用 kaldi-onnx 工具，可以将 Kaldi 的神经网络转换成 ONNX 格式。

目前，大部分 Kaldi 神经网络声学模型的集成工具都致力于神经网络的推理，而 Kaldi 中的 HMM 和 WFST 解码器部分仍然无可替代。

6.5.2 语言模型

神经网络语言模型是神经网络在语音识别中应用的另一个方向。在 Kaldi 的代码中，有两个神经网络语言模型的实现，分别是 src/rnnlm 和 src/tfrnnlm，这两个实现都是将 RNN 语言模型用于基于 Lattice 的重打分，区别在于 src/tfrnnlm 使用 TensorFlow 训练，而 src/rnnlm 使用 nnet3 训练。重打分的方法在本书 5.11 节已有介绍，这里不再赘述。

6.5.3 端到端语音识别

端到端语音识别是当前研究和应用的热点方向，其优势在于将声学模型和语言模型的训练高度自动化，省去了 GMM-HMM 训练的过程，减少人工干预。在 Kaldi 中也有端到端建模的尝试，如 egs/wsj/s5/local/e2e 目录下的实验，尝试了将音素或字母作为输出单元，但解码时仍然使用以词为单位的 N 元语法的 WFST 解码网络。

espnet 是一个完全端到端的语音处理框架，即不包含 GMM-HMM 和 N 元语法，完全使用神经网络完成训练和解码。它使用 Kaldi 作为数据预处理和声学特征提取的工具，使用 PyTorch 或 Chainer 作为神经网络训练框架。espnet 并不局限于语音识别任务，也可用于语音合成、机器翻译等实验，实际上现在的 espnet 中已经提供了这几类任务的示例，都获得了不错的效果。

7 关键词搜索与语音唤醒

本章介绍语音技术中一个非常重要的分支——关键词搜索技术。这里的关键词搜索技术包括当前流行的语音唤醒技术。通过对本章的学习，读者可以了解目前主流的关键词搜索技术，以及它们在 Kaldi 中相应的实现。对于 Kaldi 中尚不支持的技术点，本章也会给出相应的实现方案，方便读者自行实现。

7.1 关键词搜索技术介绍

本节将对目前主流的关键词搜索（Keyword Search）技术及其相应的应用进行简单介绍。通过对本节的学习，读者可以了解目前主流的关键词搜索技术，以及语音产业界比较关心的落地应用。

7.1.1 关键词搜索技术的主流方法

语音关键词搜索技术是一种从语音信号中找到相应关键词的技术，其发展已有四十多年的历史。在过去的四十多年中，涌现出许许多多的技术用来解决关键词搜索这个任务，主要可以划分为以下三类：基于模板的关键词搜索技术（Query by Example based Keyword Search）、基于关键词 / 非关键词模型的关键词搜索技术（Keyword / Filler based Keyword Search），以及基于大词汇量连续语音识别的关键词搜索技术

（Large Vocabulary Continuous Speech Recognition based Keyword Search）。

基于模板的关键词搜索技术是最早被应用到关键词搜索任务的技术之一，它的名字也比较容易理解，基本思想是利用特定关键词的已知的语音片段，去匹配待搜索语音库中的语音片段。如果待搜索语音库中的语音片段和关键词的已知语音片段非常相似，则认为待搜索语音库的那个语音片段包含了关键词。一般来说，基于模板的关键词搜索技术都分成两步。第一步是模板生成，这是一个将关键词已知语音片段转换成更加能够代表关键词特征的模板的一个过程，目前常见的模板有原始的语音片段、从原始语音片段提取出来的梅尔频率倒谱系数、将原始语音片段经过神经网络得到的后验概率等。第二步是模板匹配，也就是利用第一步中生成的模板，去待搜索语音中进行匹配，找到关键词的过程。从过去几十年的历史来看，对于这个方法，优化的重心主要在如何生成更有效、更有代表性的关键词的模板上，而在模板匹配上，或多或少用的都是基于动态时间归整（Dynamic Time Warping）的方法。

基于关键词 / 非关键词模型的关键词搜索技术对关键词和非关键词都进行了精确的建模，因此可以将给定语音片段对齐到关键词或非关键词上。在搜索阶段，此方法会将待搜索语音分别对齐到事先建立好的关键词模型（Keyword）和非关键词模型（Filler），并且计算对齐到两个模型上对应的开销。如果对齐到关键词模型的开销小于对齐到非关键词模型的开销，则认为当前语音片段包含了关键词。关键词模型和非关键词模型大多用隐马尔可夫模型（Hidden Markov Model）来建模，其中非关键词模型为了能够覆盖所有可能的非关键词，一般都会采用子词单元（Sub-word Unit）作为基本建模单元。在过去的几十年中，这个方向上的优化重心主要在非关键词的建模，以及更好的打分方法。区分性训练一般也都可以提高这种系统的性能。

基于大词汇量连续语音识别的关键词搜索技术，其基本原理非常容易理解，大体思路是，先通过语音识别系统将待搜索语音数据转换成文本数据，然后将文本数据转换成用来搜索的倒排索引，最后直接从倒排索引里面搜索文本关键词。需要注意的是，在利用语音识别系统将待搜索语音数据转换成文本数据的时候，本身是会引入错误的，直接用转换出来的 1-best 文本做关键词搜索往往结果不够理想。因此在实践中，经常会利用语音识别系统产生的混淆网络（Confusion network）或词格（Word lattice），将其转换为可以用来进行搜索的倒排索引，然后进行搜索。由于大词汇量连续语音识别系统只能将语音数据转换成其词汇表中事先定义好的词汇，所以该关键词搜索系统有一个先天的缺陷——只能够搜索已经出现在词汇表中的关键词。前面章节介绍过，这个缺陷在语音识别中有一个专门的术语，叫作集外词（Out-of-vocabulary）。为了解决集外词问题，实际系统中往往会采取一些特殊技巧，比如模糊搜索、子词系统等。

7.1.2 关键词搜索技术的主流应用

关键词搜索技术目前有两类主流的应用，分别是语音检索和语音唤醒。

语音检索在早期的文献中被叫作 Spoken Term Detection（STD），在近些年的文献中被统称为 Keyword Search（KWS）。语音检索的主要任务是从海量的语音数据库中找到感兴趣的关键词，并返回相应的位置。需要检索的语音数据库往往是事先已知的，因此可以提前做处理并建立倒排索引，用来提高搜索阶段的效率。通常来说，语音检索任务会采用基于大词汇量连续语音识别的关键词搜索技术。语音检索可以被应用到音视频内容的搜索上，比如爱奇艺、优酷等视频网站上的视频搜索，或者喜马拉雅、蜻蜓等平台上的有声资源搜索等。

语音唤醒在文献中往往被称作 Wake Word Detection 或 Hotword Detection，是近期非常流行的一个语音技术。语音唤醒的主要任务是实时地从音频数据流中检测出事先定义好的关键词，目前被广泛地应用于语音助手中，比如 Google 的 Google Home 设备及 Amazon 的 Alexa 设备都使用了语音唤醒技术来检测各自设备的唤醒词，用来唤醒设备进行交互。由于语音唤醒技术往往运行在设备端上，并且需要能够实时地从语音数据流中检测出关键词，因此对算法的计算复杂度和实时率都有非常高的要求。目前比较主流的语音唤醒技术往往会采用基于关键词 / 非关键词模型的关键词搜索技术，但是一般会用深度神经网络（Deep Neural Network）来代替隐马尔可夫模型。

7.2 语音检索

Kaldi 中实现的关键词搜索技术可以应用到语音检索上。本节将介绍 Kaldi 中关键词搜索技术的基本原理及其使用方法，包括 Kaldi 在关键词搜索中特有的一些技术处理，如集外词处理。

7.2.1 方法描述

由于 Kaldi 本身是为大词汇量连续语音识别打造的开源软件，因此，很自然的，Kaldi 中实现的关键词搜索技术是基于大词汇量连续语音识别的。

Kaldi 中实现的关键词搜索技术简单来理解可以分成两步。第一步是训练一个大词汇量连续语音识别系统，并利用训练好的系统将待搜索音频库进行解码，生成对应的词格（Word lattice）。这中间使用的大词汇量连续语音识别系统可以是 Kaldi 中任意的语音识别系统，比如高斯混合模型系统、深度神经网络模型系统等。关键词搜索对底层的语音识别系统本身没有要求，只要可以将待搜索音频库进行解码并生成对应的词格就可以了。当然，底层的语音识别系统效果越好，关键词搜索的效果也会越好。第二步是将解码生成的待搜索音频库的词格转换成倒排索引，以便高效地进行搜索，得到关键词的位置及相应的置信度。Kaldi 中采用的是 Dogan Can 和 Murat Saraçlar 所著的论文 *Lattice indexing for spoken term detection* 中描述的方法，该方法将词格按照加权有限状态转录机（Weighted Finite State Machine，WFST）来处理，并生成一个带有位置和置信度信息的 WFST 作为倒排索引。搜索的时候，只需要将生成的倒排索引和关键词所对应的 WFST 进行复合（Composition）操作，即可获得关键词对应的位置及相应的置信度。

如前文所述，基于大词汇量连续语音识别的关键词搜索技术存在集外词问题。本节首先介绍一个最简单的关键词搜索示例，然后介绍 Kaldi 中为了解决集外词问题所采用的一些方法，最后会以一个实用的关键词搜索示例来结束本节。

7.2.2 一个简单的语音检索系统

在 Kaldi 的 wsj 示例中有一个最简单的语音检索系统。为了简化脚本，在 wsj 的 run.sh 脚本中，默认这个阶段的脚本是被注释掉的。我们先把这部分和语音检索系统相关的脚本罗列如下，然后逐一解释。

```
    # KWS setup. We leave it commented out by default

    # $duration is the length of the search collection, in seconds
    #duration=`feat-to-len scp:data/test_eval92/feats.scp  ark,t:- | awk '{x+=$2}
END{print x/100;}'`
```

```
#local/generate_example_kws.sh data/test_eval92/ data/kws/
#local/kws_data_prep.sh data/lang_test_bd_tgpr/ data/test_eval92/ data/kws/
#
#steps/make_index.sh --cmd "$decode_cmd" --acwt 0.1 \
#  data/kws/ data/lang_test_bd_tgpr/ \
#  exp/tri4b/decode_bd_tgpr_eval92/ \
#  exp/tri4b/decode_bd_tgpr_eval92/kws
#
#steps/search_index.sh --cmd "$decode_cmd" \
#  data/kws \
#  exp/tri4b/decode_bd_tgpr_eval92/kws
```

Kaldi 语音检索系统的第一步是训练一个大词汇量连续语音识别系统，在本例中，这个语音识别系统就是 wsj 系统。假设我们已经按照本书前面章节的介绍搭建好计算环境并且配置好 cmd.sh 等环境变量脚本，训练 wsj 系统将会非常简单（前提是有 wsj 数据），读者只需在命令行输入如下命令：

```
cd egs/wsj/s5/
bash run.sh
```

这个过程会持续几个小时到几天，具体时间取决于读者所提供的计算资源的多少。语音检索系统的示例是依赖于 SAT（Speaker Adapted Training）系统搭建的，因此实际上读者并不需要等到 run.sh 运行完全结束。如果只是为了尝试语音检索系统示例，则读者可以等 run.sh 脚本完成 stage 6 的时候就停止运行 run.sh，跳过 stage 7 中神经网络训练部分。在 stage 6 中会完成 SAT 系统的训练，并且用训练好的语音识别系统对测试集进行解码，并且生成相应的词格。

语音检索系统示例的第二步是将待搜索集合对应的词格转换成可供搜索的倒排索引，并且进行搜索。接下来我们会逐步介绍上述在 run.sh 中被注释掉的语音检索系统相关的代码。

上述代码中的第一步是待搜索集合长度的统计。这一步并不是必须的，在一些语音检索系统的评判标准中需要用到待搜索集合长度的统计，因此在这个示例中也计算了待搜索数据集的长度。事实上在后面的步骤中并没有用到这个长度。长度的计算代码如下：

```
# $duration is the length of the search collection, in seconds
duration=`feat-to-len scp:data/test_eval92/feats.scp ark,t:- | awk '{x+=$2}
END{print x/100;}'`
```

接下来需要生成示例中所使用的关键词。一般来说，关键词都是语音检索任务所指定的，比如评测机构所提供的关键词列表、实际产品中用户感兴趣的关键词等，因此实际的应用中不需要这一步。在本例中，我们随机地从待搜索集合的转写文本中选取一些词语或词组作为关键词。我们总共选取了 20 个单元词组、20 个二元词组和 10 个三元词组作为关键词，在选取的过程中，我们保证每个关键词 / 关键词组在待搜索集合中都至少出现了 5 次。因此，这个示例中并不存在集外词问题。关键词选取脚本如下：

```
local/generate_example_kws.sh data/test_eval92/ data/kws/
```

上述命令会生成一个包含关键词的 raw_keywords.txt 文件，并将其放在 data/kws/ 下面。在本例中，raw_keywords.txt 部分如下：

```
......
SAID
AS
BE
WAS
ON
THE SPACE
EIGHTY SIX
HE HAD
IS UNDER
THERE WAS
......
```

有了关键词列表 raw_keywords.txt 以后，需要将其转换成 Kaldi 可以处理的格式并且放到统一的目录结构下面，在本示例中，我们所使用的命令如下：

```
local/kws_data_prep.sh data/lang_test_bd_tgpr/ data/test_eval92/ data/kws/
```

请注意，kws_data_prep.sh脚本在local目录下，这意味着这个脚本并不是通用的，而是为任务所定制的。该脚本的作用是在关键词数据目录 data/kws/下面准备如下文件：keywords.txt、keywords.int、keywords.fsts和utter_id。

keywords.txt 文件是用 raw_keywords.txt 文件直接生成的，区别是，keywords.txt 文件中的每个关键词都经过必要的过滤，使得它们和语音识别系统词汇表中的词汇格式一致，并且每个关键词都会配备一个唯一的关键词ID。keywords.txt文件部分如下：

```
......
WSJ-0016 SAID
WSJ-0017 AS
WSJ-0018 BE
WSJ-0019 WAS
WSJ-0020 ON
WSJ-0021 THE SPACE
WSJ-0022 EIGHTY SIX
WSJ-0023 HE HAD
WSJ-0024 IS UNDER
WSJ-0025 THERE WAS
......
```

keywords.int 文件是 keywords.txt 文件所对应的整数版本，本质上是将 keywords.txt文件中的词汇替换成该词语在words.txt文件中所对应的整数ID，这里不再展开讲述。值得一提的是，如果某个关键词是集外词，则不做额外的处理是不可能返回搜索结果的，因此可以将集外词从keywords.txt文件及keywords.int文件中除去。

keywords.fsts 文件将 keywords.int 文件编译成 FST 格式，可以直接用来从倒排索引中做搜索。一般来说，我们直接用 transcripts-to-fsts 命令将 keywords.int 文件转换为 keywords.fsts 文件。在最新的脚本中，为了减小 keywords.fsts 文件的存储空间，会进一步对它做压缩，生成 keywords.fsts.gz 文件来代替 keywords.fsts 文件。

utter_id（在最新脚本中也被叫作 utt.map）文件中为每个待搜索音频都定义了一个独特的整数 ID，这个整数 ID 可以被编码到完整的倒排索引中，这样在搜索的时候就比较容易找到关键词所在位置的时间及其对应的音频。utter_id 文件的部分脚本如下，其中第一列是音频的名称，第二列是对应的整数 ID：

```
......
440c0407 7
440c0408 8
440c0409 9
440c040a 10
440c040b 11
440c040c 12
440c040d 13
440c040e 14
440c040f 15
440c040g 16
......
```

具备上述文件的关键词目录就可以被用来做搜索了。接下来介绍倒排索引的生成，以及关键词的搜索。假设我们已经将待搜索音频进行了解码并且生成了相应的词格，则用来做关键词搜索的倒排索引可以通过以下命令生成：

```
steps/make_index.sh --cmd "$decode_cmd" --acwt 0.1 \
 data/kws/ data/lang_test_bd_tgpr/ \
 exp/tri4b/decode_bd_tgpr_eval92/ \
 exp/tri4b/decode_bd_tgpr_eval92/kws
```

其中，data/kws/是我们上面介绍的关键词数据目录；data/lang_test_bd_tgpr/是待搜索音频的数据目录；exp/tri4b/decode_bd_tgpr_eval92/是待搜索音频的解码文件夹，包含了待搜索音频对应的词格；而生成的 exp/tri4b/decode_bd_tgpr_eval92/kws 包含待搜索音频倒排索引的目录，其内容如下：

```
index.1.gz  index.3.gz  index.5.gz  index.7.gz  log      q
index.2.gz  index.4.gz  index.6.gz  index.8.gz  num_jobs
```

其中，index.1.gz、index.2.gz……文件就是生成的倒排索引。因为我们把数据分成了 8 份来做并行计算，因此最终生成的索引有 8 个。索引生成以后，关键词搜索可以用以下命令完成：

```
steps/search_index.sh --cmd "$decode_cmd" \
 data/kws \
 exp/tri4b/decode_bd_tgpr_eval92/kws
```

其中，data/kws/是关键词数据目录，包含了已经转换成 FST 格式的关键词，而 exp/tri4b/decode_bd_tgpr_eval92/kws 就是索引所在的目录。关键词搜索的结果将被放置在同一个目录下，如下所示：

```
index.1.gz  index.5.gz  log        result.2.gz  result.6.gz  stats.2.gz
stats.6.gz
index.2.gz  index.6.gz  num_jobs   result.3.gz  result.7.gz  stats.3.gz
stats.7.gz
index.3.gz  index.7.gz  q          result.4.gz  result.8.gz  stats.4.gz
stats.8.gz
index.4.gz  index.8.gz  result.1.gz  result.5.gz  stats.1.gz  stats.5.gz
```

在上述文件中，result.1.gz、result.2.gz……文件包含了关键词搜索结果。以 result.1.gz 为例，其部分内容如下：

```
......
WSJ-0007 37 136 157 0
WSJ-0007 21 245 266 5.441406
WSJ-0007 11 220 236 0
WSJ-0008 40 552 583 0
WSJ-0008 23 146 203 0
WSJ-0008 22 413 448 0
WSJ-0008 18 229 291 0
WSJ-0009 43 401 425 3.441406
WSJ-0009 31 597 613 0
WSJ-0009 10 207 223 0
......
```

其中，第一列是关键词对应的 ID，第二列是待搜索音频对应的 ID，第三列是起始时间，第四列是结束时间，第五列是置信度。以第二行“WSJ-0007 21 245 266 5.441406”为例，其含义是关键词 WSJ-0007（通过查询 data/kws/keywords.txt，可以知道对应的关键词是“HAVE”）出现在了 ID 为 21 的待搜索音频中（通过查询 data/kws/utter_id，可以知道对应的音频是“440c0401”），其位置为从待搜索音频开始后的 2.45~2.66 秒，置信度为 $e^{-5.441406}$= 0.0043。0.0043 的置信度意味着这个关键词其实不太可能出现在待搜索音频的这个位置。

至此，我们讲解完了一个最简单的语音检索示例。

7.2.3 集外词处理之词表扩展

在上述最简单的示例中，如果一个关键词不在语音识别系统的词汇表中，即一般所说的集外词，那么在这个基于语音识别系统的语音检索系统中，是没有办法找到这个关键词的，因此在上述示例中，我们把集外词从关键词列表中直接移除了。为了让语音检索系统可以更好地兼容集外词搜索，Kaldi 采用了一系列的方法，包括词表扩展、关键词扩展、音素/音节系统等。接下来简单介绍这些技巧的原理及使用方法。

词表扩展的基本思想是尽可能地扩大语音识别系统所使用的词汇表，从而增加关键词的覆盖率，减小集外词的比例。在理想状态下，我们希望加入词表中的都是日常生活中会使用的合规的词汇，这样可以更好地覆盖关键词，而事实上，我们很难收集一个语言中所有的词汇。Kaldi 的做法是，随机地生成大量从发音规则上来说合理的词汇并加入到词汇表中，尽管它们中的有些词从拼写上来说是不合理的。具体来说，Kaldi 把原始词汇表中的每个词的发音都当作一个基本组成单元为音节或音素的“句子”，并且针对这些“句子”训练一个语言模型。语言模型可以根据概率分布随机地生成可能的句子，所以我们可以利用在原始词汇表的发音序列上训练的语言模型，随机地生成音素或音节的序列，而这些序列也就是潜在词汇可能的发音序列。Kaldi 会随机生成上百万这样的发音序列。同时，Kaldi 会利用原始词汇表，训练一个逆向的字母音素转换模型（Grapheme-to-Phoneme，G2P），这个模型可以将词汇的音素或音节的序列转换成该词汇最有可能的拼写，利用这个模型，就可以使用前面产生的上百万个发音序列，转换成它们最有可能的拼写序列，从而生成扩展的词汇表。Kaldi 根据生成过程中的打分，对这些生成的词汇进行进一步的排序和删减，从而形成最终的词汇表。

用来做词表扩展的脚本位于 babel 示例下面，具体文件是 egs/babel/s5d/local/

extend_lexicon.sh，其使用方式是：

```
mv data/local/lexicon.txt  data/local/lexicon_orig.txt
local/extend_lexicon.sh --cmd "$train_cmd" --cleanup false \
  --num-sent-gen $num_sent_gen --num-prons $num_prons \
  data/local/lexicon_orig.txt data/local/extend data/dev2h/text
cp data/local/extend/lexiconp.txt data/local/
```

其中，$num_sent_gen 是用语言模型生成的发音序列的数量，默认设置为 12 000 000；$num_prons 是保留下来的有效发音序列的数量，默认设置为 1 000 000；data/local/lexicon_orig.txt 是原始的词汇表；data/local/extend 是工作目录，用于保存所有中间文件及最终生成的扩展后的带概率的词汇表 data/local/extend/lexiconp.txt；而 data/dev2h/text 是一个可选的文本文件，如果提供了，则会计算在原始词汇表和扩展后词汇表中集外词的比例，从而判断词表扩展是否有效提高了集内词的覆盖率。

7.2.4 集外词处理之关键词扩展

假设待搜索音频中存在语音识别系统的词汇表中不包括的词汇，那么语音识别系统往往会把这个词汇转写成一个或若干个和该词汇发音比较接近且存在于词汇表中的词汇。基于这个事实，减缓集外词问题的另一个思路是将一个集外的关键词拓展为多个和这个集外关键词发音比较接近且存在于词汇表中的词或词组，并用它们作为代理关键词去搜索。这个方法也叫作代理关键词方法或模糊搜索方法。

Kaldi 中代理关键词的生成都是在 WFST 的框架下进行的。虽然本书会尽可能避开不必要的公式，但是代理关键词的生成用一个公式来描述最为形象，公式如下：

$$K' = \mathrm{Project}\left(\mathrm{ShortestPath}\left(\mathrm{Prune}(\mathrm{Prune}(K \circ L_2 \circ E') \circ L_1^{-1})\right)\right)$$

在上述公式中，K是集外关键词，L_2是集外关键词对应的发音，往往可以通过字母音素转换模型（G2P）来产生，E′是编辑距离转换器，L_1是语音识别系统原始的词汇表。除去剪枝（Prune）、最短路径（ShortestPath）等有限状态机中用来优化的操作，上面公式中主要的操作是复合（Composition）。简单来理解，当 K 复合了L_2以后，生成的有限状态机可以将集外关键词的拼写转换为其对应的发音序列。再复合E′之后，生成的有限状态机可以将集外关键词的拼写转换为任意的发音序列，但是当生成的发音序列和原始发音序列差别越大的时候，转换的成本也越高。最后复合L_1^{-1}，生成的有限状态机可以将集外关键词的拼写转换为任意词汇表词汇的组合，但是当转换出来的组合的发音序列和初始集外关键词的发音序列差别越大的时候，转换的成本也越大。在这个有限状态机上，进行剪枝（Prune）、最短路径（ShortestPath）等操作以后，即可获得发音与初始集外关键词比较接近的集内词或集内词序列，作为原始集外关键词的代理关键词，在倒排索引中进行搜索。代理关键词方法的优点是，不需要重新训练语音识别系统并生成倒排索引就可以对待搜索集合进行集外词搜索。

用来做关键词扩展的主要脚本位于 babel 示例下面，具体文件是 egs/babel/s5d/local/kws_data_prep_proxy.sh，其使用方式是：

```
local/kws_data_prep_proxy.sh \
  --cmd "$decode_cmd" --nj $my_nj \
  --case-insensitive true \
  --confusion-matrix $confusion \
  --phone-cutoff $phone_cutoff \
  --pron-probs true --beam $proxy_beam --nbest $proxy_nbest \
  --phone-beam $proxy_phone_beam --phone-nbest $proxy_phone_nbest \
  $lang $data_dir $L1_lex $L2_lex $kwsdatadir
```

在参数方面，--confusion-matrix 可以提供混淆矩阵，用来生成更加精确的 E′；--phone-cutoff、--pron-probs、--beam、--nbest、--phone-beam 和--phone-nbest 都是为了加快生成速度和提高搜索效率提供的控制参数。$lang 是 Kaldi 对应的语音识别系统的语言文件夹，$data_dir 是待搜索音频库对应的数据目录，$L1_lex 是语音识别系统原始发音词典，$L2_lex 是用字母音素转换模型（G2P）生成的集外关键词的发音词典，$kwsdatadir 是最终生成的代理关键词目录。需要指出的是，代理关键词从格式上来说和集内关键词是完全一样的，因此生成代理关键词以后，后续的处理和集内关键词的处理基本一致。

7.2.5 集外词处理之音素 / 音节系统

一般来说，一种语言的词汇不是一个封闭的集合。新的词汇在不断地被创造出来，旧的词汇在逐渐地被淘汰，因此总会有一些关键词，尤其是一些新产生的网络词汇，不在语音识别系统的词汇表中。与之相反，一种语言的音素集合或音节集合，往往是一个比较小的封闭集合。假设我们将待搜索音频解码成音素或音节的序列，并且将关键词也用音素或音节序列来表达，那么从理论上来说，任意的新词都可以被这些音素或音节的序列表达出来，也就不存在集外关键词的问题了。这便是音素 / 音节系统用来解决集外关键词问题的基本思想。

一般来说，生成基于音素 / 音节的语音识别系统可以完全从头以音素或节为单元来训练，也可以先训练一个基于词的语音识别系统，然后将解码结果转换成音素或音节序列。Kaldi 中采用的是后者，其优势是不需要再额外维护一套语音识别系统。

把基于词的语音识别系统转换为基于音素 / 音节的语音识别系统的第一步是生成相应的语言目录。用来生成这个目录的脚本位于 babel 示例下面，具体文件是 egs/babel/s5d/local/syllab/run_phones.sh 和 egs/babel/s5d/local/syllab/run_syllabs.sh，其使用方式是：

```
./local/syllab/run_phones.sh ${dataset_dir}

./local/syllab/run_syllabs.sh ${dataset_dir}
```

在上述命令中，$dataset_dir 是带参考解码结果的测试数据文件夹，例如 data/dev10h.pem，上述两个命令会将其中的参考解码结果转换成对应的音素或音节的参考解码结果，并分别放置于 data/dev10h.phn.pem 和 data/dev10h.syll.pem 中，这样方便计算音素或音节系统在测试数据集上的音素或音节错误率。这两个文件目录只是为了评估产生的，对后续影响不大。上面两个命令比较重要的一点是，它们会分别生成 data/lang.phn 和 data/lang.syll 目录，这两个目录是后续将基于词的解码结果转换为基于音素或音节解码结果的核心。

将词解码结果转换为音素或音节解码结果的脚本同样位于 babel 示例下面，具体文件是 egs/babel/s5d/local/syllab/lattice_word2syll.sh，其使用方式是：

```
local/syllab/lattice_word2syll.sh --cmd "$cmd --mem 8G" \
  $data_dir $lang_dir ${lang_dir}.phn $decode_dir ${decode_dir}/phones

local/syllab/lattice_word2syll.sh --cmd "$cmd --mem 8G" \
```

```
$data_dir $lang_dir ${lang_dir}.syll $decode_dir ${decode_dir}/syllabs
```

以第一个命令（将词解码结果转换为音素解码结果）为例，$data_dir 是待解码数据文件夹；$lang_dir 是基于词的语言目录，如 data/lang；${lang_dir}.phn 是基于音素的语言目录，如 data/lang.phn；$decode_dir 是基于词的解码结果；而 ${decode_dir}/phones 是转换出来的基于音素的解码结果。第二个命令的输入和输出可以以此类推。

除待搜索数据的词解码结果需要被转换为音素 / 音节解码结果外，关键词也需要被转换成音素或音节来表达。值得一提的是，音素和音节都是封闭集合，这种情况下就不存在集外词了。将关键词转换成用音素或音节来表达的脚本也位于 babel 示例中，具体文件是 egs/babel/s5d/local/search/run_phn_search.sh 和 egs/babel/s5d/local/search/run_syll_search.sh，其使用方法是：

```
./local/search/run_phn_search.sh --dir ${dataset_dir##*/}

./local/search/run_syll_search.sh --dir ${dataset_dir##*/}
```

其中，${dataset_dir##*/}是待搜索数据文件夹，如 data/dev10h.pem，我们一般会将编译好的用来搜索的关键词放在待搜索数据目录下面。如果输入的是 data/dev10h.pem，则上述脚本默认对应的音素和音节待搜索库分别是 data/dev10h.phn.pem 和 data/dev10h.syll.pem（在输入目录中分别插入 phn 和 syll）。上述脚本会在配置文件中找到与输入的待搜索数据对应的关键词列表，将它们分别转换成音素或音节的形式，并且放置于音素和音节对应的待搜索数据目录下面。

到现在为止，我们已经有了基于音素或音节的关键词，以及待搜索库基于音素或音节的解码结果，接下来便可以和词系统一样进行倒排索引的生成及关键词的搜索，这里不再赘述。

7.2.6 一个实用的语音检索系统

Kaldi 中积累语音检索系统技术最全面的示例当属 babel，最新的脚本位于 egs/babel/s5d 下面。我们在前面介绍词表扩展、关键词扩展及音素 / 音节系统时使用的脚本，都是从这个任务中节选的。如果脚本在使用过程中出现异常，则建议读者训练一个相对完整的 babel 任务。

由于 babel 任务集成了各种各样的语音检索技术，脚本之间互相嵌套，因此 babel 任务的脚本也是 Kaldi 众多示例中最难理解的脚本之一。本节将带领读者厘清 babel 任务脚本的脉络，以便没有 babel 数据的读者理解。但是因为篇幅原因，不会涉及太多的细节。

首先介绍 babel 任务特有的一些文件结构。随着 babel 任务在语音检索任务中的推广，这些特有的文件结构或许会逐渐流行起来并被大家广泛接受，这里会花一些篇幅稍加介绍。babel 任务特有的文件主要有三个：记录待搜索库文件信息的 ECF 文件、包含所有关键词的 KWLIST 文件，以及用来做打分参考、标注了各个关键词在待搜索库中位置的 RTTM 文件。

ECF 文件用于记录待搜索库中每个音频文件的文件名称、起始时间、长度等信息。一个简单的 ECF 文件如下所示，在下面的示例中，只添加了两个音频文件：

```
<ecf source_signal_duration="1200.260" language="" version="Excluded noscore regions">
    <excerpt audio_filename="BABEL_BP_101_10470_20111118_172644_inLine" channel="1" tbeg="0.000" dur="600.060" source_type="splitcts"/>
    <excerpt audio_filename="BABEL_BP_101_10470_20111118_172644_outLine" channel="1" tbeg="0.000" dur="600.200" source_type="splitcts"/>
</ecf>
```

KWLIST 文件用于保存每个关键词对应的 ID，并且还有 N 元文法等信息。一个简单的 KWLIST 文件如下所示，在下面的示例中，只添加了一个关键词：

```
<kwlist ecf_filename="" language="cantonese" encoding="UTF-8" compareNormalize="" version="1">
  <kw kwid="KW101-0001">
    <kwtext>冇 嘢</kwtext>
    <kwinfo>
      <attr>
        <name>Characters</name>
        <value>2</value>
```

```
      </attr>
      <attr>
        <name>KeywordUse</name>
        <value>dryrun</value>
      </attr>
      <attr>
        <name>NGram Order</name>
        <value>2</value>
      </attr>
      <attr>
        <name>TYPE</name>
        <value>PHRASE</value>
      </attr>
    </kwinfo>
  </kw>
</kwlist>
```

RTTM 文件保存了每个关键词在待搜索库中的位置，可以看作是标准答案。一个简单的 RTTM 文件如下所示，在下面的示例中，只截取了一部分：

```
......
LEXEME BABEL_BP_101_15859_20111129_022308_inLine 1 8.63 0.250 点 lex spkr1 0.5
LEXEME BABEL_BP_101_15859_20111129_022308_inLine 1 8.88 0.350 啊 lex spkr1 0.5
SPEAKER BABEL_BP_101_15859_20111129_022308_inLine 1 12.22 1.790 <NA> <NA> spkr1 <NA>
LEXEME BABEL_BP_101_15859_20111129_022308_inLine 1 12.22 0.460 系 lex spkr1 0.5
LEXEME BABEL_BP_101_15859_20111129_022308_inLine 1 12.68 0.330 啊 lex spkr1 0.5
LEXEME BABEL_BP_101_15859_20111129_022308_inLine 1 13.05 0.170 佢 lex spkr1 0.5
LEXEME BABEL_BP_101_15859_20111129_022308_inLine 1 13.22 0.180 有 lex spkr1 0.5
LEXEME BABEL_BP_101_15859_20111129_022308_inLine 1 13.40 0.450 少少 lex spkr1 0.5
LEXEME BABEL_BP_101_15859_20111129_022308_inLine 1 13.85 0.060 佢 lex spkr1 0.5
LEXEME BABEL_BP_101_15859_20111129_022308_inLine 1 13.91 0.100 有 lex spkr1 0.5
SPEAKER BABEL_BP_101_15859_20111129_022308_inLine 1 14.69 1.650 <NA> <NA> spkr1
```

```
<NA>
    LEXEME BABEL_BP_101_15859_20111129_022308_inLine 1 14.69 0.180 少 lex spkr1 0.5
    LEXEME BABEL_BP_101_15859_20111129_022308_inLine 1 14.87 0.280 少 lex spkr1 0.5
    LEXEME BABEL_BP_101_15859_20111129_022308_inLine 1 15.15 0.500 迟钝 lex spkr1 
0.5
    ......
```

以第一行“LEXEME BABEL_BP_101_15859_20111129_022308_inLine 1 8.63 0.250 点 lex spkr1 0.5”为例，其含义是，在待搜索库的 BABEL_BP_101_15859_20111129_022308_inLine 音频文件中，从 8.63s 开始，有一个持续时间为 0.25s 的关键词，为“点”。根据这些信息，我们就可以对关键词搜索的结果进行打分了。

为了顺利运行 babel 示例，读者需要获取 babel 任务对应的数据集。假设我们想运行 babel 任务中的广东话小语料任务，读者可以打开 egs/babel/s5d/conf/lang/101-cantonese.LLP.official.conf 对应的配置文件。文件名中的 cantonese 意味着广东话，LLP（Limited Language Pack）意味着小语料，与之对应的 FLP（Full Language Pack）意味着大语料。读者可以根据这个命名规则，选择其他任务的配置文件。打开这个配置文件以后，可以看到运行 babel 示例所需要的各种文件，包括前面刚刚介绍的 ECF、KWLIST 及 RTTM 这几种类型的文件。读者需要在自己的服务器上准备好这些文件，如有必要，可以相应地修改配置文件。

准备好数据集并修改配置文件以后，读者还需要安装 F4DE 软件，用来对语音检索的结果进行打分。F4DE 不是一个特别友好的软件，在安装时，一般需要有 root 权限，读者可能需要多次尝试才能安装成功。

上述工作都完成以后，便可以开始训练一个 babel 任务。假设我们想运行 babel 示例中的广东话小语料任务，首先需要把配置文件添加到根目录下：

```
cd egs/babel/s5d
ln -s conf/lang/101-cantonese.LLP.official.conf lang.conf
```

配置好语言文件之后，便可以进行语音检索系统的第一步——训练语音识别系统。这一步只需执行 run-1-main.sh 脚本就可以了：

```
./run-1-main.sh
```

上述脚本会利用提供的语料训练一个基于子空间高斯混合模型（Subspace Gaussian Mixed Model，SGMM）的语音识别系统。读者也可以自行训练效果更好的神经网络系统。如果读者想尝试上面章节中提到的词表扩展系统，则可以运行 run-1-main-extend-lex.sh 脚本：

```
./run-1-main-extend-lex.sh
```

训练好语音识别系统以后，就需要对待搜索库中的音频进行解码，生成倒排索引，搜索关键词并且最终进行打分。这些步骤都被包含在了 run-4-anydecode.sh 脚本中，运行代码如下：

```
./run-4-anydecode.sh
```

这个脚本包含了特别多的步骤和信息，在这里稍加解释。

- 第一部分是环境变量的设置，包括从 lang.conf 中读取 ECF、KWLIST、RTTM 类型的文件，以及设置语音识别系统模型等。
- 第二部分是待搜索库音频目录的准备，并且提取相应的声学特征，读者可以搜索关键词“Audio data directory preparation”定位到脚本中的这部分命令。
- 第三部分是关键词目录的准备，包括前面章节中提到的生成代理关键词、生成音素 / 音节系统对应的关键词等，读者可以搜索关键词“KWS data directory preparation”定位到脚本中的这部分命令。

这个脚本的剩余部分是利用不同的语音识别系统模型，对待搜索库进行解码，生成倒排索引，搜索关键词并且最终进行打分。run-4-anydecode.sh 用到了非常多的语音识别系统模型进行解码，对比其 KWS 的性能，读者可以搜索“FMLLR decoding”“DNN（"compatibility"）decoding” “nnet3 model decoding”“chain model decoding”“DNN （nextgen DNN）decoding”“DNN（ensemble）decoding”“DNN_MPE decoding”“DNN semi-supervised training decoding”“SGMM2 decoding”“SGMM_MMI rescoring”等关键词，定位到具体某一个与模型相关的命令块。

至此，一个实用的语音检索任务——babel 任务介绍完毕了。

7.3 语音唤醒

语音唤醒是关键词搜索技术非常新兴的一个应用，随着 2014 年谷歌在安卓手机上全面推广“OK Google”唤醒词，以及亚马逊发布 Amazon Echo 并开放“Alexa”唤醒词，语音唤醒迅速“走”到了关键词搜索技术应用的舞台中心，并且成为当前语音助手中不可或缺的一部分。

语音唤醒简单来理解可以认为是一个持续在线的单一关键词搜索任务。早期的语音助手一般通过按键来启动（Push to talk），当用户需要和语音助手进行交流的时候，通过按键启动语音助手，开始语音对话。为了在使用语音助手过程中完全解放用户的双手，研究人员开始考虑给语音助手赋予一个名字，当用户说到这个名字的时候，便直接启动语音助手并开始对话。这个“名字”，便是我们现在熟知的唤醒词，而底层的基本技术便是关键词搜索技术。

尽管关键词搜索技术已经发展了几十年，但是要用到语音唤醒应用上，还需要进行非常多的优化。语音唤醒应用有如下特点：

- 24 小时不间断运行，这样才能保证语音助手随时可以进行应答；
- 极其苛刻的唤醒率和误唤醒率要求，否则会影响人们使用语音助手的用户体验；
- 较低的计算和内存开销要求，从而降低设备端硬件成本。

唤醒词是用户和语音助手交互的第一关，从某种程度上来说，唤醒词效果的好坏，决定了用户使用语音助手的意愿，以及使用语音助手的体验。谷歌放弃了传统的关键词搜索技术框架，于 2013 年率先发布了基于深度神经网络的语音唤醒方法，并且在 2014 年开始在安卓手机上全面推广“OK Google”唤醒词。从 2014 年至今，语音唤醒的优化技术方案不断被提出来，语音唤醒效果也不断攀上新的高峰。

本节将介绍语音唤醒的经典框架及这些年来针对语音唤醒的一些比较重要的优化方案。略微遗憾的是，Kaldi 至今还没有实现主流的语音唤醒方案，本节会简单介绍在 Kaldi 框架下实现语音唤醒的基本思路。

7.3.1 语音唤醒经典框架

关键词搜索技术的发展历史几乎和语音识别的发展历史一样长，已经超过了几十年。因为语音唤醒任务本身的一些特点，导致早期积累的关键词搜索技术直接应用到语音唤醒上或多或少都有一些不太理想的地方。目前主流的语音唤醒框架是由约翰霍普金斯大学和谷歌的研究人员在 2013 年提出的基于神经网络的框架，详细描述可见论文[2]。论文中所述的语音唤醒框架如图 7-1 所示。

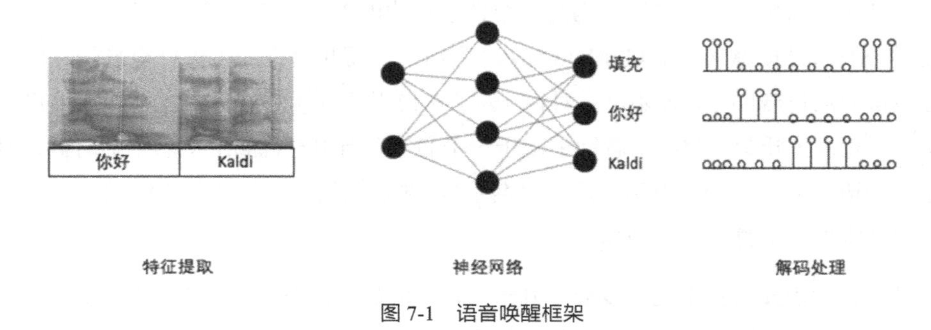

图 7-1 语音唤醒框架

从图 7-1 可见，语音唤醒经典框架可以分成三部分，分别是特征提取、神经网络和解码处理。

语音唤醒的特征提取模块和语音识别的特征提取模块保持一致，常用的特征有梅尔频率倒谱系数（Mel-Frequency Cepstral Coefficient，MFCC）、感知线性预测（Perceptual Linear Prediction，PLP）、对数滤波器能量（Log Filter-Bank Energy，LFBE）等。对于神经网络来说，对数滤波器能量这个特征的使用会更多一些。和语音识别一样，我们会每隔 10ms 从一个 25ms 的语音信号窗口中提取一个特征向量来表征原始音频，作为输入神经网络的信号。值得一提的是，在一些特殊应用场景下，为了进一步减少计算，有时候也可以考虑每隔 15ms 甚至 20ms 提取一次特征。

语音唤醒使用的神经网络和传统语音识别中使用的神经网络有一些不同，主要区别是在建模单元上。在传统的“混合模型”语音识别系统中，神经网络一般把上下文相关的三音子作为建模单元，而在语音唤醒经典框架中，神经网络的建模单元为完整的单词。一般来说，语音唤醒的训练语料和语音识别的训练语料类似，其原始数据中都没有时间对齐信息，因此，在训练语音唤醒的神经网络模块之前，我们需要有一个相对较好的语音识别系统，对语音唤醒的训练语料做强制对齐，将每个特征向量都强制对齐到某个建模单元上。在图 7-1 所示的语音唤醒框架中，特征向量被对齐到三个建模单元，分别是“你好”“Kaldi”“填充”。其中，不属于“你好”或“Kaldi”的特征向量都会被划归为“填充”，意味着这个声学特征和唤醒词的相关性很小。具体举例来说，如果语音识别系统将某个特征向量对齐到单词“你好”的一部分，那么在训练语音唤醒的神经网络时，这个特征向量的标注就是“你好”。图 7-1 所示的语音唤醒框架中使用的是最简单的全连接前馈神经网络。在实际应用中，上述语音唤醒框架对神经网络的类型没有做特殊的要求，读者也可以使用其他类型的神经网络，如循环神经网络、卷积神经网络等。

语音唤醒的解码处理模块接收从神经网络输出的预测结果，并最终做出是否发现了唤醒词的判断。为了尽可能地减少整体唤醒模块的计算复杂度，上述语音唤醒框架中的解码处理模块极其简单。解码模块首先会对神经网络中与唤醒词相关的输出节点（在上述示例中，对应“你好”和“Kaldi”的输出节点）上输出的后验概率做平滑处理，平滑窗口的长度是一个可以调节的参数，一般和唤醒词相关，比如在原始论文中，针对唤醒词“OK Google”的平滑窗口取值是 30 帧。解码模块对每一帧都会计算到当前帧位置出现唤醒词的置信分数。置信分数一般是从一个以当前帧为结尾的滑动窗口中计算所得的，滑动窗口长度的取值也和唤醒词紧密相关，在原始论文中，针对唤醒词“OK Google”的滑动窗口取值是 100 帧。在计算置信分数的时候，针对滑动窗口内的每个和唤醒词相关的输出节点（在上述例子中，对应“你好”和“Kaldi”的输出节点），解码模块都会计算输出节点对应的后验概率在滑动窗口内的最大值，然后对这些最大值做几何平均，作为该滑动窗口内出现唤醒词的置信分数。如果这个置信分数超过了预先设定好的阈值，则认为出现了唤醒词。

需要指出的是，上述语音唤醒框架极大地简化了语音唤醒的计算复杂度，但同时对训练数据的量也有了更多的要求。以原始论文中的唤醒词“OK Google”为例，笔者使用了 4 万条“OK Google”的音频作为训练数据对神经网络中和“OK Google”相关的输出节点进行训练，同时辅之以海量的和“OK Google”不相关的语音识别数据用来对神经网络中的“填充”输出节点进行训练。目前，在正式商用的语音唤醒系统中，甚至可能会用到几十万条唤醒词音频数据进行训练。当然，神经网络的使用极大地提高了语音唤醒的效果，在使用大量数据进行训练的前提下，上述语音唤醒框架的效果往往超过一般的关键词搜索系统，因此该框架及其各种优化版本目前被大量地应用于商用系统中。

7.3.2 语音唤醒进阶优化

约翰霍普金斯大学和谷歌的研究人员于 2013 年提出基于神经网络的语音唤醒框架后，其他研究机构和科技公司也迅速跟进，陆续推出了基于这个框架的优化的语音唤醒方法。本节简单总结一下几个比较重要的优化点。

基于单音素建模对于一些唤醒词来说是比较重要的一个优化。在原始论文中，神经网络的输出节点是以词为单位进行建模的，一个输出节点对应一个完整的词。对于“OK Google”这种每个词都包含几个音节的唤醒词来说是比较合适的，但是对于一些语言，如中文，就不是特别合适了。举例来说，一个汉字，如果不考虑音调的话，有可能对应非常多的其他汉字，因此在中文中以词或字为建模单元，比较容易造成误唤醒。对于中文这样的语言，可以采用单音子为建模单元，效果往往会比以字或词为建模单元更优。建模单元的选择往往取决于具体的唤醒词，对于特定的唤醒词，读者也应该尽可能多地尝试不同的建模单元。

解码处理部分也是优化空间比较大的点。在原始论文中，笔者采用对神经网络输出节点对应后验概率取最大值并做几何平均的方式来计算特定窗口中出现唤醒词的置信分数。对于“OK Google”这种只有两个词，并且以整词为建模单元的唤醒词来说，这样的处理方式是合理的，但是对于中文唤醒词，如果以单音素作为建模单元，则一个唤醒词中的不同地方可能出现相同的音素，原始论文中的解码处理方法就不太适用了。这种情况下，我们依然可以采用滑动窗口的处理方式，但是需要利用维特比算法（Viterbi Algorithm）求解窗口中的最佳路径，并计算最佳路径对应的置信分数。读者也可以尝试完全抛弃滑动窗口的处理方式，采用其他更复杂的解码处理方法。

对于语音唤醒应用来说，误唤醒是非常重要的一个指标，过高的误唤醒会直接影响用户体验，甚至可能导致用户停止使用整个语音功能。为了压制误唤醒，可以采用二阶段唤醒的框架。二阶段唤醒又分为云端二阶段唤醒和设备端二阶段唤醒。云端二阶段唤醒的实现比较简单，一般的做法是，设备端的第一阶段唤醒引擎被唤醒了之后，设备会把保存下来的唤醒词传输到云端，云端可以利用更加复杂的模型（比如语音识别模型）对上传过来的音频做二次确认，如果云端模型也判断为唤醒词，则认为真的出现唤醒词了。不足之处是，由于需要经过网络传输，唤醒词的确认过程会有一定的延时。设备端二阶段唤醒受制于设备端上有限的计算资源，往往不能采用像语音识别这样的复杂模型来进行二次验证。通用的做法是训练一个简单的基于逻辑回归或神经网络的分类器。从第一阶段唤醒引擎中，我们可以提取诸如置信分数、延时、时长等一系列的信息，这些信息可以作为第二阶段分类器的输入特征，训练分类器做出是否唤醒词的判断。二阶段唤醒可以极大地降低出现误唤醒的概率。值得一提的是，在二阶段框架中，训练数据的选择会变得非常重要。我们建议读者尽可能多地采集生活中可能出现的音频数据，用第一阶段引擎筛选出容易造成误唤醒的片段，然后针对性地训练第二阶段分类器来对误唤醒进行压制。

还有其他一些技巧也有助于唤醒引擎的优化，比如数据增强、尝试不同的神经网络模型结构、神经网络模型压缩等，本节不再一一展开介绍。

7.3.3 语音唤醒的 Kaldi 实现思路

到目前为止，Kaldi 中还没有实现唤醒模块，但是在 Kaldi 框架下实现上面介绍的语音唤醒框架其实并不复杂，本节将简单介绍实现的思路。

实现的过程可以围绕框架中的特征提取、神经网络及解码处理三部分进行。具体需要实现唤醒词训练和唤醒词检测两个方面。

在唤醒词训练方面，主要涉及框架中的特征提取和神经网络两部分。特征提取我们可以完全复用 Kaldi 中已有的特征提取模块，除参数配置外，不需要做太多的修改。神经网络的训练是读者需要开发的部分，主要的开发量集中在神经网络的训练数据准备上。在 Kaldi 中，大部分神经网络是以基于上下文的三音子作为建模单元的，我们需要把这些建模单元转换成所需要的建模单元。假设我们的唤醒词是“你好 Kaldi”，首先需要有一个事先训练好的语音识别系统，对“你好 Kaldi”对应的音频数据及其他训练音频数据进行强制对齐。如果我们的唤醒词不在已有的语音识别系统的字典中，则需要将唤醒词加入字典，不然语音识别系统是没法对这个唤醒词进行强制对齐的。在我们的例子中，假设使用的是一个中文的语音识别系统，那么很有可能单词“Kaldi”就不在这个系统的字典里面，我们需要生成“Kaldi”的发音，并且将它补充到已有字典里面。有了强制对齐结果之后，我们需要将对齐结果转换成所需要的建模单元。Kaldi 一般会将对齐结果存放在 ali.*.gz 这样的压缩包中，可以利用 Kaldi 中的 ali-to-phones 工具，将 ali.*.gz 中的对齐结果转换成音素序列，进而再将音素序列转换成和神经网络输出节点对应的建模单元。例如，在"你好 Kaldi"这个唤醒词例子中，如果我们把"你好"作为一个建模单元，把"Kaldi"作为另一个建模单元，那么应该把和词语"你好"对应的帧（从音素序列可以得到）都标注成标签 1，把"Kaldi"对应的帧（从音素序列可以得到）都标注成标签 2，而把其他所有的帧都标注成标签 0，对神经网络进行训练。至此，我们有了音频数据的特征，也有了这些特征对应的标签，便可以对神经网络进行训练了。需要指出的是，Kaldi 中训练神经网络的脚本有一部分对输入和输出有一些基于语音识别的假设（比如基于上下文的三音子等），因此读者可能会遇到一些运行失败的情况，需要根据具体情况逐一解决。

在唤醒词检测方面，涉及框架中的全部三个模块，分别是特征提取、神经网络及解码处理。其中，特征提取和神经网络部分都可以复用 Kaldi 已有的模块，但是解码处理模块需要读者自行开发。建议读者模仿 Kaldi 中已有的解码器流水线来搭建唤醒检测流水线，可以模仿 src/online2bin/online2-wav-nnet3-latgen-faster.cc 程序，这个程序的主要功能是读取模型及音频文件、输出音频文件的解码结果。细看这个程序，读者可以发现，这个程序读入音频文件之后，会将音频数据送入特征提取流水线，然后将特征提取结果输入解码器。这个特征提取流水线其实包含了声学特征提取及神经网络打分两部分，而我们需要做的主要工作是实现和唤醒词相关的解码处理，用以代替源程序中的语音识别解码器。同样，这个程序也有不少和语音识别相关的假设（比如 i-vector 的使用等），读者需要逐一去修改这些假设。

8 说话人识别

8.1 概述

本章介绍说话人识别（Speaker recognition），并在章末简要介绍和说话人识别方法类似的语种识别。说话人识别的目的是根据一段语音，指出这段语音的说话人来源以识别说话人，或者判断一段语音是否属于某个特定说话人。说话人识别可以在很多场合应用，比如智能电视通过辨别用户是家长还是孩子来推荐适当的节目，或者和语音识别、语音唤醒等技术结合应用，滤除无关说话人的声音、只允许特定用户唤醒设备等。

在前深度学习时代，说话人识别技术历经了 GMM-UBM、JFA、i-vector、i-vector+PLDA 几个主要技术发展阶段，这些阶段的技术都可以被划分为传统方法的说话人识别技术。现在，基于深度学习的说话人识别技术已经逐渐成为主流，大多学者认为深度学习是未来说话人识别技术的发展方向。但是，传统方法的说话人识别技术仍在很多方面具有优势，它对训练数据标注要求低、资源占用少。目前，传统方法和基于深度学习方法的说话人识别技术都有着广泛的应用。

有的说话人识别技术只能对特定的文本内容有效，被称为文本相关

（Text-dependent）的说话人识别技术；有的说话人识别技术则对任何文本内容都有效，被称为文本无关（Text-independent）的说话人识别技术。对于文本相关的说话人识别技术来说，一种常见方法是使用来自特定说话人自适应的语音识别模型对文本进行强制对齐，把对齐似然值高的模型的自适应来源说话人作为说话人识别结果。这种方法在实践中较有效，但由于其文本相关的局限性，应用范围很有限。本书主要关注文本无关的说话人识别技术，Kaldi 中的说话人识别任务的示例也都是文本无关的。

早期主流的说话人识别方法是朴素基于 GMM 或基于 GMM-UBM 的。朴素基于 GMM 的说话人识别，其思路和上文提到的文本相关说话人识别的思路比较类似，即对每个说话人收集较多声学特征，分别训练 GMM 模型。在识别时，用各个说话人的 GMM 模型计算待测音频的似然，似然值高的模型的来源说话人作为识别结果。这种方法需要收集目标说话人的较多数据，但在实际应用时目标说话人大多只有少数的几句语音。因此，学者们对这种方法做了改进，并不是对每个说话人都分别训练 GMM 模型，而是将很多说话人语料放在一起训练一个 GMM 模型，被称为通用背景模型（Universal Background Model，UBM）。用每个目标的说话人数据对 UBM 模型做自适应，自适应方法通常使用最大后验概率（Maximum a Posteriori，MAP）方法。自适应后，就相当于得到了每个说话人的 GMM 模型，然后比较待测语音的似然值即可。关于 MAP 自适应，读者可参考文献[23]，或者参考 Kaldi 的 gmmbin/gmm-est-map 工具。

2005 年，P. Kenny 提出了联合因子分析（Joint Factor Analysis，JFA）方法[24]。该方法把 GMM 均值向量表示的超向量空间进行了分解，在其中的说话人和信道空间中用坐标区分说话人。后来，该方法被进一步简化成 i-vector 方法[25]。JFA 和 i-vector 方法把高维说话人特征用低维坐标表示，性能比 UBM-GMM 方法的性能有显著的提升，迅速成为主流的说话人识别方法。

接下来将重点介绍 i-vector 及借用自人脸识别、和 i-vector 经常配合使用的 PLDA。之后，我们以 Kaldi 中实现的 x-vector 为例，介绍一种基于深度学习的说话人识别方法。

最后，作为说话人识别方法的扩展，我们分析一个语种识别的示例，从中读者可以看到，说话人识别的方法可以很好地扩展到语种识别等其他任务上来。

8.2 基于 i-vector 和 PLDA 的说话人识别技术

8.2.1 整体流程

本节介绍一种传统说话人识别框架：基于 i-vector 和 PLDA 的说话人识别。Kaldi 的 sre08 示例完整地演示了该框架的流程。

sre08 是 Kaldi 针对美国国家标准与技术研究院（National Institute of Standards and Technology，NIST）在 2008 年举办的说话人识别比赛（Speaker Recognition Evaluation）任务的解决方案，该比赛从 1996 年开始举办，从 2006 年起每两年举办一次，最近的一次是在 2018 年。本节将以这个示例为主线，介绍使用 i-vector+PLDA 框架进行说话人识别的流程。

和其他示例一样，sre08 的入口也是 run.sh。这个脚本由下面几个主要部分构成。

- 下载数据。训练数据合并了很多数据集，如 Fisher、2004—2008 年的 sre 训练集等。
- 提取声学特征。这里提取 20 维的 MFCC 特征。
- “语音/非语音”检测。由于静音会对说话人识别造成干扰，因此需要把静音滤除。
- 用训练数据训练 i-vector 提取器。
- 提取 i-vector。
- 根据提取的 i-vector 做说话人识别。脚本里演示了多种方法，效果最好的是 PLDA。

这几个部分在 run.sh 中的位置如下：

```
## 下载数据
local/make_fisher.sh ...
utils/combine_data.sh ...

## 提取声学特征
steps/make_mfcc.sh ...
```

```
## “语音/非语音”检测
sid/compute_vad_decision.sh ...

## 用训练数据训练 i-vector 提取器
sid/train_diag_ubm.sh ...
sid/train_ivector_extractor.sh ...

## 提取 i-vector
sid/extract_ivectors.sh ...

## 根据提取的 i-vector 进行说话人识别
ivector-compute-plda ...
ivector-plda-scoring ...
local/score_sre08.sh ...
```

8.2.2 i-vector 的提取

i-vector 由 Kenny 等学者提出，由 Joint Factor Analysis 简化而来，表征了说话人相关的最重要的信息。下面介绍 i-vector 的提取方法。

首先我们用包含很多说话人的声学特征训练 GMM 模型，称作通用背景模型（UBM）。

```
## 首先训练一个对角协方差矩阵的 UBM
sid/train_diag_ubm.sh --nj 30 --cmd "$train_cmd" data/train_4k 2048 \
  exp/diag_ubm_2048
## 使用已训练的对角协方差矩阵的模型作为迭代起点，训练非对角协方差矩阵的 UBM
## 协方差矩阵将在求逆后应用于 i-vector 提取器的训练及 i-vector 的提取
sid/train_full_ubm.sh --nj 30 --cmd "$train_cmd" data/train_8k \
  exp/diag_ubm_2048 exp/full_ubm_2048
```

把 UBM 的各高斯分量的均值拼接起来，就构成了一个超向量（Super vector），记作$\bar{\mu}$。对于某特定的说话人，如果其声学特征的概率分布也可以用 GMM 建模，那么拼接该 GMM 的各高斯分量均值，就得到该说话人的超向量，记作μ。我们假设μ和$\bar{\mu}$存在下面的关系：

$$\mu = \bar{\mu} + \boldsymbol{T}\boldsymbol{w}$$

在上式中，$\boldsymbol{T}$ 是一个矩阵，向量 $\boldsymbol{w}$ 可以认为是矩阵 $\boldsymbol{T}$ 的列向量张成的空间的坐标，我们可以用该坐标表征说话人信息。向量 $\boldsymbol{w}$ 即是我们所说的 i-vector。

由于 $\boldsymbol{w}$ 未知，$\boldsymbol{T}$的训练是一个含有隐变量的最大似然估计问题，因此需要使用 EM 算法。其中，E 步计算训练集下的 $\boldsymbol{w}$ 的条件概率 $p(\boldsymbol{w}|x)$，M 步更新 $\boldsymbol{T}$ 来最大化 $p(\boldsymbol{w}|x)$，E 步和 M 步反复迭代训练得到 $\boldsymbol{T}$。

EM 训练的具体公式本书不做推导，但读者至少需要了解的是，要计算$p(\mathbf{w}|\mathbf{x})$，需计算如下统计量：

- 零阶统计量：$N_c(u) = \sum_{t=1}^{T} \gamma_t(c)$，其中$\gamma_t(c)$为给定观察向量 x_t 下高斯分量 c的后验概率 $P(c|x_t)$。
- 一阶统计量：$F_c(u) = \sum_{t=1}^{T} \gamma_t(c) x_t$，在 Kaldi 中，把提取 i-vector 需要用到的参数集合称为 i-vector 提取器，其中矩阵 $\boldsymbol{T}$ 是 i-vector 提取器最重要的组成部分。训练 i-vector 提取器的脚本在 egs/sre08/v1/sid/train_ivector_extractor.sh 中，这个脚本需要用到一个已训练好的非对角协方差矩阵（Full Covariance）的 UBM-GMM，里面主要的操作是：ivector-extractor-sum-accs（计算各统计量）和 ivector-extractor-est（使用已计算的统计量，应用 EM 算法更新矩阵 $\boldsymbol{T}$ 等提取器参数）。

要计算 $\boldsymbol{w}$，读者可能会想到对矩阵 $\boldsymbol{T}$ 求逆，但通常 $\boldsymbol{T}$ 并非方阵，且说话人相关的超向量 μ 也不容易估计。实际上，要获取 $\boldsymbol{w}$ 的值，可以使用上文提到的训练 $\boldsymbol{T}$ 的 EM 算法中的 E 步，用各阶统计量直接求取给定序列x下的$p(\boldsymbol{w}|x)$均值作为 $\boldsymbol{w}$ 的估计。Kaldi 的 ivector-extract 就是用于这个计算的。

提取 i-vector 的脚本示例在 egs/sre08/v1/sid/extract_ivectors.sh 中，里面的核心工具是 ivector-extract。为了减少计算量，该脚本使用 gmm-gselect 工具把后验概率低的高斯分量滤除。在 i-vector 提取完毕后，该脚本的 stage 2 部分对 i-vector 做了长度规整[26]。

8.2.3 基于余弦距离对 i-vector 分类

如图 8-1 所示是 MIT CSAIL 实验室对一些男性发音提取的 i-vector 降维到二维的可视化结果，不同的颜色代表不同的说话人。

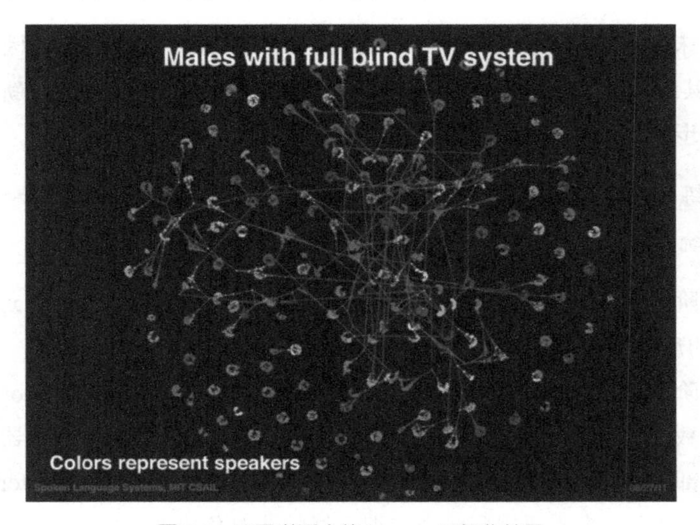

图 8-1 不同说话人的 i-vector 可视化结果

从图 8-1 中可以直观地看到，相同说话人的 i-vector 比较集中。我们可以根据待识别语音和目标说话人语音的 i-vector 的相近程度，判断该语音是否属于目标说话人。

一种简单的方法是使用余弦距离，距离越小，两个 i-vector 越有可能属于同一个说话人。Kaldi 提供了 ivector-compute-dot-product 工具计算 i-vector 的余弦距离，在 sre08 示例中也演示了使用余弦距离的方法：

```
## trails 文件标记了目标结果，用于统计识别性能
trials=data/sre08_trials/short2-short3-male.trials
## 利用 ivector-compute-dot-product 工具计算余弦距离
## ivector-normalize-length 用于进行 i-vector 的长度归一化
cat $trials | awk '{print $1, $2}' | \
 ivector-compute-dot-products - \
 scp:exp/ivectors_sre08_train_short2_male/spk_ivector.scp \
 'ark:ivector-normalize-length \
```

```
  scp:exp/ivectors_sre08_test_short3_male/ivector.scp ark:- |' foo
local/score_sre08.sh $trials foo
```

上面的代码测试了 short2-short3-male 测试集使用余弦距离的方法进行说话人验证的性能，其等错率为 11.10%。

sre08 示例演示了一种改进的基于余弦距离的方法，先对 i-vector 使用线性判别分析（Linear Discriminant Analysis，LDA）降维，再计算余弦距离。LDA 是一种常用的有监督的线性变换方法，其思想是通过线性变换使类间距离最大化，同时使类内距离最小化。Kaldi 对 i-vector 的 LDA 的实现在 ivector-compute-lda 工具中。sre08 示例中的脚本如下：

```
## 计算 LDA 变换矩阵
ivector-compute-lda --dim=150 --total-covariance-factor=0.1 \
  'ark:ivector-normalize-length \
  scp:exp/ivectors_train_male/ivector.scp ark:- |' \
  ark:data/train_male/utt2spk \
  exp/ivectors_train_male/transform.mat
## 通过 ivector-transform 工具，使用上一步得到的矩阵 transform.mat 对 i-vector 线性变换
## 再计算余弦距离
trials=data/sre08_trials/short2-short3-male.trials
cat $trials | awk '{print $1, $2}' | \
  ivector-compute-dot-products - \
  'ark:ivector-transform exp/ivectors_train_male/transform.mat \
  scp:exp/ivectors_sre08_train_short2_male/spk_ivector.scp \
  ark:- | ivector-normalize-length ark:- ark:- |' \
  'ark:ivector-normalize-length \
  scp:exp/ivectors_sre08_test_ short3_male/ivector.scp ark:- | \
  ivector-transform exp/ivectors_train_male/transform.mat ark:- \
  ark:- | ivector- normalize-length ark:- ark:- |' foo
local/score_sre08.sh $trials foo
```

经过 LDA 后，等错率降到了 6.2%。

8.2.4 基于 PLDA 对 i-vector 分类

Probabilistic Linear Discriminant Analysis（PLDA）最初是在人脸识别任务中提出的，被验证效果良好。说话人识别和人脸识别同属于生物信息识别范畴，借鉴人脸识别的算法是自然而然的。

本书参考文献 27 和 28 都是 PLDA 的经典论文，两篇文章的思想相同，但实现有所差异，且互相没有引用。Kaldi 实现的是参考文献 27 的方案，但训练算法和该论文有所不同，该方案的 PLDA 的核心思想是把样本映射到一个隐空间（Latent space）。考虑某样本 x，读者可以把 x 理解为一段语音的 i-vector，也可以理解为是一幅图像等。样本 x 的分布由协方差矩阵正定的一个 GMM 定义，如果已知 x 属于某个高斯分量，且该高斯分量的均值点为 y，那么有：

$$P(x|y) = \mathcal{N}(x|y, \boldsymbol{\Phi}_\omega)$$

上式中，$\boldsymbol{\Phi}_\omega$ 是正定的协方差矩阵，y 的先验概率同样满足高斯分布：

$$P(y) = \mathcal{N}(y|m, \boldsymbol{\Phi}_b)$$

用这种方式表示的 x 如图 8-2 所示。

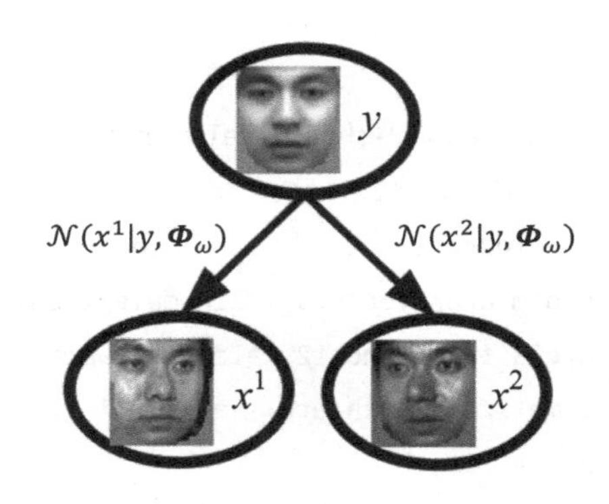

图 8-2 用预设均值的高斯分布表示样本

假定 $\boldsymbol{\Phi}_\omega$ 正定，$\boldsymbol{\Phi}_b$ 半正定，那么我们可以找到一个非奇异的矩阵 $\boldsymbol{V}$，使得：

$$\boldsymbol{V}^T\boldsymbol{\Phi}_b\boldsymbol{V} = \boldsymbol{\Psi}$$

$$\boldsymbol{V}^T\boldsymbol{\Phi}_\omega\boldsymbol{V} = \mathrm{I}$$

上式中 $\boldsymbol{\Psi}$ 为对角阵，$\boldsymbol{I}$ 为单位阵。

如果定义 $\boldsymbol{A}=\boldsymbol{V}^{-\boldsymbol{T}}$，那么：

$$\boldsymbol{\Phi}_b=\boldsymbol{A}\boldsymbol{\Psi}\boldsymbol{A}^T$$

$$\boldsymbol{\Phi}_\omega=\boldsymbol{A}\boldsymbol{A}^T$$

把 $\boldsymbol{\Phi}_\omega$ 和 $\boldsymbol{\Phi}_b$ 对角化后，我们可以把 x 映射到一个隐空间，在这个隐空间中 u 表示样本，通过仿射变换 $x=m+\boldsymbol{A}u$ 与 x 建立联系。在这个隐空间中，u 满足如下高斯分布：

$$u\sim\mathcal{N}(\cdot\,|v,\boldsymbol{I})$$

v 作为隐空间中的类别，满足：

$$v\sim\mathcal{N}(\cdot\,|0,\boldsymbol{\Psi})$$

这样，就可以用隐空间中的 u 表示样本，如图 8-3 所示。

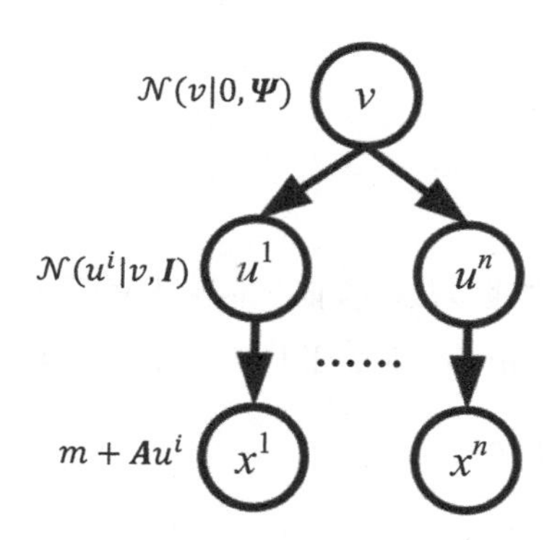

图 8-3 用隐空间中的向量表示样本

上述这种把样本特征映射到隐空间的建模方法即称为 PLDA。

在隐空间中可以预测样本 x 的类别。与常见的分类模型不同的是，即使训练数据中从未出现过某类别，仍然可以通过计算样本是否和该类样本属于同一类别而将样本分为此类。考虑有 M 个类别的参样本 $(x^1,\ \ldots,\ x^M)$，现在有一个待测样本 x^p，要预测该样本属于 $1\sim M$ 的哪一类。

我们首先按照映射关系 $x = m + \boldsymbol{A}u$ 把所有的 $(x^1, \ldots, x^M)$ 和 x^p 映射到隐空间：

$$u = \boldsymbol{A}^{-1}(x - m)$$

对 $(u^1, \ldots, u^{\mathrm{M}})$ 中的每一个 u^g，可计算该样本和 u^p 属于同一类的概率：

$$P(u^p|u^g) = \mathcal{N}(u^p|\frac{\boldsymbol{\Psi}}{\boldsymbol{\Psi}+\boldsymbol{I}}u^g, \boldsymbol{I} + \frac{\boldsymbol{\Psi}}{\boldsymbol{\Psi}+\boldsymbol{I}})$$

如果 M 类参考样本中每类有 n 个样本，在上式中取 u^g 的平均值 $\overline{u}^g$ 即可，即：

$$P(u^p|u^g_{1\cdots n}) = \mathcal{N}(u^p|\frac{n\boldsymbol{\Psi}}{n\boldsymbol{\Psi}+\boldsymbol{I}}\overline{u}^g, \boldsymbol{I} + \frac{\boldsymbol{\Psi}}{n\boldsymbol{\Psi}+\boldsymbol{I}})$$

选取使 $P(u^p|u^g_{1\cdots n})$ 最大的 $u^g_{1\cdots n}$，就得到了对 u^p 的分类结果。

现在，我们已了解了如何使用 PLDA 进行向量分类。

由上文可知，一个 PLDA 包括下面的待训练参数：

- 均值向量m。
- 协方差矩阵$\boldsymbol{\Psi}$。
- 线性变换$\boldsymbol{A}$。

可使用 EM 算法训练这些参数，本书不推导 EM 算法的公式，PLDA 的训练在 Kaldi 工具包中的 ivector-compute-plda 工具中有完整的实现。

ivector-compute-plda 的用法如下：

```
    ivector-compute-plda
    Computes a Plda object (for Probabilistic Linear Discriminant Analysis)
    from a set of iVectors. Uses speaker information from a spk2utt file
    to compute within and between class variances.

    Usage:  ivector-compute-plda [options] <spk2utt-rspecifier>
<ivector-rspecifier> <plda-out>
    e.g.:
     ivector-compute-plda ark:spk2utt ark,s,cs:ivectors.ark plda
```

```
Options:
  --binary: Write output in binary mode
  --num-em-iters: Number of iterations of E-M used for PLDA estimation
```

这个工具通过输入 i-vector 及对应的说话人信息训练 PLDA 模型中的 $\boldsymbol{m}$、$\boldsymbol{\Psi}$和 $\boldsymbol{A}$，并保存在 <plda-out> 文件中。

要使用训练好的 PLDA 进行预测，可使用 ivector-plda-scoring 工具：

```
ivector-plda-scoring

Computes log-likelihood ratios for trials using PLDA model
For training examples, the input is the iVectors averaged over speakers;
a separate archive containing the number of utterances per speaker may be
optionally supplied using the --num-utts option; this affects the PLDA
scoring (if not supplied, it defaults to 1 per speaker).

Usage: ivector-plda-scoring <plda> <train-ivector-rspecifier>
<test-ivector-rspecifier> <trials-rxfilename> <scores-wxfilename>
```

输入目标类别的样本及待测样本，该工具会对待测样本在每个类别上打分，取分数最高的类别作为待测样本的分类结果。在 sre08 这个示例中，使用 PLDA 后，等错率从 LDA 和余弦距离方法的 6.2% 降低到了 4.68%。

i-vector 和 PLDA 的组合从出现起就迅速取代了 GMM-UBM 方法，一直都是说话人识别最主流的技术。虽然最近 i-vector 正在逐渐被基于深度学习的方法取代，但 i-vector 的训练无须对说话人识别的目标打标签，属于无监督训练，这是一个重要的优势。即使在今天，i-vector + PLDA 的组合仍然广泛地应用于各种说话人识别算法中。另外，由于 i-vector 包含说话人和信道特征，如果把 i-vector 和声学特征放在一起作为神经网络的输入，则在实践中能够有效地提升语音识别率，这在本书第 6.4.5 节已有介绍。

8.3 基于深度学习的说话人识别技术

8.3.1 概述

前面讲解了基于 i-vector 的说话人识别。近年来，人们倾向于使用有监督的深度学习技术来直接解决各种问题，说话人识别也不例外。

基于深度学习的说话人识别，一种思路是使用 DNN 的输出状态代替 GMM 的混合分量提取 i-vector，可以达到比基于 GMM 的 i-vector 更好的性能，这种方法在 Kaldi 的 sre08 示例的 sid/train_ivector_extractor_dnn.sh 脚本中实现了。该方法仍然是 i-vector，和 8.2 节介绍的内容并没有本质区别，因此不详细介绍。

另一种思路是提取嵌入向量表征说话人信息，图 8-4 是一个简单的示例。

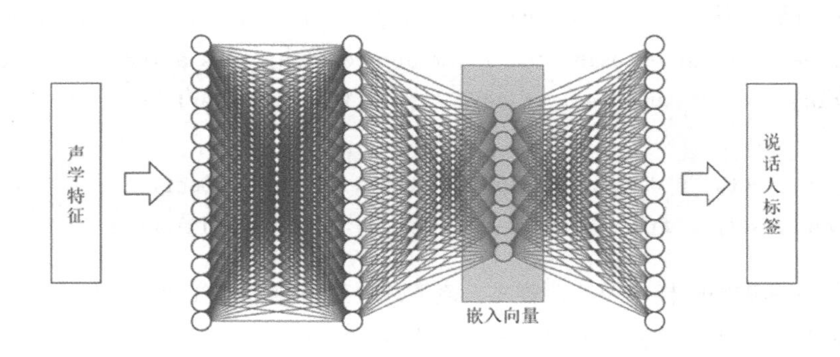

图 8-4 用嵌入向量表征说话人

得到嵌入向量后，就可以用其代替 i-vector，使用 8.2 节介绍的 PLDA 等方法进行说话人识别。本节将以 Kaldi 的 sre16 v2 为主线，介绍基于一种嵌入向量 x-vector 的说话人识别方法。

8.3.2 x-vector

基于嵌入向量的说话人识别，一种比较有影响的方法是 Google 公司在 2014 年提出的 d-vector 方法。该方法将声学特征序列通过一个 DNN，其分类目标是说话人标签，取该神经网络的最后一个隐层输出的平均值，即得到说话人嵌入向量，称作 d-vector，如图 8-5 所示。

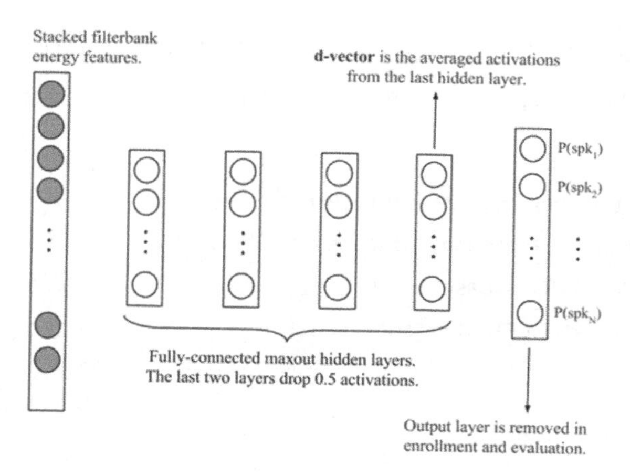

图 8-5 d-vector 作为嵌入向量

本节将介绍的 x-vector 方法的思路与 d-vector 方法的思路类似。x-vector 方法由 Snyder 等在 2017 年提出，并在 Kaldi 中做了完整实现。x-vector 同样是一种嵌入向量，和 d-vector 类似，使用说话人标签作为神经网络的分类目标，但有如下几点独特之处。

- 前几层为 TDNN 结构，使用了前后若干帧的信息。
- 使用统计池化（Statistics pooling）层对各帧的 TDNN 输出进行平均。
- 取池化层后面的隐层（通常为两个）的输出作为嵌入向量。

生成 x-vector 的网络结构如图 8-6 所示。

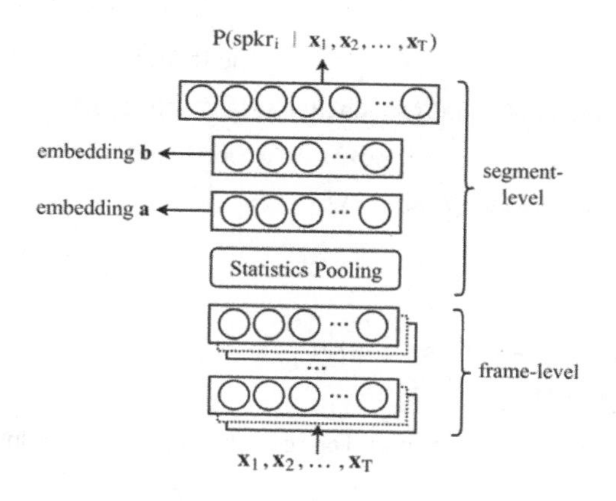

图 8-6 x-vector 的网络结构

要了解统计池化层的功能，可以看一下该层前向算法的实现。下面的代码来自nnet3/nnet-general-component.cc，省略了源代码中的一些细节，只保留了主要部分，并做了注释。

```
void* StatisticsPoolingComponent::Propagate(
    const ComponentPrecomputedIndexes *indexes_in,  // 需要输入
    const CuMatrixBase<BaseFloat> &in,            // 上一层的输入
    CuMatrixBase<BaseFloat> *out) const {

  // 初始化输出
  out->SetZero();
  int32 num_rows_out = out->NumRows();

  // 累加，记录输入向量个数
  // counts_mat 矩阵只包含一列
  CuVector<BaseFloat> counts(num_rows_out);
  CuSubMatrix<BaseFloat> counts_mat(counts.Data(), num_rows_out, 1, 1);
  counts_mat.AddRowRanges(in.ColRange(0, 1), indexes->forward_indexes);

  // 累加并除以向量个数来计算均值
  // 结果保存到 out_non_count 中，该矩阵使用输出矩阵 out 的地址
  CuSubMatrix<BaseFloat> out_non_count(*out, 0, num_rows_out,
                                       num_log_count_features_,
                                       input_dim_ - 1);
  out_non_count.AddRowRanges(in.ColRange(1, input_dim_ - 1),
                             indexes->forward_indexes);
  out_non_count.DivRowsVec(counts);

  // 可以选择把帧数的对数也作为输出
  if (num_log_count_features_ > 0) {
    counts.ApplyLog();
    CuVector<BaseFloat> ones(num_log_count_features_, kUndefined);
    ones.Set(1.0);
```

```
    out->ColRange(0, num_log_count_features_).AddVecVec(1.0, counts, ones);
  }

  // 可以选择把计算标准差也作为输出
  if (output_stddevs_) {
    int32 feature_dim = (input_dim_ - 1) / 2;
    CuSubMatrix<BaseFloat> mean(*out, 0, num_rows_out,
                                num_log_count_features_, feature_dim),
        variance(*out, 0, num_rows_out,
                 num_log_count_features_ + feature_dim, feature_dim);
    // subtract mean-squared from average of x^2 to get the variance.
    variance.AddMatMatElements(-1.0, mean, mean, 1.0);
    variance.ApplyFloor(variance_floor_);
    variance.ApplyPow(0.5);
  }
  return NULL;
}
```

池化层把多帧的输出通过计算均值方差合并为单帧输出，代替了 d-vector 提取中平均隐层输出的过程。

8.3.3 基于 x-vector 的说话人识别示例

我们来看一个 Kaldi 提供的 x-vector 说话人识别示例：egs/sre16/v2/run.sh。该识别流程和前面介绍的基于 i-vector 的识别流程 egs/sre08/v1/run.sh 基本一致，最重要的不同有两处：一处是把 GMM 训练、i-vector 提取器训练换成了神经网络训练，把 i-vector 提取换成了 x-vector 提取；另一处不同是 sre16 v2 示例使用了多种数据增广（Data Augmentation）技术。下面简单介绍这几种数据增广。

首先，使用 RIR 滤波器来模拟混响，把原时域音频和预设的单位响应函数做卷积，得到模拟混响的训练数据：

```
# 下载 RIR 单位响应
wget --no-check-certificate 28/rirs_noises.zip
unzip rirs_noises.zip
```

```
# 卷积
python steps/data/reverberate_data_dir.py \
  "${rvb_opts[@]}" \
  --speech-rvb-probability 1 \
  --pointsource-noise-addition-probability 0 \
  --isotropic-noise-addition-probability 0 \
  --num-replications 1 \
  --source-sampling-rate 8000 \
  data/swbd_sre data/swbd_sre_reverb
cp data/swbd_sre/vad.scp data/swbd_sre_reverb/
utils/copy_data_dir.sh --utt-suffix "-reverb" data/swbd_sre_reverb
data/swbd_sre_reverb.new
rm -rf data/swbd_sre_reverb
mv data/swbd_sre_reverb.new data/swbd_sre_reverb
```

使用 MUSAN 数据集，该数据集包含 900 种噪声、42 小时音乐、 60 小时多语种杂音，对训练数据做“noise”“music”“babble”三种增广。

```
# 下载 MUSAN 数据集
local/make_musan.sh /export/corpora/JHU/musan data

# 计算数据集时长
for name in speech noise music; do
  utils/data/get_utt2dur.sh data/musan_${name}
  mv data/musan_${name}/utt2dur data/musan_${name}/reco2dur
done

# "noise"：以 1 秒钟为间隔叠加噪声，信噪比为 0~15dB
python steps/data/augment_data_dir.py --utt-suffix "noise" \
  --fg-interval 1 --fg-snrs "15:10:5:0" \
  --fg-noise-dir "data/musan_noise" data/swbd_sre data/swbd_sre_noise

# "music"：随机选取音乐叠加到原音频，信噪比为 5~15dB
```

```
python steps/data/augment_data_dir.py --utt-suffix "music" \
  --bg-snrs "15:10:8:5" --num-bg-noises "1" \
  --bg-noise-dir "data/musan_music" data/swbd_sre data/swbd_sre_music

# "babble": 随机选取其他语种杂音叠加到原音频，信噪比为 3~20dB
python steps/data/augment_data_dir.py --utt-suffix "babble" \
  --bg-snrs "20:17:15:13" --num-bg-noises "3:4:5:6:7" \
  --bg-noise-dir "data/musan_speech" data/swbd_sre data/swbd_sre_babble
```

这些数据增广操作扩充了训练数据规模，并使神经网络的训练更加鲁棒，实验结果表明做数据增广可以明显提升性能。

在训练 x-vector 网络前，需要对数据做一些筛选，包括：

- 剔除非语音数据，如静音；
- 剔除过短数据；
- 确保每个说话人都有足够的数据，比如最少 8 句。

由于说话人信息保存在数据文件夹下的 utt2spk 文件中，因此准备数据时一定要格外注意该文件内容是否正确。

数据准备完毕后，可以用 local/nnet3/xvector/run_xvector.sh 脚本开始 x-vector 的训练。

我们看一下该脚本的流程，首先是准备 EGS 格式的训练数据：

```
sid/nnet3/xvector/get_egs.sh --cmd "$train_cmd" \
  --nj 8 \
  --stage 0 \
  --frames-per-iter 1000000000 \
  --frames-per-iter-diagnostic 100000 \
  --min-frames-per-chunk 200 \
  --max-frames-per-chunk 400 \
  --num-diagnostic-archives 3 \
  --num-repeats 35 \
  "$data" $egs_dir
```

数据准备好后，定义神经网络的结构。这里的神经网络使用 nnet3 训练，如 6.2.3 节介绍的，使用 xconfig_to_configs.py 工具来描述神经网络结构。该工具需要输入一个 xconfig 文件，可参考图 8-6，文件内容可以这样写：

```
# 下面几层是 TDNN 的定义
# relu-batchnorm-layer 是 affine、relu、batchnorm 的组合
input dim=${feat_dim} name=input
relu-batchnorm-layer name=tdnn1 input=Append(-2,-1,0,1,2) dim=512
relu-batchnorm-layer name=tdnn2 input=Append(-2,0,2) dim=512
relu-batchnorm-layer name=tdnn3 input=Append(-3,0,3) dim=512
relu-batchnorm-layer name=tdnn4 dim=512
relu-batchnorm-layer name=tdnn5 dim=1500

# 池化层，获取前面输出的按帧均值和方差
# 在 (0:1:1:${max_chunk_size}) 中,
# 起始的 0 和末尾的 ${max_chunk_size}) 表示计算均值的起始帧和结束帧
# 中间的 1:1 表示不做降采样
stats-layer name=stats config=mean+stddev(0:1:1:${max_chunk _size})
# 该层的结果可以作为 x-vector
relu-batchnorm-layer name=tdnn6 dim=512 input=stats

# 这一层的结果也可以作为 x-vector，但经验上前一层作为 x-vector 效果更好些
relu-batchnorm-layer name=tdnn7 dim=512

# 输出层，主要用于训练时的反向传播
output-layer name=output include-log-softmax=true dim=${num_targets}
```

和第 6 章介绍的 nnet3 训练流程一样，此时就可以开始训练了：

```
steps/nnet3/train_raw_dnn.py --stage=$train_stage \
  --cmd="$train_cmd" \
  --trainer.optimization.proportional-shrink 10 \
  --trainer.optimization.momentum=0.5 \
  --trainer.optimization.num-jobs-initial=3 \
```

```
--trainer.optimization.num-jobs-final=8 \
--trainer.optimization.initial-effective-lrate=0.001 \
--trainer.optimization.final-effective-lrate=0.0001 \
--trainer.optimization.minibatch-size=64 \
--trainer.srand=$srand \
--trainer.max-param-change=2 \
--trainer.num-epochs=3 \
--trainer.dropout-schedule="$dropout_schedule" \
--trainer.shuffle-buffer-size=1000 \
--egs.frames-per-eg=1 \
--egs.dir="$egs_dir" \
--cleanup.remove-egs $remove_egs \
--cleanup.preserve-model-interval=10 \
--use-gpu=true \
--dir=$nnet_dir  || exit 1;
```

和语音识别的 nnet3 训练完全相同，训练完毕后得到 final.mdl。得到模型后，脚本 sid/nnet3/xvector/extract_xvectors.sh 可用来提取 x-vector。该脚本的核心工具为 nnet3-xvector-compute，代码如下：

```
nnet3-xvector-compute

Propagate features through an xvector neural network model and write
the output vectors. "Xvector" is our term for a vector or
embedding which is the output of a particular type of neural network
architecture found in speaker recognition. This architecture
consists of several layers that operate on frames, a statistics
pooling layer that aggregates over the frame-level representations
and possibly additional layers that operate on segment-level
representations. The xvectors are generally extracted from an
output layer after the statistics pooling layer. By default, one
xvector is extracted directly from the set of features for each
utterance. Optionally, xvectors are extracted from chunks of input
features and averaged, to produce a single vector.
```

```
    Usage: nnet3-xvector-compute [options] <raw-nnet-in> <features-rspecifier>
<vector-wspecifier>
    e.g.: nnet3-xvector-compute final.raw scp:feats.scp ark:nnet_prediction.ark
```

nnet3-xvector-compute 和 nnet3-compute 非常类似，不同之处在于 nnet3-compute 输出的是输出层的结果，而 nnet3-xvector-compute 输出的是池化层后的 relu-batchnorm-layer 的结果，即 x-vector。之后的步骤就和基于 i-vector 的方法相同了：训练 PLDA、使用 PLDA 进行识别。

一般来说，x-vector 方法的系统可以比 i-vector 方法的系统相对好 10 个百分点左右。在 Interspeech 2016 上有一个关于说话人识别未来十年趋势的研讨会，包括 Synder 在内的很多学者认为，基于嵌入向量的说话人识别方法将逐步取代 i-vector 方法。

8.4 语种识别

语种识别（Language Recognition，LR）技术用于识别声音属于哪个语种，是智能语音技术的重要方向之一。随着全球化和日益增多的国际业务交流，多语种语音识别、多语种翻译等技术的需求日益增加，语种识别成为一个重要课题。人们探索了很多可用于做语种识别的方法，主流的方法之一仍是基于 i-vector 的算法，其流程和说话人识别的流程区别不大。

和说话人识别一样，NIST 也举办了多次语种识别比赛，近几年来每奇数年份举办一次。评测数据集的内容主要是日常电话交谈语音（Conversational telephone speech）。Kaldi 提供了一个 NIST 语种评测数据集上做实验的示例，在 egs/lre07 路径下。本节简要介绍这个示例的流程，使读者了解基于 i-vector 语种识别的实现方法。

基于 GMM 的 i-vector 语种识别的流程由脚本 egs/lre07/v1/run.sh 搭建。脚本前半部分的代码主要是在整理数据。数据整理完毕后，对特征做了声道长度归整（Vocal Tract Length Normalisation，VTLN）。VTLN 是一种常见的特征归一化方法，用于降低不同说话人之间的声道特性差异。由于我们分类的目标是语种而不是说话人，因此先做 VTLN 有利于降低 i-vector 被说话人信息的干扰。

本例中的 VTLN 特指线性 VTLN（Linear VTLN），需要训练若干变换矩阵及提取 VTLN warps，由这个示例中的脚本 lid/train_lvtln_model.sh 完成，脚本代码如下：

```
use_vtln=true
if $use_vtln; then
  # 首先提取不带 VTLN 的 MFCC 特征，并进行 VAD 标记静音段
  for t in train lre07; do
    cp -r data/${t} data/${t}_novtln
    rm -r data/${t}_novtln/{split,.backup,spk2warp} 2>/dev/null || true
    steps/make_mfcc.sh --mfcc-config conf/mfcc_vtln.conf --nj 100 \
      --cmd "$train_cmd" data/${t}_novtln exp/make_mfcc $mfccdir
    lid/compute_vad_decision.sh data/${t}_novtln exp/make_mfcc $mfccdir
  done

  # 随机挑选 5000 句用于训练线性 VTLN 变换矩阵
  utils/subset_data_dir.sh data/train_novtln 5000 data/train_5k_novtln
  sid/train_diag_ubm.sh --nj 30 --cmd "$train_cmd" \
    data/train_5k_novtln 256 exp/diag_ubm_vtln \
  lid/train_lvtln_model.sh --mfcc-config conf/mfcc_vtln.conf \
    --nj 30 --cmd "$train_cmd" \
    data/train_5k_novtln exp/diag_ubm_vtln exp/vtln

  # 根据变换矩阵提取 VTLN warps
  for t in lre07 train; do
    lid/get_vtln_warps.sh --nj 50 --cmd "$train_cmd" \
      data/${t}_novtln exp/vtln exp/${t}_warps
    cp exp/${t}_warps/utt2warp data/$t/
  done
fi
```

上述步骤会在数据目录下生成 utt2warp 文件，在使用脚本 steps/make_mfcc.sh

提取声学特征时，如果发现数据目录下存在该文件，则会对特征进行 VTLN 处理。提取 VTLN 的算法详见参考文献 29。

接下来的步骤就和说话人识别的步骤非常类似了，训练对角和非对角的 GMM、提取 i-vector，脚本如下：

```
lid/train_diag_ubm.sh --nj 30 --cmd "$train_cmd --mem 20G" \
 data/train_5k 2048 exp/diag_ubm_2048
lid/train_full_ubm.sh --nj 30 --cmd "$train_cmd --mem 20G" \
 data/train_10k exp/diag_ubm_2048 exp/full_ubm_2048_10k

lid/train_full_ubm.sh --nj 30 --cmd "$train_cmd --mem 35G" \
 data/train exp/full_ubm_2048_10k exp/full_ubm_2048

lid/train_ivector_extractor.sh --cmd "$train_cmd --mem 35G" \
 --use-weights true \
 --num-iters 5 exp/full_ubm_2048/final.ubm data/train \
 exp/extractor_2048

lid/extract_ivectors.sh --cmd "$train_cmd --mem 3G" --nj 50 \
  exp/extractor_2048 data/train_lr exp/ivectors_train
```

最后，训练一个简单的逻辑回归（Logistic regression）模型完成语种分类：

```
lid/run_logistic_regression.sh --prior-scale 0.70 \
 --conf conf/logistic-regression.conf
```

分类结束后打印出训练集内的等错率为 3.95%。

在 lre 2007 测试集上测试语种识别性能：

```
local/lre07_eval/lre07_eval.sh exp/ivectors_lre07 \
 local/general_lr_closed_set_langs.txt
```

等错率测试结果：

```
# Duration (sec):    avg      3     10     30
#         ER (%):  23.11  42.84  19.33   7.18
```

```
#     C_avg (%):    14.17  26.04  11.93  4.52
```

lre07 例子的 v2 部分使用 DNN 状态代替 GMM 高斯分量训练 i-vector。和说话人识别一样，更有前途的语种识别技术是基于嵌入向量的。Kaldi 中 x-vector 部分的作者 Snyder 等在 2018 年发表了使用 x-vector 做语种识别的文章[30]，取得了比使用 i-vector 好得多的实验效果，但文章的实现暂时还没有加入到 Kaldi 的示例中。

从本节可以看到，说话人识别的方法可以通过很少的修改扩展到语种识别。在实践中，许多任务如说话人年龄识别、说话人性别识别、噪声和语音判别、声音情感识别等，都可以应用说话人识别的方法，只要训练数据的数量和质量较好，通常都能获得很好的效果。

9 语音识别应用实践

在前几章中，介绍了 Kaldi 语音识别工具箱的方方面面，作为一个偏研究导向的开源项目，其提供了语音界最领先的核心算法和功能。但在现实中，仅仅依靠 Kaldi 工具箱的开源代码还不足以构建成熟的语音应用。本章从实际应用角度整体介绍语音应用，以及利用 Kaldi 构建语音识别应用时经常遇到的一些问题，以帮助读者更好地理解 Kaldi 在语音应用技术链路中的角色和作用。

9.1 语音识别基本应用

9.1.1 离线语音识别与实时在线语音识别

从语音识别的应用方式来看，语音应用经常被分为离线语音识别和实时在线语音识别两大类。

- 离线语音识别：指包含语音的音频文件已经存在，需使用语音识别应用对音频的内容进行整体识别。典型应用有音视频会议记录转写、多媒体内容分析及审核、视频字幕生成等。
- 实时在线语音识别：指包含语音的实时音频流，被连续不断地送入语音识别引擎，过程中获得的识别结果即时返回给调用方。典型应用有手机语音输入法、交互类语音产品（如智能音箱、车载助手）、会场同声字幕生成和翻译、网络直播平台实时监控、电话客服实时质量检测等。

在搭建语音识别应用前，应明确实际的应用场景，因为上述两类应用方式在实际的工程构建过程中有诸多不同之处。下面介绍语音识别应用模块部分，并分别举例说明。

9.1.2 语音识别应用模块

1. 预处理

对于语音识别应用，其原生的输入数据形式千差万别，因此需要引入预处理模块对原始数据进行转换。这其中包括且不限于：多媒体格式转换、压缩编解码、音频数据抽取、声道选择（通常识别引擎只接收单声道数据）、采样率/重采样（常见的识别引擎和模型采样率一般为 8kHz、16kHz）等。离线语音应用的预处理更关注多媒体文件格式的支持，以及大批量的处理速度、吞吐和效率；在线识别应用的预处理更关注具体多媒体流格式的编码、打包、发送/接收、解码、音频包的缓存和网络延迟、抖动等状态下的稳定性问题。这些问题并不在 Kaldi 工具箱所要解决的问题范围中。

2. 话音检测与断句（VAD）

一般来说，语音识别的核心引擎解决“单句识别”问题，即识别出一句音频对应的文本。然而在实际应用中，我们面对的往往是大段的音频文件（离线）或无间断的长音频流（实时在线），这就要求我们在调用识别内核前，对大段音频文件或连续音频流进行“断句”。

对于离线语音识别应用，断句模块的作用是快速过滤并切分出音频文件中的人声片段，且尽最大可能保证每个片段都为完整的一句话；对于实时在线语音识别应用，断句模块则需要能够从一个持续的语音流中，第一时间检测出用户什么时候开始说话（也称为起点检测），以及什么时候说完（也称为尾点检测）。因为断句能力本身处于识别核心引擎外围，所以 Kaldi 目前仅提供非常有限的断句能力支持，我们在后面章节中会单独介绍。

3. 音频场景分析

除断句外，由于一些应用本身的复杂性，导致原生的音频在被送入识别引擎之前，还需要进一步进行分析和过滤，我们把这类统称为音频场景分析。举例来说，有以下几种音频场景分析。

- 在客服场景下，客服人员和来电客户的通话有可能被混合在同一个声道，这种情况下，对双方角色的区分能力，使分别建模优化成为可能（例如客户侧需支持更广泛的方言和口音，客服侧需强化识别标准服务话术和领域专有词汇）。
- 在网络直播领域，其原生内容中可能包含大段的音乐或唱歌片段，将其送入识别引擎后出现的混乱识别结果，并不利于内容的理解或审核，需要将其过滤。
- 在会议记录、采访等转写场景下，能够有效区分出录音中出现的说话人个数，以及各角色的发言片段，是语音应用面临的重要问题。
- 在多语种场景下（如跨国记者沟通会上），通常会交叉出现不同语种的语音片段，对语音片段所属语种的判断，也决定着后续识别引擎的导流方向（处理该类问题也可以使用多语言语音识别的方式）。

上述问题在实际的语音应用中往往是痛点问题，但因为其与“单句识别”的核心引擎的识别率无关，所以并不是 Kaldi 工具箱的重点，因此目前 Kaldi 中仅有少量的样例在探索解决上述几类问题。

4. 识别引擎

Kaldi 工具箱对整个语音识别技术链路的支撑即在于此，主要包括识别算法模型和解码器两部分内容。

- 识别算法模型：提供了识别内核中整套模型的训练算法、训练流程，以及标准数据集上的基线系统，其核心目标在于通过算法及模型的研究和迭代，在标准数据集上达到最好的识别准确率。主要指标为词错误率（WER）、字错误率（CER）、句子错误率（SER）。
- 解码器：实现语音识别引擎的最基本功能（单句话的识别），其重点是在充分保证算法模型识别准确度的前提下，如何更快速地进行语音识别。主要指标为实时率（Real Time Factor，RTF），描述的是实际语音时长与处理该语音所用的处理时长之间的关系（如 0.1 的 RTF 指的是解码器 1 秒可以完成 10 秒语音的识别）。

5. 工程调度

前面介绍过，Kaldi 的识别引擎的核心目标为高准确度的单句话识别。在实际使用中，引擎外围往往需要一个工程调度层，用于将实际任务进行拆解、分发和汇总。比如，在面对离线语音识别应用时，应用本身更关注大批量的处理能力和吞吐量，因此通常先由断句模块将大段音频切分成多个单句，随后将句子分发到多个并行的识别引擎中进行一句话的识别，在获得全部识别结果后，将所有结果结合断句的时间戳，拼接到一起作为最终结果。而在实时在线语音识别应用中，工程上需要保证起点检测触发、音频流缓存分包、识别中间结果（Partial result）的获取、语音流抖动超时容错、尾点检测或音频流终结确认等。

6. 后处理

后处理模块一般是对识别引擎给出的识别结果做进一步的处理，以符合实际应用场景的需求，这部分功能本身与语音识别核心识别率无关，更贴近具体应用，因此 Kaldi 中不提供相关功能支持。常见的后处理模块如下。

- ITN

识别引擎给出的文字识别结果实际上是一个词序列，其中的所有词都是系统词典中的标准词汇，而在实际情况中，文本形式与朗读形式往往存在不一致的情况，这就需要引入 ITN（Inverse Text Normalization）进行转换，如朗读形式的“二零一九年”一般会被转换为“2019 年”、朗读形式的“百分之六十二”一般会被转换为“62%”等。

- 标点

对于大段的语音识别，除识别出文本内容外，一般还需要给文本加上标点符号，以便阅读。该问题虽然看似简单，但会在很大程度上影响语音识别应用的使用体验。

而标点符号的添加属于经典的自然语言处理问题，目前较好的方式是通过文本数据训练模型完成，但当训练数据的文本领域与实际应用场景不匹配时，标点符号的效果也会大打折扣。

- 文本过滤

在一些应用场景下，要求从最终的识别文本中过滤一些内容，如一些语气词、因说话不流利产生的叠词，或者一些不希望出现在识别结果中的脏话、敏感词汇等。因此，在识别应用的后处理中，也会引入这样一个模块，对最终识别文本进行过滤和修改。

9.1.3 小结

通过本节的介绍，读者了解了 Kaldi 工具箱在整个语音识别链路中的角色和作用：其提供最内层和核心的模型算法及基本的解码功能。在构建成熟的语音识别应用时，其外围的前处理、断句、工程调度、后处理等模块，仍有许多工作要做。在本章的后几节，将进一步介绍在构建的语音识别应用中，如何以 Kaldi 为基础进行部分工作。

9.2 话音检测模块

通过对 9.1 节的学习，我们知道断句模块是语音识别应用中必不可少的组成部分，本节介绍在 Kaldi 工具箱已有工作的基础上，进行 VAD 模块的扩展需要进行哪些工作。

9.2.1 VAD 算法

对人类声音的检测，远比语音识别任务本身久远，在传统方法中，人们进行了大量的研究，从早期的基于语音信号能量的单维度分析，到后面引入过零率等其他维度特征后基于各种模型的方法，这些传统方法通过大量的特征工程和对应的规则与模型设计，被广泛应用在各领域的人类声音检测应用中。近些年应用场景的复杂化，以及语音数据的大量产生，使得基于训练数据和深度学习的话音检测展示出了相对于传统方法更好的性能和鲁棒性。

因为离线应用和在线应用有不同需求，其断句机制也有所不同，所以下面分别介绍。

9.2.2 离线 VAD

通常来说，离线的 VAD 有两个组成部分。

1. 帧判别器

VAD 的核心是逐帧判断音频是否属于人声。其实现原理相当简单，我们在之前的章节中介绍过，Kaldi 中的语音识别系统构建基于强制对齐（Forced alignment）。这里我们回顾一下：给定语音数据，通过语音识别系统中的强制对齐，可以得到语音中任意一个语音帧对应的声学状态。以三音子系统为例，通过对齐，可以明确知道每一帧的声学特征与三音子状态之间的映射关系。我们可以充分利用这个信息，将所有的三音子状态分为两大类，一类为语音，另一类为非语音，即将整个声学模型的目标集合从三音子状态转换到{语音, 非语音}这个集合上，那么事实上就获得了大量帧声学特征到{语音, 非语音}二分类结果映射的训练数据，可以被用来训练 VAD 模型的帧判别器。

从经验上说，VAD 帧判别器的模型不需要像语音识别任务的模型那么大，因为其分类任务比语音识别的分类任务要简单得多，且可根据实际速度需求进一步裁剪；在模型结构上，普通的前向 DNN、CNN、LSTM 都可以，实际使用中差别未必明显；在特征上，通常沿用语音识别中常用的 FBANK、MFCC 等特征，也可以再增补传统信号处理领域的一些有效的音频特征。另外，帧判别器模型的特征右侧拼帧不宜过大，因为帧判别器输入特征的右侧拼帧会影响整体系统的时延。

2. 平滑逻辑及后处理

有了基于深度学习的帧判别器，并不意味着 VAD 模块的功能全部完成，还会遇到一些问题。首先，在一些摩擦音、爆破音区域，基于局部语音的帧判别器并不一定能给出显著的分类打分，因此对于一段人声，帧判别器给出的分类打分曲线往往呈现锯齿状，我们需要在帧级别打分的基础上，设计一个平滑机制，将帧级别的分类结果平滑为整段的判别结果。其次，话音检测模块在切割语音片段时，通常在句子开头和结尾保留一小部分静音。再次，对于“句子”的定义也需要分场景进行考虑，比如句子间出现多久的静音会被切分成两句话、单句的最大时长不能超过多少秒等。

在处理上述这类问题的时候通常会引入一些人工参数，并根据具体识别的场景进行调优，以达到最好的断句效果。这部分逻辑可以通过人工编写规则加入断句模块实现，也可以把逻辑嵌入到一个状态机中来实现。在离线应用中，句子的切分主要依赖出现连续静音时长的判断，该机制在实际使用中存在一定的局限性。举例来说，在语速慢、说话存在卡顿等场景下，若句子间静音间隔时长设置过小，则容易出现断句过碎的情况，碎片化的断句将破坏掉句子内的语言连贯性而导致整体识别率下降；相反，在快语速场景下，若静音时长设置过长，则容易出现多个句子被连成一句话的情况，这种情况会影响整体的识别效率。

因此，VAD 本身的平滑逻辑机制的设计及调优，通常涉及具体场景，较为烦琐。目前，Kaldi 工具箱中该部分的支持和更新并不活跃，且功能较为简单，但其核心思路与上述方案一致，入口在 kaldi/egs/wsj/s5/steps/segmentation 目录下，读者可自行参考。

9.2.3 流式在线 VAD

在线 VAD 的设计之所以与离线 VAD 的设计不同，原因主要有两方面：

- 实时在线应用对延迟敏感，VAD 的尾点判断过慢将直接导致更久的识别结果延迟；
- 流式在线应用这种“边断句边识别”的组织方式，相对于离线应用的“先断句后并行识别”方式，有更多的信息可以利用。比如，识别的中间结果、解码器解码过程中的一些中间信息，都可以反馈给流式的 VAD 模块。

因此，在实际的流式断句模块中，我们通常把 VAD 的功能细分为起点检测和尾点检测。

1. 起点检测

一般流式应用中的起点检测模块可以复用离线 VAD 的模式，无须特殊处理。在一些按键触发的交互场景下，语音的起点判定由用户控制发起，该模块甚至可以省略。

2. 尾点检测

流式 VAD 的尾点检测，依然可以把截至目前时刻的尾部静音时长作为一个重要的衡量指标。同时，因为流式应用“边断句边识别”的特点，我们可以加入更多识别过程中的信息作为增补特征，并将句尾判断视作一个机器学习问题，通过数据来训练模型解决。举例来说，回顾我们之前介绍过的语言模型，其解码过程中句尾词</s>的对应概率，就是判断句子是否是结尾的一个很好的特征。通常来说，加入此类信息，不但可以使句尾的判断更为准确，还可以有效地减少尾点判断延时，提高流式识别的反应速度和体验。

若采用上述基于模型的流式在线 VAD 尾点检测，则其数据处理、模型训练过程将变成一个相对复杂且独立的过程，因为其本身并不影响识别的核心算法准确度，所以在目前的 Kaldi 版本中，并没有完备的流式 VAD 处理模块，需要开发者根据实际需求自行实现。

9.3 模型的适应

目前 Kaldi 项目中的所有语音识别示例，都专注于在标准数据集下，“从无到有”地训练声学模型以达到最优的识别准确率。但在现实应用中，遇到的问题往往没有这么标准化。比如，“标准的训练数据集”通常并不存在，实际应用数据的搜集和积累是增量式的；经常会遇到集外词（Out Of Vocabulary，OOV），因此识别系统的词表也要经常更新；识别任务的语境、领域多种多样，因此语言模型也需要定期更新。

在这样的背景下，我们介绍如何基于 Kaldi 进行快速的系统更新及上线。常见的识别模型更新迭代包括声学模型、词表和语言模型，下面分别介绍。

9.3.1 声学模型的适应

声学模型的训练是整个语音识别训练流程中的重中之重，其耗费的时间及成本（GPU、电费）也占据整个训练流程的最大比例。在面对适应性需求时，增量更新可以大幅度节省时间和成本。常见的声学模型适应性需求包括前端信号处理算法变化、增量语音数据、信道变化等。

简单实用的自适应的方法可以借鉴图像领域常用的预训练加优化的方式，为了更好地介绍这个过程，下面引入几个概念。

1. 基础数据与基础模型

一般来说，我们会选用多信道、多来源、多领域的语音数据，数据量越多越好，并依照 Kaldi 的标准示例流程来构建一个基础模型。对于比较成熟的应用，通常此部分的数据量多在上万小时，甚至十几万小时，其训练时间长、成本高，生成的声学模型有相对较好的通用性，因此可以作为具体应用的初始模型。对于这部分数据和模型，我们称之为基础数据和基础模型。

2. 适应数据与适应训练

此部分数据通常来自于实际应用采集，从领域上、信道上都更匹配目标应用场景，这部分数据被称为适应数据，将用于适应性训练，且该部分数据的积累是一个长期的过程。

Kaldi 中的标准训练流程每次都会采用全新的网络，重新随机生成网络参数，作为起始模型。对此部分流程稍作更改，把上面提到的基础模型作为初始模型送入 Kaldi 的训练流程，同时，适当调小训练的学习率，就达到了用适应数据对基础模型进行定向优化的效果。如果适应数据风格与基础数据风格差异过大，则可以混入一部分基础数据。上述的适应训练方法，并不一定能达到学术意义上的最优识别率，但因为其方法简单有效，通常几十小时的适应数据就能获得明显的提升，因此在实际开发及应用中被广泛采用。

9.3.2 词表的扩展

我们前面介绍过，语音识别是一个封闭词表的任务，通常来说系统一旦构建，词表就已固定。但实际应用中总会出现各种各样的新词汇，有时我们也需要删除词表中一些完全无用的垃圾词。那么，当我们想对词表进行增补或删除时，是否要重新构建整个系统呢？

为了回答这个问题，这里需要明确一个概念：语音识别系统训练过程中的词表（词典）与解码时的词表可以是完全独立的。在 Kaldi 的很多方法中只涉及一个词典，因此体现不明显，但开发者有必要了解一下。

- 训练词典：其作用在于覆盖训练文本中出现的词汇，一旦将训练数据的文本转换为声学建模单元（如音素、音节等），接下来的声学模型训练就与词典无关了。
- 解码词典：其作用在于覆盖实际应用中可能出现的所有词汇。一方面，当面对狭窄的应用领域时，其词表可能比声学模型训练阶段的词表少很多；另一方面，当面对相对专业的应用时，其中也可包含许多训练阶段中没有出现的词汇。

因此，我们在应用阶段对词表进行变更时，无关训练，只需变更解码词典，并对解码空间进行离线重构。具体来说，在 Kaldi 的 WFST 框架下，整体的解码空间为 HCLG，那么对于词表的变更，我们只需参照 Kaldi 中 HCLG 的相关流程，将其中的 L 及 G 进行更新，并与原声学模型搭配即可。这个调整和构建的过程，通常可以在数小时内完成。

另外，对于汉语系统，构成汉语的汉字数量大概有两万字，一个常用的小技巧是将所有单个汉字也作为词加入词典，这样在增加中文词的时候，“新词”总是可以被分词拆分成“单字词”，这样，L 无须改变，只需将 Kaldi 构建 HCLG 中的 G 进行更新即可。

9.3.3 语言模型的适应

语言模型的适应更新，相比声学模型的适应更新要轻量得多。因为相比声学模型，N 元文法语言模型训练通常很快，成本也低很多。因此，在遇到需要更新语言模型的时候，通常可以重新训练，并将新生成的 G 加入到 HCLG 的构建环境中进行替换。

除此之外，在一些无法离线更新语言模型的情况下，对于增量的语言模型适应，可以通过多个语言模型的在线插值来解决，这部分内容在后面的章节中会进行专门介绍。

9.3.4 小结

在本节中，介绍了如何基于 Kaldi 进行声学模型、词表、语言模型的轻量适应性更新，以应对频繁变化的需求。同时，近些年逐渐流行的端到端模型，把声学模型、词典、语言模型等模块放在一个统一的大网络里来学习，同样出于时间和成本考虑，在对其进行轻量级更新时，也可以采用本节提到的预训练基础模型（Pretrain）加适应性数据进行优化（Finetune）的方式。

9.4 解码器的选择及扩展

Kaldi 中包含多个解码器，刚接触语音识别的开发者经常会对使用哪个解码器感到困惑。本节介绍 Kaldi 中各个解码器的主要区别，并进一步介绍在实际应用中，有哪些常用的解码器扩展功能。

9.4.1 Kaldi 中的解码器

Kaldi 中不同特点的解码器通过其名称体现出来，这里对命名中经常出现的几个关键字进行说明。

1. simple

该版本的解码器是一个最简单的解码器实现，一方面非常适合初学解码器的开发者快速了解解码搜索的原理，另一方面 Kaldi 项目早期在开发更复杂的解码器时，也经常需要与该版本进行结果比对，排查故障等。该版本的解码器不适合实际应用使用。

2. faster

在 simple 版本的基础上，对解码速度进行了两个方面的主要优化：用一个高效的哈希表实现来替代 simple 版本中令牌传递（token passing）的核心数据结构；加入更多的令牌裁剪策略以提高解码速度（adaptive beam，最大和最小令牌数约束等）。一般来说，带有 faster 字样的解码器版本在速度上更适合实际使用。

3. latgen

在一些场景下，识别应用本身并不只关注最终的识别结果，有时需保留解码全过程中距离最优路径比较近的一部分次优路径，以供随后的分析矫正、重打分等。普通版本的解码器解码结束后只能通过最优令牌回溯最优结果。latgen 版本的解码器通过保留历史各帧的全部存活令牌及其连接关系，从而将整个搜索过程还原为一个词格结构。

4. online

该版本的解码器通常面对在线应用，其侧重点在于解码过程中的任意时刻，外层都可以高效地调用接口来获得当前时刻的最优识别结果（中间结果），供顶层流式应用展示使用。

5. biglm

在 WFST 框架下，常用的解码空间都被构建到一个静态的搜索网络中，即 HCLG，但 WFST 优化算法特别耗费内存，导致一般的解码图 HCLG 无法整合特别大的语言模型 G。为此，我们可以构建一大一小两个语言模型，分别称为 G 和 g（g 可以为 G 的低阶或裁剪版本）。在构建解码图的时候，采用比较小的 g 来构建解码图 HCLg，然后在解码过程中，动态地查询 G 的得分，并用此得分替换 g 的得分，理论上可以得到和 HCLG 同样的识别结果。在这种情况下，g 的作用仅仅是为了在搜索过程中提供一个初步引导（避免被过早裁剪掉），实际竞争中施加的语言模型得分都是来自于 G。这里需要说明的是，该方法相当于动态地对 G 部分进行在线组合，容易产生较多冗余的搜索路径和状态，因此在实际使用中，Kaldi 中的 biglm 版本解码器实现还不够高效。

9.4.2 实际应用中的常见问题及扩展

1. 静态图尺寸与动态扩展

我们知道，WFST 框架通过离线的优化算法，将整个搜索网络构建成单一静态图，在解码应用阶段可以拥有非常高的效率，但也存在相应的问题，例如，在 9.4.1 节中介绍 biglm 解码器部分时提到，WFST 的离线优化算法非常耗费内存，在语言模型很大的情况下（几十个 GB 的 ngram），很容易因为单机内存限制而失败，这就导致在实际应用中，无法使用特别大的语言模型，biglm 版本的解码器提供了一个非常好的扩展方向，即通过在 WFST 框架中加入动态特性，把 WFST 离线优化阶段的内存空间压力，转换到解码应用阶段的计算压力，使大语言模型的支持成为可能，但 biglm 机制本身不涉及 Kaldi 的核心识别率，因此其代码效率本身还存在比较大的优化空间。当我们面对大语言模型需求时，需在此基础上做更多的优化及扩展。

2. 嵌入式端

Kaldi 已有的模型训练和解码可以很高效地运行在服务器环境下，但其对嵌入式环境及应用的支持还非常有限，主要体现在以下两个方面。

- 神经网络前向推断打分库。声学模型神经网络的前向推断打分占用相当比例的计算资源，在嵌入式这种 CPU 及耗电受限的情况下，优化神经网络的计算负担是很重要的问题。嵌入式通常具有不同的 SIMD 指令集、不同的 CPU 多级缓存结构及缓存尺寸、指定平台的定点化运算效率等。如何让 Kaldi 生成的声学模型更加高效、低功耗地运行在嵌入式设备上，目前并不是 Kaldi 项目核心的目标，因此需要开发者进行相关的定制优化。
- OpenFST 依赖。在嵌入式平台模块下，资源受限，软件项目通常也是依赖越少越好。Kaldi 本身依赖部分外部库，比如 OpenFST 等。首先，这些库是否能够完整、正确地编译到特定嵌入式平台，涉及比较烦琐的移植工作。其次，即便移植成功，在语音识别的应用端，OpenFST 中提供的大部分功能其实并未得到使用，是否需要将其中所用部分摘出，或者自行实现所需功能，都是在嵌入式平台下要做的权衡。

3. 语言模型在线插值

前面的章节中提到语言模型的更新一般需要重新训练，但实际上，解码器若能支持多个语言模型的动态插值，则会使语言模型的更新变得更为轻便、快捷。对于 HCLG 中的语言模型，我们可以选用通用领域的文本语料，在实际面对具体垂直领域时，可以单独训练领域语言模型，然后在解码过程中动态地整合垂直领域语言模型的得分。此过程的原理与 biglm 版本解码器的原理非常类似，但这里，其最大的好处不是应用大语言模型，而是在更新领域语言模型时，无须进行 HCLG 解码空间的重构，这个优点使语言模型的动态更新成为可能，也更轻量化。

4. 识别错误热修复

现实应用中的语音识别总会难以避免地出现各种各样的识别错误，其中有的错误无关痛痒，但有些错误会极大地影响使用体验（如目标领域的一些专业词汇、重要人名和地名等）。在处理此类问题时，一方面要通过数据的积累和模型的迭代提高识别效果；另一方面，也需要一个机制，能够对这种致命识别错误进行快速热修复，对现有系统的薄弱识别词汇、短语进行快速的人工干预及矫正。这个过程的具体实现类似于动态语言模型加载。在解码过程中，我们可以维护一份可以动态加载的词表，每当解码路径中出现这样的词或短语时，快速地施加一个可人工控制的打分，来强行干预识别结果，从而避免一些致命的识别错误。当然，这种干预一般会对整体的识别率有一定损伤，但特定应用场景和场合，避免关键错误很可能更为重要。Kaldi 的解码器中目前还不支持这类应用型的功能，需开发者根据需求自行扩展实现。

9.4.3 小结

本节简单介绍了 Kaldi 中多个版本的解码器的特点及应用，在实际使用时，可能需要将多个版本解码器中的不同功能整合到一起，来扩展出一个更灵活、强大的实用解码器。大部分情况下，Kaldi 的解码器可以满足我们在服务端使用的需求。但同时，Kaldi 解码器在面对嵌入式应用时也有一些局限和不足。最后，为了更灵活地应对应用场景，还介绍了一些应用级别的解码器通常需要具备的动态特性，需开发者根据自身需求，在 Kaldi 解码器的基础上进行扩展开发。

附录 A　术语列表

表 A-1　kaldi 术语

术　语	中　文
Alignment	强制对齐
AM	声学模型
CER	字错误率
CMVN	倒谱均值方差归一化
CNN	卷积神经网络
Context	（音素）上下文
DNN	深度神经网络
Frame	帧
GMM	高斯混合模型
HMM	隐马尔可夫模型
iVector	说话人向量
KWS	关键词检索
Lattice	词格
LDA	线性判别分析
Lexicon	发音词典
LM	语言模型
LSTM	长短时记忆

续表

术　　语	中　　文
MLLT	最大似然线性变换
Monophone	单音子
N-gram	N 元文法
OOV	集外词
Phoneme	音素
RNN	递归神经网络
RTF	实时率
State	（HMM）状态
Triphone	三音子
WER	词错误率
WFST	加权有限状态转录机

表 A-2　Kaldi 专用术语及其含义

术　　语	中　　文	含　　义
Table	表单	Kaldi 中保存数据文件的格式，通常以.scp 或.ark 为扩展名
Script-file	列表表单	表单的一种，元素为文件定位符
Archive table	归档表单	表单的一种，元素为字符串或二进制数据
rspecifier	读声明符	用于指定读取表单的方式，可序列读或随机读
wspecifier	写声明符	用于指定写入表单的方式
mdl	模型文件	保存声学模型参数的文件
egs	示例或样本存档	在神经网络训练中，通常以.egs 为批样本存档的文件名，以.ark 为扩展名

附录 B　常见问题解答

Q: 我只想识别一段声音，是不是应该下载 Kaldi 来做这件事呢？

A: Kaldi 是面向语音研究者和开发者的，对普通用户不算友好。如果你的目的只是单纯地使用，建议使用科大讯飞等公司提供的服务。

Q: 用 Kaldi 可以搭建语音识别服务吗？

A: Kaldi 主要用于实验，并不直接提供语音识别服务。但本书写成时，产业界已经有很多公司基于 Kaldi 搭建了语音识别服务，此时 Kaldi 的版本号是 5.5。搭建服务需要根据用户规模、技术架构等实际情况，解决构图规模、识别速度、并发调用等实际问题，这需要一定的开发成本。

Q: 如何查看 Kaldi 的版本？

A: Kaldi 早期是没有版本机制的，在迁移到 GitHub 后逐步建立了版本管理，版本号保存在 src/.version 文件中，比如 5.5，但类似 5.5 这样的版本号也很笼统，用 git log 查看代码的 hash code 更准确一些。

Q: 我只有一台 GPU 服务器，而不是 GPU 集群，可以顺利使用 Kaldi 吗？如果连 GPU 也没有，可以使用 Kaldi 吗？

A: 单台计算机可以使用 Kaldi。首先，Kaldi 的集群调度基于 Grid Engine，Grid Engine 框架本身可以安装在单台服务器上使用，对于顺利安装了 Grid Engine 的环境，Kaldi 调用层面不需要关心集群是否由单机组成，都可顺利使用。其次，随着近几年 GPU 硬件的迅猛发展，如今训练中小型规模的语音识别模型并不必须依赖 GPU 服务集群，单工作站多 GPU 卡的配置就可以满足大多数情况下的训练任务。如果使用者不想安装 Grid Engine 这样的基础设施，则可以在 Kaldi 的 recipe 下将 cmd.sh 中的 queue.pl 替换为 run.pl，具体请参照本书 2.4 节和 2.5 节的相关内容进行操作。

没有 GPU，基于 GMM 的训练也是可以进行的，但神经网络的训练就很困难了。

Q: 运行 run.sh 时出错了，怎么办？（如何在 Kaldi 社区中提问）

A: 在 Kaldi 的各种社区中偶尔会出现类似这样的低质量问题。面对这样的问题，即使有人愿意帮忙，也无从下手。

Kaldi 各个示例脚本 run.sh 提供的是对应数据或竞赛的基本整体训练流程的演示，是供逐步运行并观察结果的，而不是用来直接从头到尾运行的。

在提问之前，应当对错误进行分析，并认真查看日志文件和控制台的提示信息。有两个地方可用于观察错误提示，一是控制台信息，二是日志。控制台信息是指在脚本运行时输出到屏幕上的信息，有时这个信息会提示发生错误的原因，有时会提示错误记录在某个或某几个日志文件中，这时就需要去对应的日志文件中查看。Kaldi 的错误提示系统还是比较友好的，大部分情况下都可以直接看出问题所在。

如果查看错误信息之后仍找不到解决的办法，可以把提示错误的控制台信息或日志文件发送到 Kaldi 社区中，并详细描述自己的环境和操作步骤，并说明自己已经做了哪些试图解决问题的努力，这样更方便定位问题，别人也更愿意为你解答。

Q: HMM 声学模型有三个状态，建模单元是三音子，语言模型有三元文法，这几个“三”之间有什么联系吗？

A: 这确实是很多初学者易混淆的概念。简单地说，这几个“三”只是巧合，并没有什么联系。HMM 的三状态是指对于一个常规发音的声学单元来说，其发音持续时间不会太长，而过程大体可以分为起始、中间和结尾三个阶段，这三个阶段的声学特性不同，因此使用三个不同的状态表示。HMM 并不一定使用三个状态，例如在 Kaldi 中，通常使用五状态的 HMM 为静音建模。三音子是指在建立以音素为声学单元的模型时，由于存在协同发音现象，为不同上下文的音素建立不同的模型，通常使用上一个音素、当前音素、下一个音素组成的三元组，即所谓的三音子。上下文并不一定使用三音子，上一个音素和当前音素组成的双音子（Biphone）作为建模单元也很常见。语言模型的三元文法指的是统计词组概率时向前看两个词，与发音没有关系。

Q: 我搜集并利用目前行业里能够获取的所有开源数据，成功训练出语音识别模型，但在实际使用时发现，其识别率比讯飞、百度等平台的产品差很多，无法在真实场景下使用，是开源社区的算法不够好吗，还是我哪里做错了？

A: 这个问题可以从两个主要方面来考虑。第一，在算法上，通常成熟的商业系统都“背”着比较沉重的业务历史包袱，其技术更新换代不一定比开源社区迅速，因此在算法上，成熟的商用系统未必具有优势，而且业界有很多成熟的语音服务及产品，其底层正是基于 Kaldi 社区的核心算法。第二，成熟的语音服务依赖大规模的语音数据积累（几万小时至几十万小时的人工标注数据），这导致开源系统与闭源商业系统在领域覆盖度、信道多样性、抗噪声等方面存在着质的差别，这个差别在绝大多数情况下无法通过算法来弥补。在这种情况下，系统性能不及预期，在确认正确无误地使用开源的模型训练流程后，还需从数据方面考虑提升方案。

Q: 我基于自己搜集的数据和一些开源数据，利用 Kaldi 训练出了一套识别系统，但发现系统对噪声非常敏感，在实际的噪声场景下性能非常差，要解决这个问题，我下面的重点是要开发更好的信号降噪技术吗？

A: 现代的语音识别系统可以从“降噪”和“加噪”两个方面来改善噪声鲁棒性。一方面，传统的信号降噪及麦克风阵列技术，都可以大幅度提高语音信号的听感及质量。另一方面，我们可以搜集真实情况中包含噪声的语音作为训练样本，也可以搜集关心的噪声样本，加入到已有的“干净”训练数据中。在深度学习时代数据量充足的情况下，模型性能低下，绝大多数都是源于训练侧和应用侧的数据不匹配，“降噪”和“加噪”双管齐下，实际目的就是为了拉近应用侧和训练侧的距离，匹配原则最为重要。

Q: 提示错误 No such file (or directory)，怎么解决？

A: 这种情况通常是某一步执行时找不到需要的输入文件或目录，而这个文件或目录应该是在之前的步骤中生成的。也就是说，错误发生在之前的步骤中，此时应当去查看前序步骤的控制台信息或日志文件。一些大型通用脚本，如 steps/train_lda_mllt.sh 等，包含很多内部运行阶段，如果在运行这类脚本时出现了这个错误，那就要看错误出现在哪个阶段，然后看前面的阶段是否有运行错误。大部分脚本都会通过返回异常值（非 0）来检测错误并及时中断，但并不排除某些步骤出错后仍继续执行的情况。

Q: 在使用 GPU 训练神经网络时，出现如下错误如何处理？

```
Failed to allocate a memory region of XXXXXXX bytes. Possibly this is due t
o sharing the GPU. Try switch theGPUs to exclusive mode (nvidia-smi -c 3) and u
sing the option --use-gpu=wait to scripts likesteps/nnet3/chain/train.py
```

A: 这是由于一个 GPU 上运行了多个任务，而 Kaldi 截至 5.5 版本，其被设计时并没有考虑多个训练任务公用一个 GPU 时的显存竞争，所以必须设置 GPU 为独占模式，并使用“--use-gpu=wait”让多个训练任务等待 GPU 资源的释放。实际上，如果仔细阅读错误提示，就可以得到这个问题的解法。

Q: 出现错误 Invalid Option，如何解决？

A: 顾名思义，这个错误是提示在调用某个工具时使用了无效选项。如果用的是通用脚本，某个可执行程序给出这个错误，则通常意味着更新了 src 中的代码但没有重新编译，只需将 src 中的源代码编译即可解决。

Q: 日志文件提示 XXX dimension mismatch XXX，怎么处理？

A: 维度不匹配有多种可能的原因。在 Kaldi 中，声学特征、特征变换、神经网络的权重等数据都是以矩阵的形式保存的，当使用两个矩阵进行运算时，通常会检查输入维度和输出维度是否匹配。例如，在神经网络的定义文件中，输入特征维度通常是手动指定的，如果在神经网络训练和解码时使用了不同维度的特征，则会出现这个错误。处理方法是，找到提示错误的命令行，查看其输入数据和输出数据的维度。

Q: 在训练声学模型或解码时提示如下错误，如何处理？

```
utils/split_scp.pl:Refusing to split data because number of speakers XX is
```

```
less than the number of output .scpfiles
```

A: Kaldi 的模型训练和解码都使用多进程并行的方式，将数据分成多份。在划分数据时，本着同一个说话人的数据保存在一份中的原则。因此，如果说话人的数目少于并行处理的份数，则会出现上述错误。这也是为什么对于没有说话人信息的数据，推荐使用每句一个说话人标签的方式，而不是设置一个全局说话人。如果无法修改说话人信息，则解决方案是减少并行处理的任务数。

Q：我遇到的问题在上文的列表中找不到，怎么办？

A：Kaldi 有两个邮件列表在 Google Group 上，分别是开发者邮件列表（kaldi-developers@googlegroups.com）和用户求助邮件列表（kaldi-help@googlegroups.com）。

首先应该在这两个列表上搜索自己的问题，避免重复发问。如果找不到自己的问题，则可以在上面用英语提问，Kaldi 开发者们，尤其是 Daniel Povey 一般会非常迅速地回复你的问题。注意提问前要充分思考并尝试自行解决问题，避免提出低质量问题。

参考文献

1 Chen S F, Picheny M A, Ramabhadran B. EECS E6870-Speech Recognition Lecture[R]. 2009.

2 Rabiner L R. A tutorial on hidden Markov models and selected applications in speech recognition[J]. Proceedings of the IEEE, 1989, 77(2): 257-286.

3 Bilmes J A. A gentle tutorial of the EM algorithm and its application to parameter estimation for Gaussian mixture and hidden Markov models[J]. International Computer Science Institute, 1998, 4 (510) : 126.

4 Allahverdyan A, Galstyan A. Comparative analysis of viterbi training and maximum likelihood estimation for hmms[C]. Advances in Neural Information Processing Systems. 2011: 1674-1682.

5 Gales M J F. Semi-tied covariance matrices for hidden Markov models[J]. IEEE transactions on speech and audio processing, 1999, 7(3): 272-281.

6 Gales M J F. Maximum likelihood linear transformations for HMM-based speech recognition[J]. Computer speech & language, 1998, 12(2).

7 Normandin Y. Hidden Markov models, maximum mutual information estimation, and

the speech recognition problem[M]. McGill University, 1991.

8 Povey D, Woodland P C. Minimum phone error and I-smoothing for improved discriminative training[C]. 2002 IEEE International Conference on Acoustics, Speech, and Signal Processing. IEEE, 2002, 1: I-105-I-108.

9 Veselý K, Ghoshal A, Burget L, et al. Sequence-discriminative training of deep neural networks[C]. Interspeech. 2013, 2013: 2345-2349.

10 Kumar N. Investigation of silicon auditory models and generalization of linear discriminant analysis for improved speech recognition[J]. 1998.

11 Katz S. Estimation of probabilities from sparse data for the language model component of a speech recognizer[J]. IEEE transactions on acoustics, speech, and signal processing, 1987, 35(3): 400-401.

12 Mohri M. Finite-state transducers in language and speech processing[J]. Computational linguistics, 1997, 23(2): 269-311.

13 Mohri M, Pereira F, Riley M. Speech recognition with weighted finite-state transducers[M]. Springer Handbook of Speech Processing. Springer, Berlin, Heidelberg, 2008: 559-584.1.

14 Chen G, Xu H, Wu M, et al. Pronunciation and silence probability modeling for asr[C]. Sixteenth Annual Conference of the International Speech Communication Association. 2015.

15 Allauzen C, Mohri M. An optimal pre-determinization algorithm for weighted transducers[J]. Theoretical Computer Science, 2004, 328(1-2): 3-18.

16 Ortmanns S, Ney H, Eiden A. Language-model look-ahead for large vocabulary speech recognition[C]. Proceeding of Fourth International Conference on Spoken Language Processing. ICSLP'96. IEEE, 1996, 4: 2095-2098.1. Young, S. J., Russell, N. H., & Thornton, J. H. S. (1989) . Token passing: a simple conceptual model for connected speech recognition systems. Cambridge University Engineering

Department, (May) , 1–23.

17 Aho A V, Hopcroft J E, Ullman J D. The design and analysis of computer algorithms[J]. Reading, 1974.

18 Revuz D. Minimisation of acyclic deterministic automata in linear time[J]. Theoretical Computer Science, 1992, 92(1): 181-189.

19 Povey D, Hannemann M, Boulianne G, et al. Generating exact lattices in the WFST framework[C]. 2012 IEEE International Conference on Acoustics, Speech and Signal Processing (ICASSP). IEEE, 2012: 4213-4216.1. A. Ljolje, F. Pereira, and M. Riley, “Efficient General Lattice Generation and Rescoring,” in Proc. Eurospeech, 1999.

20 Stolcke A. Entropy-based pruning of backoff language models[J]. arXiv preprint cs/0006025, 2000.

21 Sak H, Saraclar M, Güngör T. On-the-fly lattice rescoring for real-time automatic speech recognition[C]. Eleventh annual conference of the international speech communication association. 2010.1. S. Ortmanns and H. Ney, “A Word Graph Algorithm for Large Vocabulary Continuous Speech Recognition,” Computer Speech and Language, vol. 11, pp. 43–72, 1997.

22 Povey D, Zhang X, Khudanpur S. Parallel training of dnns with natural gradient and parameter averaging[J]. arXiv preprint arXiv:1410.7455, 2014.

23 Gauvain J L, Lee C H. Maximum a posteriori estimation for multivariate Gaussian mixture observations of Markov chains[J]. IEEE transactions on speech and audio processing, 1994, 2(2): 291-298.

24 Kenny P. Joint factor analysis of speaker and session variability: Theory and algorithms[J]. CRIM, Montreal,(Report) CRIM-06/08-13, 2005, 14: 28-29.

25 Dehak N, Kenny P J, Dehak R, et al. Front-end factor analysis for speaker verification[J]. IEEE Transactions on Audio, Speech, and Language Processing, 2010, 19(4): 788-798.

26 Garcia-Romero D, Espy-Wilson C Y. Analysis of i-vector length normalization in speaker recognition systems[C]. Twelfth Annual Conference of the International Speech Communication Association. 2011.

27 Ioffe S. Probabilistic linear discriminant analysis[C]. European Conference on Computer Vision. Springer, Berlin, Heidelberg, 2006: 531-542.

28 Prince S J D, Elder J H. Probabilistic linear discriminant analysis for inferences about identity[C]. 2007 IEEE 11th International Conference on Computer Vision. IEEE, 2007: 1-8.

29 Kim D Y, Umesh S, Gales M J F, et al. Using VTLN for broadcast news transcription[C]. Eighth International Conference on Spoken Language Processing. 2004.

30 Snyder D, Garcia-Romero D, McCree A, et al. Spoken Language Recognition using X-vectors[C]. Odyssey. 2018: 105-111.